"十四五"职业教育国家规划教材

中等职业教育计算机专业系列教材

JISUANJI WANGLUO JICHU YU YINGYONG

# 计算机网络基础与应用

（第四版）

主 编 钟 勤

编 者 黄文胜 曾长春 雷 悦

主 审 朱庆生

重庆大学出版社

## 内容简介

本书贯彻习近平新时代中国特色社会主义思想，落实立德树人的根本任务，突出以生为本的教育思想，融入了大量的学习活动，让学生在活动中学习。本书通过模块—任务的方式介绍了计算机网络的基本概念及知识；传输介质的安装与制作；网络设备的选型；局域网的组建；网络打印、Windows Server 2012 R2的安装、配置与操作；各种服务器的安装、配置与使用；局域网访问Internet；Internet的使用；局域网的维护等内容。全书侧重于技能，每一个技能都配有视频，能更好地帮助学生掌握相关内容。同时，每个模块都配有相应的自我测试，让学生自行测试所学知识的掌握程度。

本书可作为中等职业学校计算机专业教材，同时也可供广大网络爱好者学习使用。

**图书在版编目（CIP）数据**

计算机网络基础与应用/ 钟勤主编.--4版.--重庆：重庆大学出版社，2021.11（2024.1重印）
中等职业教育计算机专业系列教材
ISBN 978-7-5689-0373-8

Ⅰ.①计… Ⅱ.①钟… Ⅲ.①计算机网络—中等专业学校—教材 Ⅳ.① TP393

中国版本图书馆CIP数据核字（2021）第136729号

中等职业教育计算机专业系列教材
**计算机网络基础与应用**
（第四版）
主 编 钟 勤
责任编辑：章 可 版式设计：黄俊棚
责任校对：邹 忌 责任印制：赵 晟
*
重庆大学出版社出版发行
出版人：陈晓阳
社址：重庆市沙坪坝区大学城西路21号
邮编：401331
电话：（023）88617190 88617185（中小学）
传真：（023）88617186 88617166
网址：http://www.cqup.com.cn
邮箱：fxk@cqup.com.cn（营销中心）
全国新华书店经销
重庆升光电力印务有限公司印刷
*
开本：787mm×1092mm 1/16 印张：17.25 字数：421千
2009年1月第1版 2021年11月第4版 2024年1月第28次印刷
印数：178 601—198 600
ISBN 978-7-5689-0373-8 定价：48.00元

---

当今社会是一个以计算机网络技术为支撑的信息社会，职业院校计算机类专业如何培养新一代适应信息化社会需要的、有较强实践动手能力的德智体美劳全面发展的高素质网络建设者、管理者以及网络的使用者，将成为其努力和发展的目标。

“计算机网络基础与应用”作为计算机类相关专业的核心课程，对学生学习其他计算机专业课程具有奠定基础的作用。本书共7个模块，模块一为计算机网络基础，着重讲解网络的基本概念和基础知识；模块二为组建与管理局域网，从技能的角度阐述了网络的规划与设计，局域网中硬件选用、安装和制作，局域网的组建与配置；模块三和模块四讲解Windows Server 2012 R2操作系统的安装、配置与管理等；模块五讲解了网络增值服务，主要是邮件服务器和FTP服务器等；模块六讲解了使用Internet服务；模块七讲解了局域网的维护。

本书具有以下特色：

1.内容融入思政元素。本书以全面贯彻习近平新时代中国特色社会主义思想，落实立德树人的根本任务，突出以生为本的教育思想为指导，将思政元素融入教材内容。

2.内容结合企业岗位需求。本书结合各行业对网络技术人才的需求，以实用、够用为原则，从基础知识开始，通过大量的技能训练和学生活动将局域网的组网、网络的使用和管理充分融合。

3.采用“模块—任务”的编写体例。本书将网络技术、网络组建与管理、网络使用与维护等相关知识按一定的认知逻辑和内容板块分成7个模块，每一个模块由若干任务组成，形成一个完整的知识结构体系。

4.拥有立体化的教学资源。本书配有教学设计、电子课件（PPT）、练习题、操作视频等数字教学资源，还有在线教学平台作为支撑，方便教师教学，并对学生进行全面评价。

5.企业专家共同参与。华为技术有限公司的技术专家在本书编写过程中提供了全程技术支持与服务。重庆翰海睿智大数据科技股份有限公司的雷悦参与了本书的编写。

本书改版时充分考虑新技术、新工艺的要求，书中网络设备、网络传输介质、网络安装与运维等均按最新的技术要求进行讲解，操作系统均采用目前主流的系统版本，同时将网络设备的配置平台更新为华为技术有限公司的产品。

书中的相关实作与活动可通过两种方式进行：组建一个网络实训室（最好拥有校园网环境）；在单机上安装华为eNSP网络仿真平台、VirtualBox或Vmware虚拟主机软件，在虚拟环境中实现。

本书由钟勤主编并统稿，模块一、模块二、模块七由钟勤编写，模块三、模块四、模块五由黄文胜编写，模块六由曾长春、雷悦编写。本书由朱庆生主审。

本书得到了华为技术有限公司、重庆市教育科学研究院、重庆市信息技术专业中心教研组和重庆大学出版社的大力支持和帮助，在此表示衷心的感谢！

对本书存在的疏漏、不足及疑问之处，恳请广大读者、计算机教育专家以及网络方面的专家批评指正，以便进行修改。联系方式：448049918@qq.com。

本书属于重庆市教育科学“十四五”规划2021 年度重点课题“课堂革命下重庆中职信息技术‘三教’改革路径研究”（课题批准号：2021-00-285，主持人：周宪章）和重庆市2022 年职业教育教学改革研究重大项目“职业教育中高本一体化人才培养模式研究与实践”（项目批准号：ZZ221017，主持人：周宪章）的成果之一。

编者

2023年7月

JISUANJI WANGLUO JICHU
YU YINGYONG

# MULU

# 目录

# 模块一 / 计算机网络基础

## 模块概述

本模块通过实例及图片，讲解网络基础知识及局域网组网的必备条件，从认知的角度让学生了解网络标准化组织和通信协议；通过实践，让学生掌握各种网络传输介质及其选用的场合，能根据网络的需求来选择网络设备的类型及数量；通过一个具体的实例，让学生学会根据网络拓扑结构进行网络的结构布线。

## 学习目标：

+ 了解网络的相关知识，局域网的组成及种类；
+ 认识网络的标准化组织；
+ 了解通信协议；
+ 了解网络与通信技术；
+ 掌握网络的拓扑结构。

## 思政目标：

+ 培训学生对科学技术精益求精的追求精神；
+ 提升学生对“中国制造”的信心，提升民族自豪感，培养爱国情怀；
+ 树立学生正确的价值观、学习观；
+ 培养学生遵守信息技术行业规范的意识。

[ 任务一 ] NO.1

# 认识网络

本任务中，你将通过3个层面认识局域网，即：

（1）在考察网络的基础上认识网络分类，进而认识局域网和网络的关系；

（2）从观察中认识局域网的组成；

（3）从现实和资料查阅中认识网络的种类。

## 一、考察网络的发展与分类

1.网络的发展

计算机网络是计算机技术和通信技术相结合的产物,在1946年世界上第一台电子计算机问世后的十多年时间里，计算机价格非常昂贵、数量极少，计算机还处于单机系统工作阶段。由于当时的通信线路和通信设备相对便宜，所以为了实现计算机资源的共享和对信息的综合处理，人们将一台计算机主机的资源使用通信线路与若干个用户终端直接连接，形成了以单台主机为中心的联机终端系统，该系统的出现也标志着计算机网络的诞生。

**【做一做】**

请根据以下的图示，阅读知识窗的内容，思考并完成相关内容。

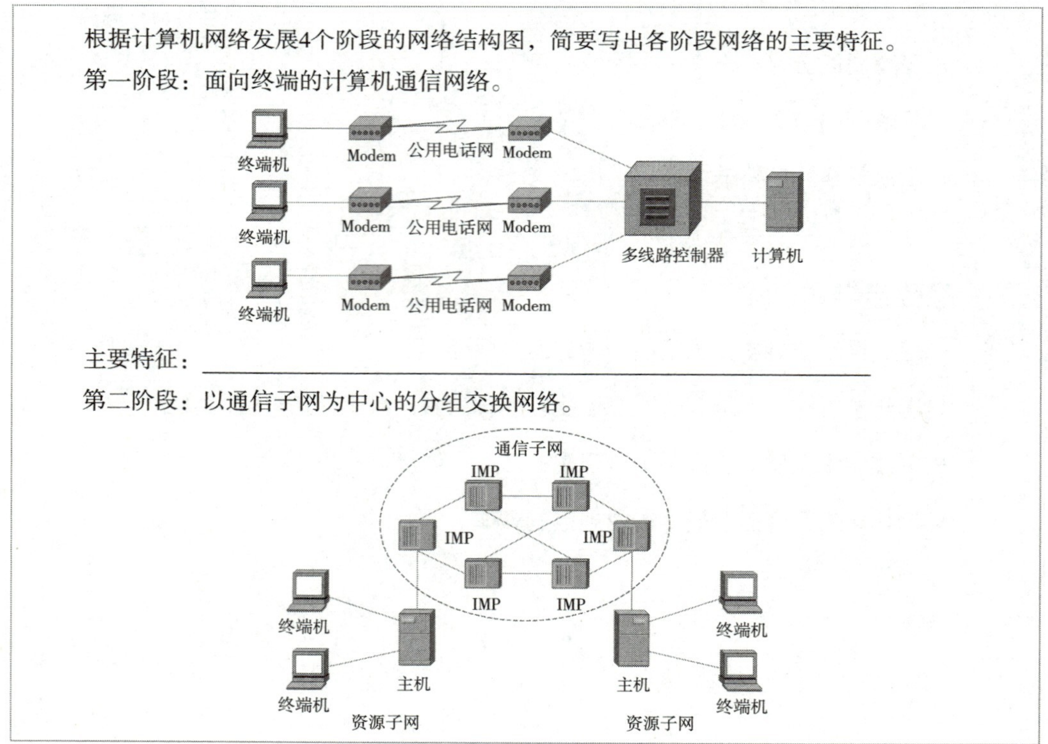

主要特征：________________________________________

第三阶段：具有标准化网络体系结构的计算机网络。

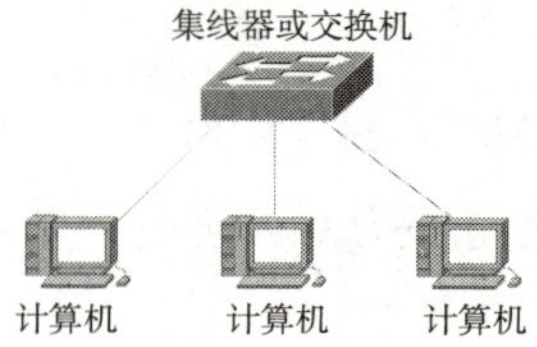

集线器或交换机

计算机 计算机 计算机

主要特征：________________________________________

第四阶段：网络互联及高速计算机网络。

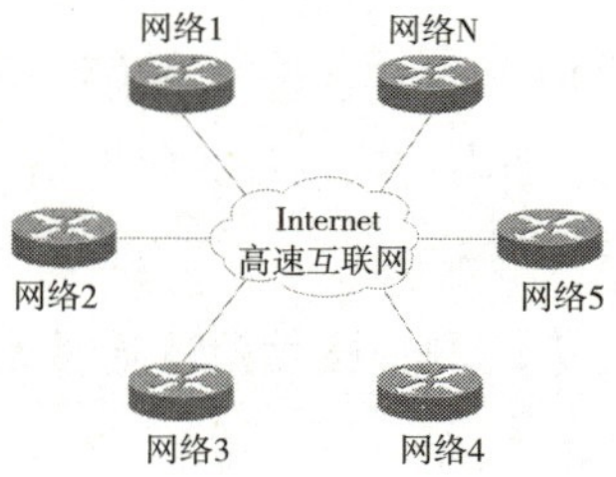

网络1 网络N

Internet 高速互联网

网络2 网络5

网络3 网络4

主要特征：________________________________________

## 知识窗

JISUANJI WANGLUO JICHU YU YINGYONG

ZHISHICHUANG

- 早期，计算机网络是以单个计算机为中心的远程联机系统，典型应用是由一台计算机和多个终端组成的应用系统。这里的终端是指一台计算机的外部设备，包括输出设备（如显示器）、输入设备（如键盘）和通信控制器，但无CPU和内存。这时的网络被定义为“以传输信息为目的而连接起来，实现远程信息处理或进一步达到资源共享的系统”，这样的通信系统只具备了通信的雏形。
- 20世纪60年代后期，计算机网络是以多个主机通过通信线路互联起来协同工作的系统，典型代表是美国国防部高级研究计划局组织开发的ARPANET。这种网络的特点是：主机之间不是直接用线路相连，而是接口报文处理机IMP转接后互联的。网络中互联的主机负责运行程序，提供资源共享。但两个主机间通信时对传送信息内容的理解、信息表示形式以及各种情况下的应答信号都必须遵守一个共同的约定，这样就出现了通信协议。
- 20世纪70—80年代中期，第2代网络得到迅猛的发展。这个时期，网络概念为“以能够相互共享资源为目的，互联起来具有独立功能的计算机集合体”，形成了计算机网络的基本概念。
- 计算机网络是具有统一的网络体系结构并遵循国际标准的开放式和标准化的网络。ISO在1984年颁布了OSI / RM，该模型分为7个层次，也称为OSI 7层模型，被公认为新一代计算机网络体系结构的基础，为开放的网络互联奠定了基础。

计算机网络开放标准化：
- 通信技术的发展
- 计算机的互联
- 大规模生产，降低成本

- 从20世纪80年代末开始，计算机网络技术发展成熟，出现光纤及高速网络技术，整个网络发展成为以Internet为代表的互联网。它是ARPANET技术演变的结果，将多个具有独立工作能力的计算机，通过通信设备和线路，由功能完善的网络软件实现资源共享和数据通信的系统。由此可见，现代计算机网络的基本目的是数据通信和资源共享。

根据各阶段网络的特征看出，要构成一个网络，必然具备3个方面的要素：

◇至少两台计算机互联；

◇通信设备与传输介质；

◇网络软件、通信协议和网络操作系统（NOS）。

综上所述，计算机网络的发展可分为两大阶段：面向终端的网络；计算机←→计算机的网络。

2.网络的分类

计算机网络分类方式很多，但最常见的是以分布距离进行分类。根据距离，计算机网络可分为局域网（LAN）、城域网（MAN）、广域网（WAN）。

◇局域网是指在有限的地理范围内构成的计算机网络，典型特征是位于一个建筑物或一个单位内。

◇城域网是一种比局域网更大的网，覆盖范围通常是一个城市，将一个城市的LAN互联。

◇广域网是指一种跨地区的数据通信网络，覆盖一个或多个国家或地区。广域网通常由多个局域网组成，各局域网使用运营商提供的设备及网络骨干作为信息传输平台，实现网络互联。

**友情提示** JISUANJI WANGLUO JICHU YU YINGYONG YOUQINGTISHI

- 互联网是国际互联网的简称，也称为“因特网（Internet）”。互联网是广域网的一个实例，是目前世界上最大的广域网，它使用了公共的网络通信协议（如TCP/IP协议）将世界上成千上万的局域网或广域网连接起来，通过搭建应用平台，实现信息的获取与发布、电子邮件、网上交际、电子商务、网络电话、网上事务处理等功能。

**【做一做】**

请看有关网络分类的相关内容，并上网查找一些相关的资料，然后完成下表。

| 名　称 | 距　离 | 介　质 | 地　域 | 使用单位 | 规　模 |
|---|---|---|---|---|---|
| 局域网 | | | | | |
| 城域网 | | | | | |
| 广域网 | | | | | |

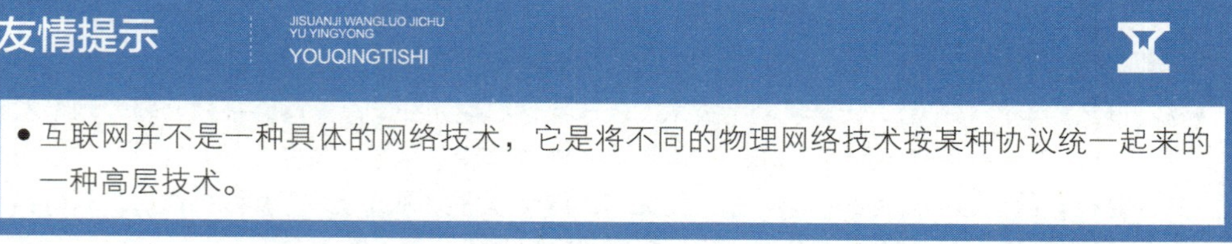
**友情提示** JISUANJI WANGLUO JICHU YU YINGYONG YOUQINGTISHI

- 互联网并不是一种具体的网络技术，它是将不同的物理网络技术按某种协议统一起来的一种高层技术。

## 知识窗 JISUANJI WANGLUO JICHU YU YINGYONG ZHISHICHUANG

- 局域网　局域网构作距离在几米至10 km。局域网配置容易，传输率高（可达100 Mbit/s~10 Gbit/s）。
- 城域网　城域网构作距离在10~100 km，传输率可达100 Mbit/s~1 Gbit/s。对于现代的网络技术来说，高速的城域网可达10 Gbit/s。
- 广域网　广域网构作距离在100 km以上，形式一般为租用专线，通过IMP和线路连接起来，构成网状结构，它解决了路由问题，传输率达10~500 Mbit/s。

## 二、考察局域网的组成

局域网是结构复杂程度最低的计算机网络，也是目前应用最广泛的一类网络，具有如下特征：

①网络所覆盖的地理范围比较小，通常不超过10 km，甚至只在一幢建筑或一个房间内。

②信息的传输速率比较高，其范围通常为100 Mbit/s~10 Gbit/s。

③网络的经营权和管理权属于某个单位。

④支持传输介质种类多。

⑤通信处理一般由网卡完成。

⑥传输质量好，误码率低。

⑦有规则的拓扑结构。

**【做一做】**

（1）观察下列局域网的拓扑结构图，请找出构成该网络的主要硬件设备。

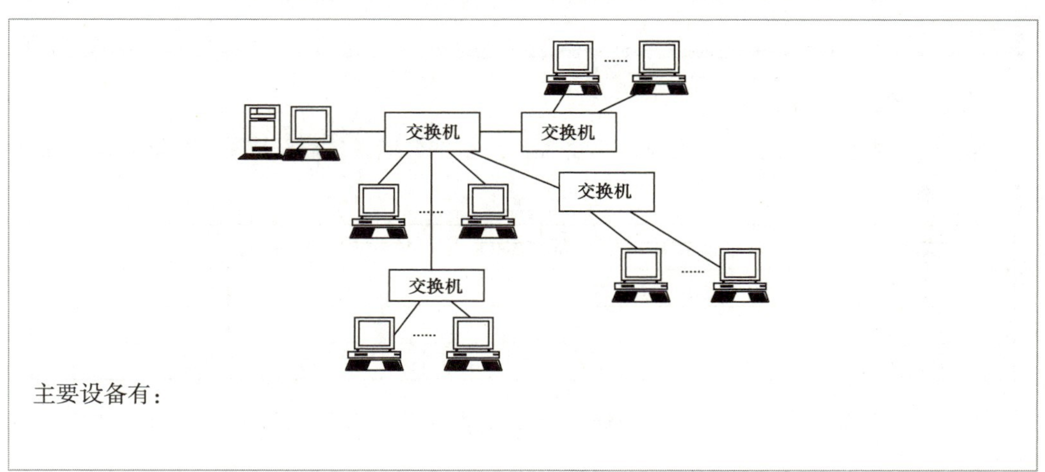


主要设备有：

（2）参观学校计算机实作室，并在教师的提示下记下看到的网络设备和认为是组成一个局域网的设备及资源（软、硬件）。

你看到的设备有（不认识的设备，请记下它的标牌）：

| 序　号 | 设备名称（标牌） | 数　量 |
|---|---|---|
| 1 | | |
| 2 | | |
| 3 | | |
| 4 | | |
| 5 | | |
| 6 | | |

由以上看到的情况得知，局域网的组成有：

◇计算机及智能型外围设备

◇网络接口卡、电缆和网络设备

◇网络操作系统及有关软件

在参观中，你看到的计算机就作用而言有两种：工作站和服务器。

◇工作站就是一台PC机，它与服务器连接登录后，可以向服务器读取文件，它可以有自己的操作系统，能独立工作；通过运行工作站网络软件，访问服务器共享的资源。

◇服务器是一台为网络提供数据及资源的计算机。其服务功能是运行网络操作系统，提供硬盘、文件数据及打印机共享等，是网络控制的核心，因此从配置到性能要求上都要高于其他计算机。

**知识窗** JISUANJI WANGLUO JICHU YU YINGYONG ZHISHICHUANG

- 在最早的计算机网络中，有一种只有键盘和显示器（无处理程序能力）的设备，这种设备称为终端，它没有运行程序的能力。因为它没有CPU和内存，必须将所有的事交由主机处理。但工作站不同，当工作站需要数据时可到文件服务器上获取，网络将所需数据传给工作站，并在工作站上直接运行程序。

**【做一做】**

（1）上网查找一些关于工作站、服务器、终端的介绍，然后完成下表（若不能完全填写，请另外准备纸张）。

| 类型 | 网络中的作用 | 基本特性 | 使用的操作系统 | 图片 |
|---|---|---|---|---|
| 工作站 | | | | |
| 服务器 | | | | |
| 终　端 | | | | |

（2）请仔细阅读本书内相关内容，并上网查找关于局域网特征的资料，然后完成下表。

| 地理范围 | 传输速率 | 网络经营权 | 传输介质有哪些 | 传输质量 | 拓扑结构有哪些 |
|---|---|---|---|---|---|
| | | | | | |

## 三、考察局域网的种类

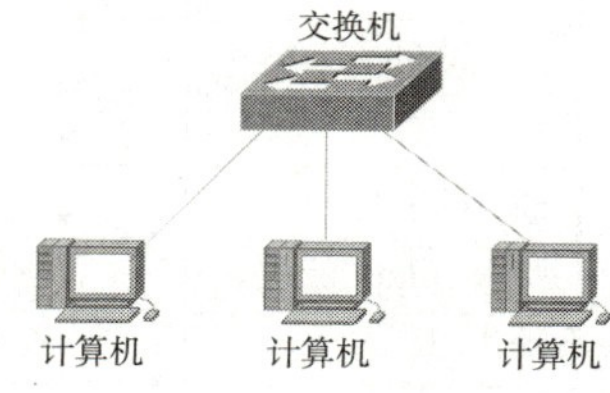


从目前网络架构方式看，局域网有两种类型：对等式网络、工作站/服务器网络。

请看右面对等网的结构示意图，图中计算机的地位是对等的，既可以是服务器，也可以是工作站，彼此可以直接访问数据、软件和其他网络资源。当它访问其他计算机资源时，它就是工作站；当其他计算机访问它的资源时，它就是服务器。

请看下面工作站/服务器网络示意图：

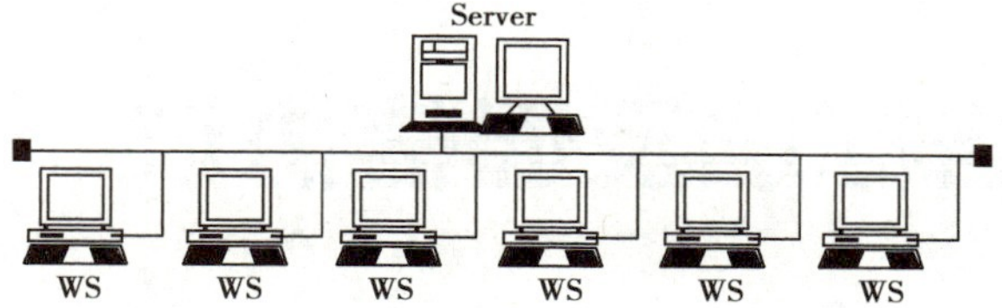


由图可以看出，在此类网络中至少有一台计算机作为专用服务器为其他工作站提供资源。此结构适用于规模较大的网络，它与对等式网络有所不同，工作站彼此之间不能直接传输文件和资料，所有的文件传输和消息传送都必须通过服务器。

**知识窗**

JISUANJI WANGLUO JICHU
YU YINGYONG
ZHISHICHUANG

- 对等网是局域网中最基本的一种。采用这种方式，计算机的访问速度比较慢，但非常适合小型、任务轻的局域网，如应用于一些小型企业、办公室以及网吧等。这样组网使用户间的资料能快速、方便地传递，而且不受资料大小的限制，极大地方便了用户，提高了工作效率。它不需要服务器，所以成本低，但是它不具备网络的管理功能。
- 工作站/服务器网络常用于大、中型的局域网络。用户往往将多数工作站要用的资源都存放到服务器上，当工作站需要时就通过网络将资源从服务器上传送到工作站，这样就实现了资源共享。同时工作站也是一台PC机，具有独立运算处理数据的能力，这样就分担了服务器的处理数据的压力。
- 无盘工作站是指一种基于专用服务器的网络结构。其特点是工作站上没有软盘驱动器和硬盘驱动器，不能通过自身的操作系统来启动。它是采用网卡上的自启动芯片与服务器相连接，通过服务器的远程启动服务来实现工作站的启动。无盘工作站网络可以实现工作站/服务器网络的全部功能，而且它的稳定性和安全性都非常好。无盘工作站自身没有安装外部存储器，所有的软件及资源都由服务器提供，因此，这种网络对服务器的并发处理能力要求较高。
- 虚拟桌面是指支持企业实现桌面系统的远程动态访问与数据中心统一托管的技术。其特点是可以通过任何设备，在任何地点、任何时间访问在网络上的属于我们个人的桌面系统。它整体架构分为4层：终端接入层、接入网络层、桌面管理层、资源池层。它的优点是：将所有桌面虚拟机在数据中心进行托管并统一管理；用户能够获得完整PC的使用体验。

**【做一做】**

请仔细阅读上面知识窗的内容，并上网查找一些相关的资料，然后完成下表（请借用此表，另附纸张完成）。

| | 对等网 | 工作站/服务器网络 | 无盘工作站网络 |
|---|---|---|---|
| 计算机所处角色 | | | |
| 特　点 | | | |
| 适用场所 | | | |
| 构建的难度 | | | |
| 优　点 | | | |
| 缺　点 | | | |

[ 任务二 ] NO.2

# 认识网络标准及通信协议

本任务中，你将通过3个层面认识网络标准及通信协议，即：

（1）通过查询资料及咨询专家的方式，了解网络标准化组织的相关情况；

（2）通过结合现实生活中的实例来理解网络通信协议；

（3）通过实例及类比的方法标识网络中的计算机。

## 一、了解网络标准化组织（ISO、IEEE、ITU）

网络要能正常通信必须遵循一些通信的规则，这些规则是由某些团体所制定的。这就像现代化交通一样，为了保证正常的交通秩序，必须制定现代化的交通法规，制定这些交通法规的部门是国家交通部。最主要的网络标准化组织有3个：ISO、IEEE和ITU。

知识窗 JISUANJI WANGLUO JICHU YU YINGYONG ZHISHICHUANG 

- ISO（International Organization for Standardization）即国际标准化组织，它是世界上众多国家标准化机构组成的联合会，拥有160多个会员国，是全球最大最权威的国际标准化组织。1947年，ISO开始正式运行，中国是ISO常任理事国，是ISO的正式成员，代表中国参加ISO的国家机构是中国国家标准化管理委员会（由国家市场监督管理总局管理）。ISO是一个非政府组织，是制定世界工商业国际标准的机构，建立的标准涉及信息技术、交通运输、农业、保健和环境等领域。在信息技术方向，ISO最突出的贡献就是开发了OSI参考模型和OSI协议簇。
- IEEE（Institute of Electrical and Electronic Engineers）即电气与电子工程师协会，它成立于1963年，是全球最大的技术行业协会，拥有超过160个国家的40万名会员。IEEE在中国有超过12 000名会员，绝大多数会员任职于顶尖高校和科研机构，其中有约4 000名学生会员，大部分是硕士和博士研究生，IEEE每年在中国举办100多场国际专业技术会议。IEEE主要面向电子电气工程、计算机工程与科学、通信等领域，制定工业标准，发布研究文献，召开学术会议。IEEE有众多主持标准化工作的专业学会或者委员会，其中IEEE 802委员会成立于1980年2月，它的任务是制定局域网和城域网标准，IEEE 802.3、IEEE 802.11、802.1Q、802.1X等标准已被广泛使用。

- ITU（International Telecommunication Union）即国际电信联盟，是联合国的专门机构之一，其成员包括近两百个成员国和700多个部门成员及部门准成员。国际电信联盟是主管信息通信技术事务的联合国机构，负责分配和管理全球无线电频谱与卫星轨道资源，制定全球电信标准，向发展中国家提供电信援助，促进全球电信发展。2015年1月1日，首位中国籍国际电信联盟秘书长赵厚麟正式上任。2015年6月24日，国际电信联盟公布5G技术标准化的时间表，5G技术的正式名称为IMT-2020。2020年7月9日，在关于制定IMT-2020国际移动通信系统标准的会议上，3GPP体系标准成为唯一被ITU认可的5G标准，中国华为技术有限公司是制定3GPP体系标准的重要参与者。

**【做一做】**

请阅读上面的有关网络标准化组织的知识窗或查询网络相关资料，然后完成下表。

| 英文缩写 | ISO | IEEE | ITU |
|---|---|---|---|
| 中文全称 | | | |
| 卓越成就 | | | |
| 成立时间 | | | |
| 涉及领域 | | | |

## 二、认识网络通信协议

网络通信协议就是网络硬件和软件系统通信所必须遵守的一组规则和约定，这组规则和约定可以理解为一种彼此都能听得懂的公用语言。它是网络中设备以何种方式交换信息的一系列规定的组合，它对信息交换的速率、传输代码、代码结构、传输控制步骤、出错控制等许多参数作出定义。

**【做一做】**

将网络通信协议与交通规则进行类比，理解通信协议中的有关术语。例如：交通规则中规定车辆应靠右行驶，而通信规则中规定按不同频率和信道传输信息。将下列类似概念进行连线。

| | |
|---|---|
| 车辆应靠右行驶 | 不同频率和信道传输信息 |
| 红绿灯 | 信息交换的速率 |
| 车辆牌照分A、B、C类等 | 传输代码 |
| 出交通事故后的处理原则 | 代码结构 |
| 不同车辆有不同车牌号 | 传输控制 |
| 公路中车辆限速 | 出错控制 |

1.OSI参考模型

OSI参考模型是由ISO组织于1984年颁布的，采用了7个功能层次描述网络的结构，如下图：

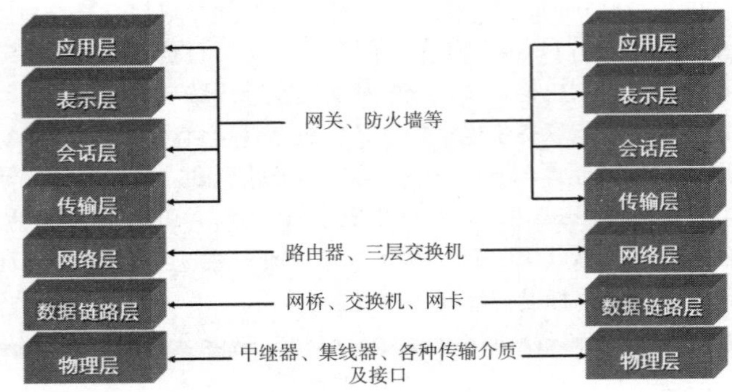


◇物理层（Physical Layer）是参考模型的最低层，该层由连接不同结点的电缆与设备共同构成。它利用传输介质为数据链路层提供物理连接，负责处理数据传输并监控数据出错率，以便数据流的透明传输。常用设备有集线器、中继器、调制解调器、网线、双绞线、同轴电缆。

◇数据链路层（Data Link Layer）是在物理层提供服务的基础上，在通信的实体间建立数据链路连接，传输以帧为单位的数据包，并采用差错控制与流量控制方法，使有差错的物理线路变成无差错的数据链路。常用设备有网桥、交换机、网卡等。

◇网络层（Network Layer）是为数据在节点之间传输创建逻辑链路，通过路由选择算法为分组通过通信子网选择最适当的路径，以及实现拥塞控制、网络互联等功能。常用设备有路由器、三层交换机等。

◇传输层（Transport Layer）是向用户提供可靠的端到端服务，处理数据包错误、数据包次序，以及其他一些关键传输问题。传输层向高层屏蔽了下层数据通信的细节，因此，它是计算机通信体系结构中关键的一层。

◇会话层（Session Layer）是负责维护两个节点之间的传输链接，具有确保点到点传输不中断、管理数据交换等功能。

◇表示层（Presentation Layer）是用于处理在两个通信系统中交换信息的表示方式，主要包括数据格式变换、数据加密与解密、数据压缩与恢复等功能。

◇应用层（Application Layer）是参考模型的最高层。其主要功能是：面向用户为应用软件提供了很多服务，如文件服务器、数据库服务、电子邮件与其他网络软件服务。

OSI参考模型的数据传输过程是用户数据封装和解封装的过程，该过程类似于邮政系统的信息传递。具体传输过程如下图所示：

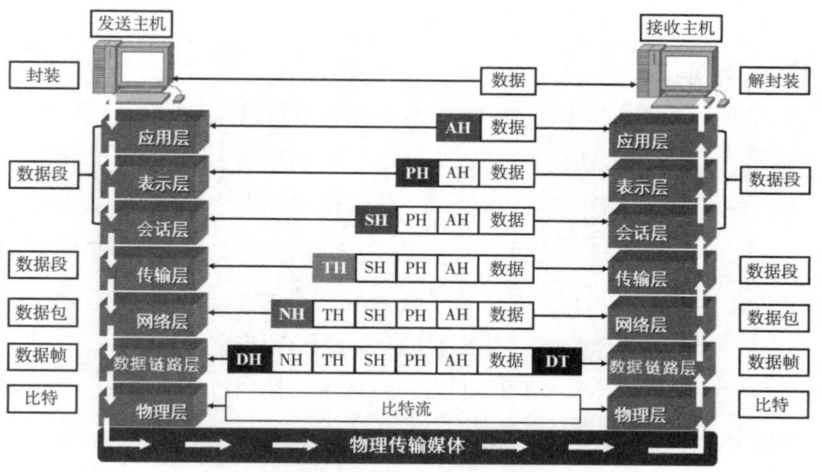


由上图可以看出，在OSI参考模型中，当主机需要发送数据（DATA）时，数据首先通过应用程序接口进入应用层，此时，用户数据加上应用层的报头（Application Header，AH），形成应用层协议数据单元（Protocol Data Unit，PDU），然后被递交到表示层。表示层把整个应用层递交的数据包看成一个整体（应用层数据）进行封装，即加上表示层的报头（Presentation Header，PH），然后递交到会话层。同样，会话层、传输层、网络层、数据链路层按照封装的原理，分别将上层递交下来的数据加上自己的报头，即会话层报头（Session Header，SH）、传输层报头（Transport Header，TH）、网络层报头（Network Header，NH）和数据链路层报头（Data link Header，DH）。其中，数据链路层还要给网络层递交的数据加上数据链路层报尾（Data link Termination，DT），形成最终的一帧数据。当该帧数据通过物理层介质传送到目标主机，目标主机开始完成解封装的过程，物理层把数据依次递交到数据链路层，数据链路层负责去掉数据帧的帧头部DH和尾部DT（同时还进行数据校验）。如果数据没有出错，则依次递交到网络层、传输层、会话层、表示层、应用层，分别去掉数据的报头，最终原始数据被递交到目标主机的具体应用程序中。

2.IEEE通信协议

由IEEE 802委员会制定，把数据链路层分成了两个子层，即逻辑链路控制层（LLC）和介质访问控制层（MAC）。

IEEE 802标准又分很多种，其具体分类及用途如下：

802.3标准：Ethernet（以太网）网络。

802.5标准：Token-Ring（令牌环）网络。

802.6标准：MAN城域网。

802.7标准：宽带局域网。

802.8标准：光纤传输。

802.9标准：集成语音与IEEE802.x标准结构LAN界面。

802.10标准：网络安全。

802.11标准：无线局域网。

3.TCP/IP通信标准

在互联网早期，主机间互联使用的是NCP协议。这种协议本身有很多缺陷，如不能互联不同的操作系统、没有纠错功能。为了改善这些缺陷，出现了TCP/IP协议。TCP/IP（Transmission Control Protocol/Internet Protocol，传输控制协议/网际协议）是目前世界上应用最为广泛的协议。它是计算机网络中的一个通用协议簇，由以TCP协议和IP协议为核心的一组网络协议构成，具有很强的灵活性，支持任意规模的网络，几乎可连接所有的服务器和工作站。此协议最早出现在UNIX系统，现在Internet通信中使用。

TCP/IP协议栈主要分为4层：网络接口层、网络层、传输层和应用层，每层都有相应的协议，如下图所示。

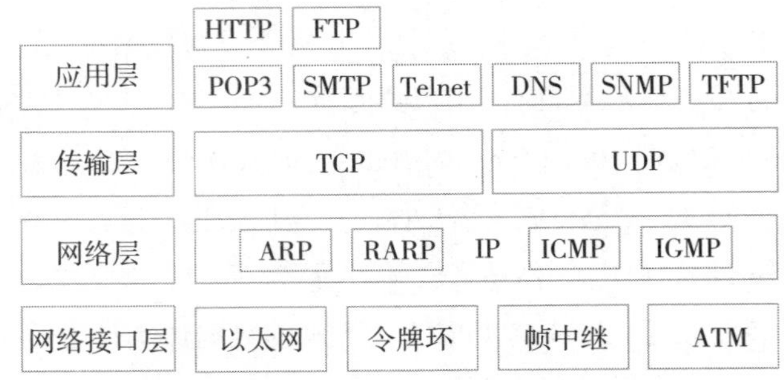


◇网络接口层是对网络介质媒体的管理，定义网络数据通过何种媒体来传输，如目前常用以太网络。

◇网络层负责在主机之间建立连接，提供基本的数据封包传送功能，让每一块数据包都能够到达目的主机。它一般包括网络寻径、流量控制、错误检查等功能，如使用IP地址查到指定的主机。

◇传输层提供源端主机和目的端主机上的网络数据流服务。传输层定义了两个服务质量不同的协议，即传输控制协议TCP和用户数据报协议UDP。其中TCP协议是一个面向连接的、可靠的协议，它将一台主机发出的字节流无差错地发往互联网上的其他主机。在发送端，它负责把上层传送下来的字节流分成报文段并传递给下层；在接收端，它负责把收到的报文进行重组后递交给上层。TCP协议还要处理端到端的流量控制，以避免缓慢接收的接收方没有足够的缓冲区接收发送方发送的大量数据。UDP协议是一个不可靠的、无连接协议，主要适用于不需要对报文进行排序和流量控制的场合。

◇应用层负责与用户应用程序的通信，不同的应用层使用不同的应用层协议，如HTTP协议访问WWW服务、FTP协议访问文件服务器、POP3/SMTP协议用于电子邮件系统。

**【做一做】**

TCP/IP协议簇的4层模型中有多种协议和功能，针对不同的网络环境和应用程序，协议的选择有所不同。请你查看相关资料，找出TCP/IP协议簇中的常用协议功能。

| 协议名称 | 中文名称 | 功能和作用 |
|---|---|---|
| ARP | 地址解析协议 | 根据IP地址获得主机的MAC地址 |
| RARP | | |
| IP | | |
| ICMP | | |
| IGMP | | |
| HTTP | | |
| FTP | | |
| Telnet | | |
| POP3 | | |
| SMTP | | |
| DNS | | |
| SNMP | | |
| TFTP | | |

（1）IP协议

IP是TCP/IP协议簇中最为核心的协议，意思是“网络之间互联的协议”，也就是为计算机网络相互连接进行通信而设计的协议，任何厂家生产的计算机系统，只要遵守IP协议就可以与互联网互连互通。正是因为有了IP协议，互联网才得以迅速发展成为世界上最大的、开放的计算机通信网络。

在Internet上有千百万台主机，为了区分这些主机，必须给每台主机分配一个专门的地址，称为IP地址。IP地址由两部分组成：网络部分+主机部分。通过IP地址就可以访问到每一台主机。IP地址由4部分数字组成，每部分数字对应于8位二进制数字，各部分之间用小数点分开，如某一台主机的IP地址为：211.152.65.112。IP地址由NIC（Network Information Center，因特网信息中心）统一负责全球地址的规划、管理。

◇固定IP：长期固定分配给一台计算机使用的IP地址，一般是特殊的服务器才拥有固定IP地址。

◇动态IP：因为IP地址资源非常短缺，通过电话拨号上网或普通宽带上网用户一般不具备固定IP地址，而是由ISP动态分配暂时的一个IP地址。普通人一般不需要去了解动态IP地址，它是计算机系统自动完成的。

◇公有地址（Public address）：由Inter NIC负责。这些IP地址分配给注册并向Inter NIC提出申请的组织机构，通过它直接访问互联网。

◇私有地址（Private address）：属于非注册地址，专门为组织机构内部使用。

以下为留用的内部私有地址：

A类 10.0.0.0~10.255.255.255

B类 172.16.0.0~172.31.255.255

C类 192.168.0.0~192.168.255.255

## 知识窗

JISUANJI WANGLUO JICHU YU YINGYONG ZHISHICHUANG

- IP地址分类

由于网络中包含的计算机有可能不一样多，有的网络可能含有较多的计算机，有的网络包含较少的计算机，于是人们按照网络规模的大小，把32位地址信息设成3种定位的划分方式，这3种划分方法分别对应于A类、B类、C类IP地址。

◇A类地址：在IP地址的4段号码中，第一段号码为网络号码，剩下的三段号码为本地计算机的号码。如果用二进制表示IP地址，A类IP地址就由1字节的网络地址和3字节主机地址组成，网络地址的最高位必须是“0”。A类IP地址中，网络的标识长度为7位，主机标识的长度为24位。A类网络地址数量较少，只有126个A类网络地址，每个A类网络大约允许拥有1 670万台主机，适用于规模较大的网络。

A类IP地址

| 网络号（8 bit） | 主机号（24 bit） | | |
|---|---|---|---|
| 8 bit/1 Byte | 8 bit/1 Byte | 8 bit/1 Byte | 8 bit/1 Byte |
| 0××××××× | ×××××××× | ×××××××× | ×××××××× |
| 18 | 50 | 158 | 100 |

例如：18.50.158.100

◇B类IP地址：在IP地址的4段号码中，前两段号码为网络号码，剩下的两段号码为本地计算机的号码。如果用二进制表示IP地址，B类IP地址就由2字节的网络地址和2字节主机地址组成，网络地址的最高位必须是“10”。B类IP地址中，网络的标识长度为14位，主机标识的长度为16位，每个网络所能容纳的计算机数为6万多台。B类网络地址适用于中等规模的网络。

B类IP地址

| 网络号（16 bit） | | 主机号（16 bit） | |
|---|---|---|---|
| 8 bit/1 Byte | 8 bit/1 Byte | 8 bit/1 Byte | 8 bit/1 Byte |
| 10×××××× | ×××××××× | ×××××××× | ×××××××× |
| 172 | 50 | 158 | 100 |

例如：172.50.158.100

◇C类IP地址：在IP地址的4段号码中，前三段号码为网络号码，剩下的一段号码为本地计算机的号码。如果用二进制表示IP地址，C类IP地址就由3字节的网络地址和1字节主机地址组成，网络地址的最高位必须是“110”。C类IP地址中，网络的标识长度为21位，主机标识的长度为8位。C类网络地址数量较多，每个网络最多只能包含254台计算机，适用于小规模的局域网络。

C类IP地址

| 网络号（24 bit） | | | 主机号（8 bit） |
|---|---|---|---|
| 8 bit/1 Byte | 8 bit/1 Byte | 8 bit/1 Byte | 8 bit/1 Byte |
| 110××××× | ×××××××× | ×××××××× | ×××××××× |
| 192 | 50 | 158 | 100 |

例如：192.50.158.100

◇除了上面3种类型的IP地址外，还有几种特殊类型的IP地址。TCP/IP协议规定，凡IP地址中的第一个字节以“1110”开始的地址都称为多点广播地址。因此，任何第一个字节大于223小于240的IP地址是多点广播地址；IP地址中的每一个字节都为0的地址（“0.0.0.0”）表示整个网络，即网络中的所有主机；IP地址中的每一个字节都为1的IP地址（“255.255.255.255”）是当前子网的广播地址；IP地址中凡是以“11110”的地址都留着将来作为特殊用途使用；IP地址中不能以十进制“127”作为开头，127.0.0.1用于回路测试；IP地址的主机位为全“0”表示网络地址，该地址表示一个IP网段，如192.168.1.0；IP地址的主机位为全“1”表示广播地址，如192.168.1.255。

- 子网掩码

子网掩码是由32位二进制数组成，用连续的“1”和“0”表示，通过屏蔽IP地址的一部分数值，用于划分IP地址中网络地址和主机地址的范围。

定义子网掩码的步骤为：

①确定哪些组地址归我们使用。如我们申请到的网络号为“180.73.a.b”，该网络地址为B类IP地址，网络标识为“180.73”，主机标识为“a.b”。

②根据我们现在所需的子网数以及将来可能扩充到的子网数，用宿主机的一些位来定义子网掩码。比如我们现在需要12个子网，将来可能需要16个。用第三个字节的前四位确定子网掩码，前四位都置为“1”，即第三个字节为“11110000”，这个数我们暂且称作新的二进制子网掩码。

③把对应初始网络的各个位都置为“1”，即前两个字节都置为“1”，第四个字节都置为“0”，则子网掩码的间断二进制形式为：“11111111.11111111.11110000.00000000”。

④把这个数转化为间断十进制形式：“255.255.240.0”，这个数为该网络的子网掩码。

- IP的其他事项

①一般国际互联网信息中心在分配IP地址时是按照网络来分配的，因此只有说到网络地址时才能使用A类、B类、C类的说法。

②在分配网络地址时，网络标识是固定的，而计算机标识是可以在一定范围内变化的，下面是三类网络地址的组成形式：

A类地址：73.0.0.0

B类地址：160.153.0.0

C类地址：210.73.140.0

上述中的每个0均可以在0~255进行变化。

③因为IP地址的前三位数字已决定了一个IP地址是属于何种类型的网络，所以A类网络地址将无法再分成B类IP地址，B类IP地址也不能再分成C类IP地址。

④在谈到某一特定的计算机IP地址时，不宜使用A、B、C类的说法，但可以说主机地址是属于A、B、C类网络中的哪一类。

**【做一做】**

请仔细阅读上面知识窗的内容，或上网找一找相关IP地址的内容，将下面的表格补充完整。

关于A、B、C类IP地址的范围：

| 地址类 | 第一个8位数的格式 | 地址范围 |
|---|---|---|
| A类 | | |
| B类 | | |
| C类 | 110××××× | 192~223 |

特殊IP地址用途：

| 网络部分 | 主机部分 | 地址类型 | 用　途 |
|---|---|---|---|
| 任意 | 全“0” | 网络地址 | 代表一个网段 |
| 任意 | 全“1” | | 特定网段的所有节点 |
| 127 | 任意 | | |
| 全“0” | | 所有网络 | |
| 全“1” | | | 本网段所有节点 |

子网掩码的作用就是确定IP地址中哪一部分是网络地址，哪一部分为主机地址，它是32位的二进制数，由连续的“1”和连续的“0”组成。其中A、B、C类都有自己缺省的子网掩码，它们应当是：

| 网络类型 | 子网掩码 |
|---|---|
| A类 | 255.0.0.0 |
| B类 | |
| C类 | |

（2）TCP协议

TCP（Transmission Control Protocol，传输控制协议）是一种面向连接的、可靠的、基于IP的传输层协议。TCP协议在数据传输过程中确保数据无丢失、无失序、无错误、无重复到达，保证数据的高可靠性。

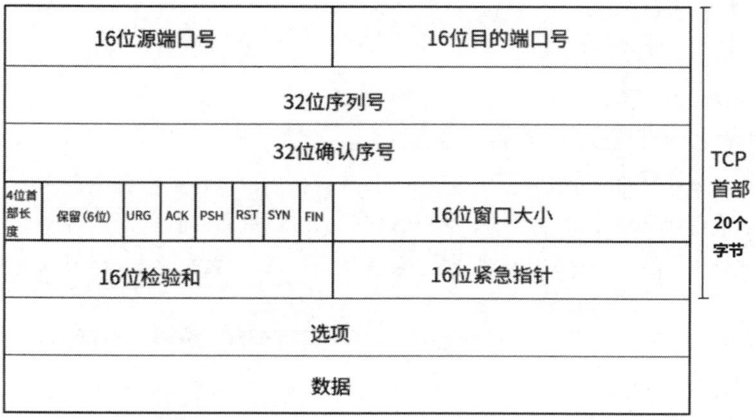

| 16位源端口号 | 16位目的端口号 |
|---|---|
| 32位序列号 | |
| 32位确认序号 | |
| 4位首部长度 \| 保留(6位) \| URG \| ACK \| PSH \| RST \| SYN \| FIN | 16位窗口大小 |
| 16位检验和 | 16位紧急指针 |
| 选项 | |
| 数据 | |

TCP首部20个字节

TCP协议是面向连接的，无论哪一方向另一方发送数据之前，都必须先在双方之间建立连接，连接是通过三次握手进行初始化的。三次握手的目的是同步连接双方的序列号和确认号，并交换TCP窗口大小信息。

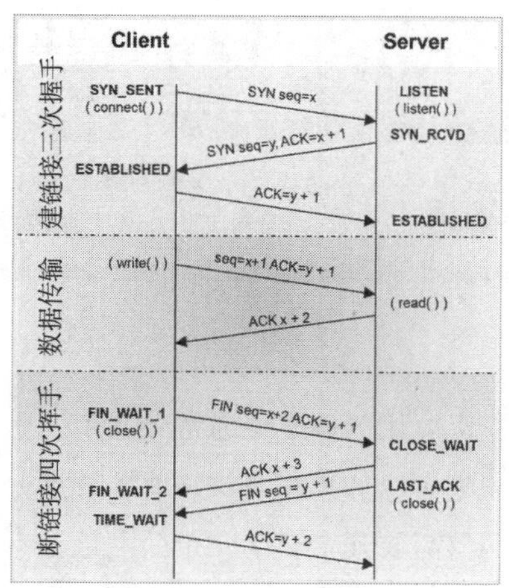


（3）UDP 协议

UDP（User Datagram Protocol，用户数据报协议）是OSI参考模型中一种无连接的传输层协议，UDP提供了无连接通信，且不对传送数据包进行可靠性保证，适合于一次传输少量数据。UDP传输的可靠性由应用层负责。

UDP协议具有资源消耗小、处理速度快的优点，所以通常音频、视频和普通数据在传送时使用UDP较多，因为它们即使丢失一二个数据包，也不会对接收结果产生太大影响。我们聊天用的ICQ和QQ就是使用的UDP协议。

UDP在IP报文中的位置如下图所示。IP层的报头指明了源主机和目的主机地址，而UDP层的报头指明了主机上的源端口和目的端口。

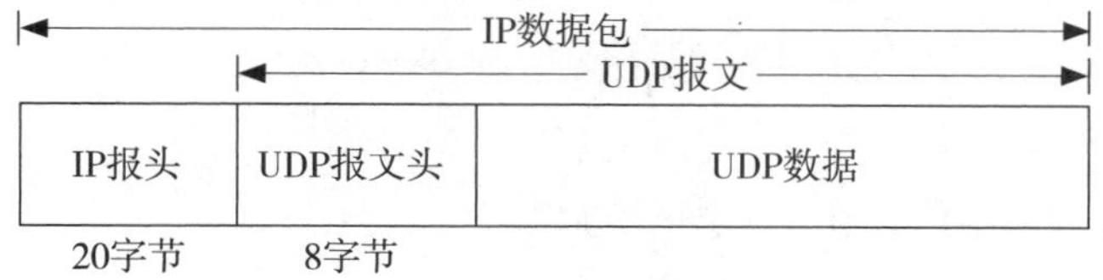


**【做一做】**

请观看教师在Windows 10系统下查看UDP协议连接状况的演示，将操作步骤补充完整。

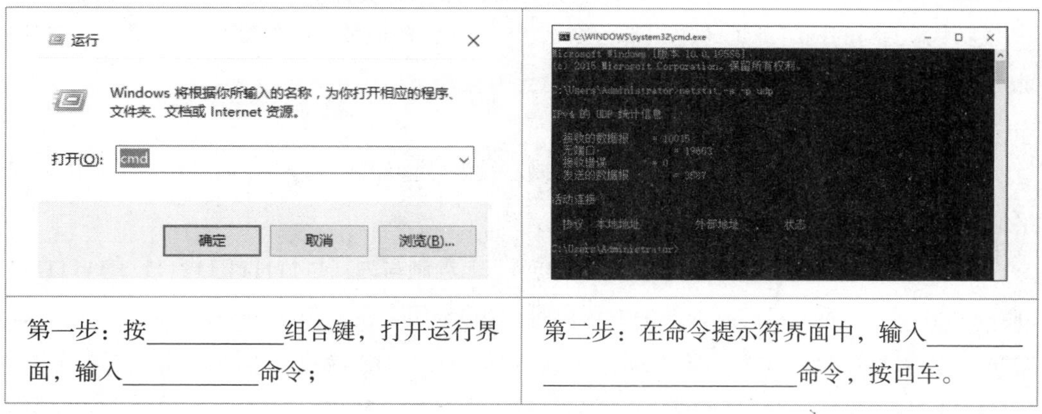


| 第一步：按＿＿＿＿＿＿组合键，打开运行界面，输入＿＿＿＿＿＿命令； | 第二步：在命令提示符界面中，输入＿＿＿＿＿＿＿＿＿＿＿＿命令，按回车。 |
|---|---|

## 友情提示

JISUANJI WANGLUO JICHU YU YINGYONG
YOUQINGTISHI

- 有时候连接无线网络出现故障很可能是UDP协议出现故障导致，在Windows 10系统下用户可以按照上述的方法，通过CMD命令来查看UDP协议是否连接正常。

（4）子网划分

根据网络规模的大小，主机可用的IP地址通常分为A、B、C三类（称为有类IP），在广域网或大型局域网的地址规划中，如果将有类IP地址直接分配给用户使用，会导致大量的浪费。通常情况下，企业网仅需要几个至十几个公网地址，就能满足网络访问需求，如果网络运营商将一个B类地址直接分配给某个单位使用，此时，单位将拥有65 534个公网地址，这远远大于实际需求的数量，造成极大浪费。为了解决这一问题，节省IP地址资源，提高IP地址管理效率，可以将有类IP地址的主机部分再次划分子网和子网的主机，把较大范围的IP地址细分为多个子网，从而提供给多个网络使用。

子网划分的基本思路：将有类IP地址的“网络ID”向“主机ID”借位，形成新的“网络ID”，其中借位部分称为“子网ID”。子网ID的取值范围就是子网的数量，子网数量划分越多，每个子网可容纳的主机数量就越少。

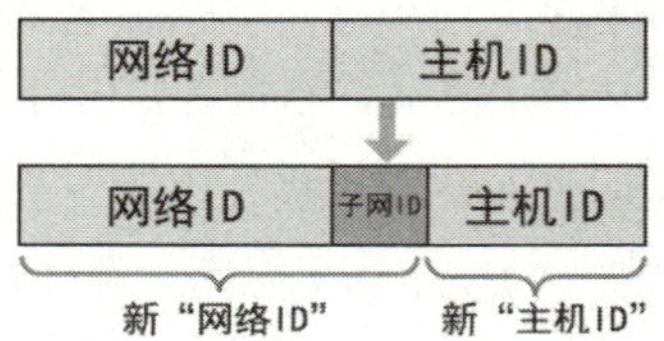


根据网络的规划和用户的具体需求，子网划分包括等长子网划分和变长子网划分两种方式。其中，等长子网划分，要求每个子网的掩码位数相同；变长子网划分，每个子网的掩码位数可以不同。以下主要介绍等长子网划分的方法。

等长子网划分的基础步骤：

①根据网络规划和用户需求，确定子网掩码长度。

②根据子网ID的长度，计算子网的数量。

③根据主机ID的长度，计算子网的IP地址范围以及可用IP地址范围，即：第一个可用IP和最后一个可用IP。

④计算子网的网络地址（主机部分全“0”）和广播地址（主机部分全“1”），该地址不能分配给主机使用。

**【做一做】**

将C类网络地址192.168.0.0等分成4个子网，计算子网掩码、每个子网的IP地址范围、网络地址和广播地址。

C类IP地址的默认子网掩码为255.255.255.0，二进制写为：11111111.11111111.11111111.00000000，因为两位二进制数的0和1可以排列出4种组合，分别为：00，01，10，11，即2^2=4。如果划分4个子网，可以将原有网络号ID向主机ID借两位，子网掩码二进制写为：11111111.11111111.11111111.11000000，十进制写为：255.255.255.192。由此看出，IP地址的第四段划分了子网，现在将IP地址和子网掩码的第四段转为二进制进行对比，具体操作方法如下图所示。

| | | | | | |
|---|---|---|---|---|---|
| A子网 | 网络地址 | 192 | 168 | 0 | 0 0 0 0 0 0 0 0 |
| | 广播地址 | 192 | 168 | 0 | 0 0 1 1 1 1 1 1 |
| | 地址范围 | 192 | 168 | 0 | 0~63 |
| B子网 | 网络地址 | 192 | 168 | 0 | 0 1 0 0 0 0 0 0 |
| | 广播地址 | 192 | 168 | 0 | 0 1 1 1 1 1 1 1 |
| | 地址范围 | 192 | 168 | 0 | 64~127 |
| C子网 | 网络地址 | 192 | 168 | 0 | 1 0 0 0 0 0 0 0 |
| | 广播地址 | 192 | 168 | 0 | 1 0 1 1 1 1 1 1 |
| | 地址范围 | 192 | 168 | 0 | 128~191 |
| D子网 | 网络地址 | 192 | 168 | 0 | 1 1 0 0 0 0 0 0 |
| | 广播地址 | 192 | 168 | 0 | 1 1 1 1 1 1 1 1 |
| | 地址范围 | 192 | 168 | 0 | 192~255 |
| 子网掩码 | 二进制 | 11111111 | 11111111 | 11111111 | 1 1 0 0 0 0 0 0 |
| | 十进制 | 255 | 255 | 255 | 192 |

观察子网划分结果，填写以下表格。

| 子网 | 广播地址 | 网络地址 | 可用IP地址 | |
|---|---|---|---|---|
| | | | 范围 | 数量 |
| A | | | | |
| B | | | | |
| C | | | | |
| D | | | | |

## 知识窗

JISUANJI WANGLUO JICHU YU YINGYONG

ZHISHICHUANG

● 子网掩码

子网掩码是由32位二进制数组成，包含了连续“1”和“0”，其中“1”对应IP地址的网络部分，“0”对应网络地址的主机部分。子网掩码一定是配合IP地址来使用，通常由十进制数或者“/掩码长度”两种方式表示，其中掩码长度是子网掩码中二进制“1”的个数。

| 子网掩码 | 掩码长度 |
|---|---|
| 255.255.255.0 | /24 |
| 255.255.255.192 | /26 |
| 255.255.240.0 | /20 |

● 网络地址

网络地址(Network Address)是专门用于数据包转发过程中确定一个网段的地址。在使用TCP/IP协议的网络中，网络地址规定了IP地址的主机部分为全“0”。该地址不能配置在主机接口中。已知主机IP地址和子网掩码，计算网络地址的方法如下所示：

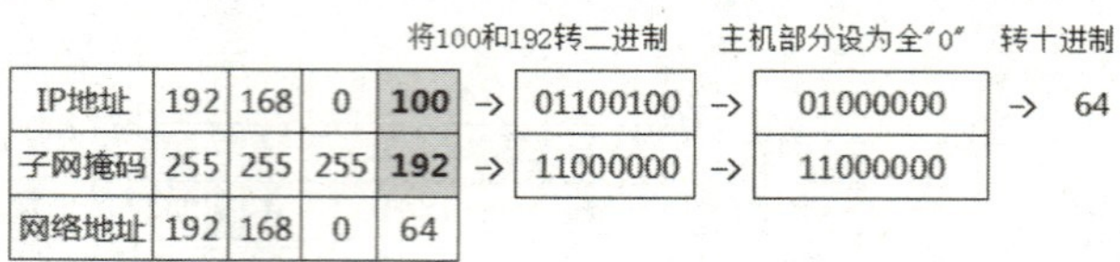

将100和192转二进制　主机部分设为全"0"　转十进制

| IP地址 | 192 | 168 | 0 | 100 | → 01100100 | → 01000000 | → 64 |
|---|---|---|---|---|---|---|---|
| 子网掩码 | 255 | 255 | 255 | 192 | → 11000000 | → 11000000 | |
| 网络地址 | 192 | 168 | 0 | 64 | | | |

● 广播地址

广播地址(Broadcast Address)是专门用于同时向网络中所有主机发送数据的一个地址。在使用TCP/IP协议的网络中，广播地址规定了IP地址的主机部分为全“1”。该地址不能配置在主机接口中。已经主机IP地址和子网掩码，计算广播地址的方法如下所示：

将100和192转二进制　主机部分设为全"1"　转十进制

| IP地址 | 192 | 168 | 0 | 100 | → 01100100 | → 01111111 | → 127 |
|---|---|---|---|---|---|---|---|
| 子网掩码 | 255 | 255 | 255 | 192 | → 11000000 | → 11000000 | |
| 广播地址 | 192 | 168 | 0 | 127 | | | |

4.网络中数据、数据包与数据帧

数据包是TCP/IP协议通信传输中的数据单位，数据包主要由“目的IP地址”“源IP地址”“净载数据”等部分构成。数据包的结构类似人们写信，为更好地理解数据包，请将下列类似概念进行连线。

| | |
|---|---|
| 目的IP地址 | 信件内容 |
| 源IP地址 | 收信人地址 |
| 净载数据 | 写信人地址 |

数据帧（Data frame）就是数据链路层的协议数据单元，它包括三部分：帧头、数据部分、帧尾。其中，帧头和帧尾包含一些必要的控制信息，如同步信息、地址信息、差错控制信息等；数据部分则包含网络层传来的数据，如IP数据包。

TCP/IP协议是工作在OSI模型第三层（网络层）、第四层（传输层）上的，帧工作在第二层（数据链路层）。上一层的内容由下一层的内容来传输，所以在局域网中“包”是包含在“帧”里的，下图为各数据对应的层次关系。

| 数　据 | 工作层 | 工作协议 | 地　址 |
|---|---|---|---|
| 数据（data） | 应用层 | FTP, Telnet, SMTP, HTTP, RIP, NFS, DNS | 端口地址 |
| 数据段（segment/datagram） | 传输层 | TCP/UDP | TSAP |
| 数据包（packet） | 网络层 | IP，ICMP，ARP，RARP | IP地址 |
| 帧（frame） | 数据链路层 | PPP点到点，以太网，HDLC高级链路控制协议，帧中继ATM | mac地址 |
| 比特（bit位） | 物理层 | RS-232，RS-449，X.21，V.35，ISDN，FDDI，IEEE802.3，IEEE802.4，IEEE802.5 | mac地址 |

## 三、标识网络中的计算机

网络中的计算机与现实生活中的人一样，都有自己的姓名，这样方便寻找与称呼。但与姓名不同的是，同一个网络中的计算机名称不能相同；否则，网络将无法识别这些计算机，导致无法正常工作。

标识网络中的计算机同样可以使用名称来表示，为计算机设置一个方便记忆的名称是一个好习惯。在学校，为了方便管理，会为每一个学生安排一个学号，称呼学号也能找到对应的学生。网络中的计算机也可进行编号，这个编号就是这台计算机的IP地址。

为计算机命名

【做一做】

（1）请观看“为计算机命名”操作视频或教师的操作演示，再根据下图的提示，将为计算机命名的步骤写下来（以Windows 10为例）。

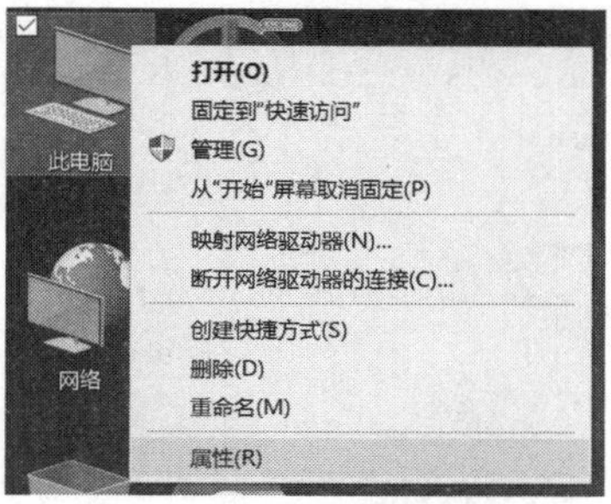

| | |
|---|---|
| 第1步: | 第2步: |
| 第3步: | 第4步: |
| 第5步: | 第6步: |

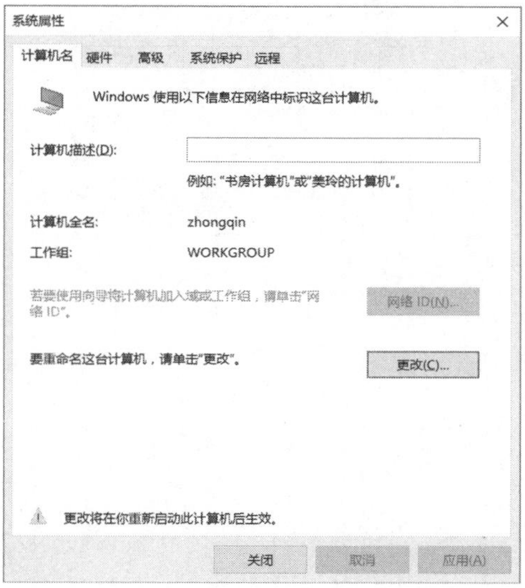

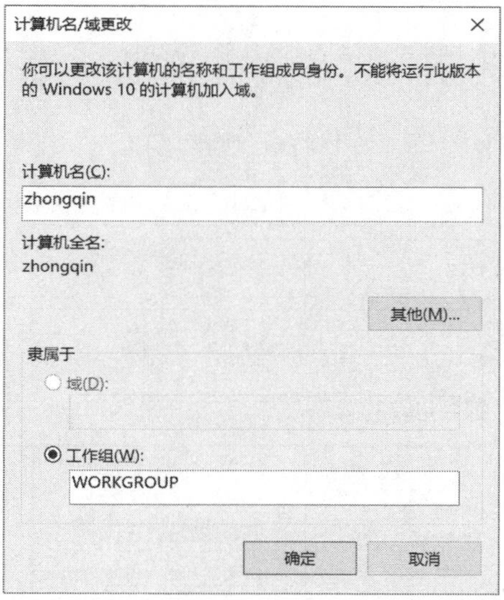

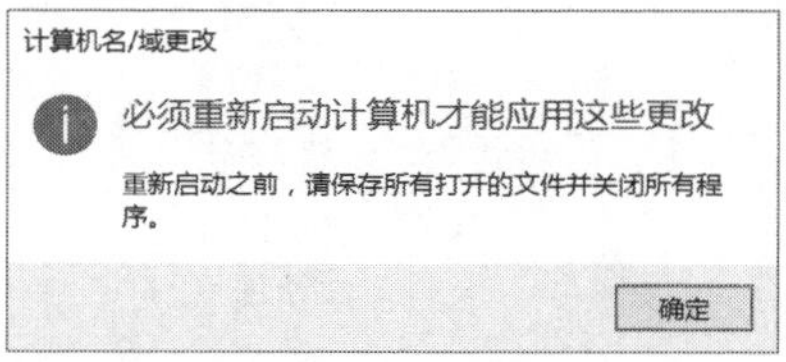

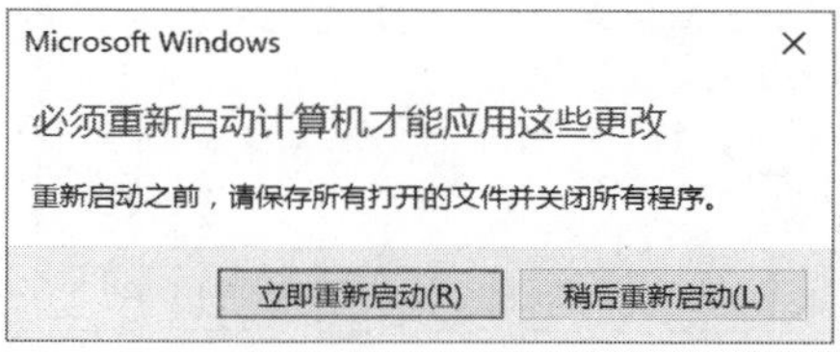

为计算机设置IP地址

（2）请观看“为计算机设置IP地址”操作视频或教师的操作演示，然后将设置步骤写下来（以Windows 10为例）。

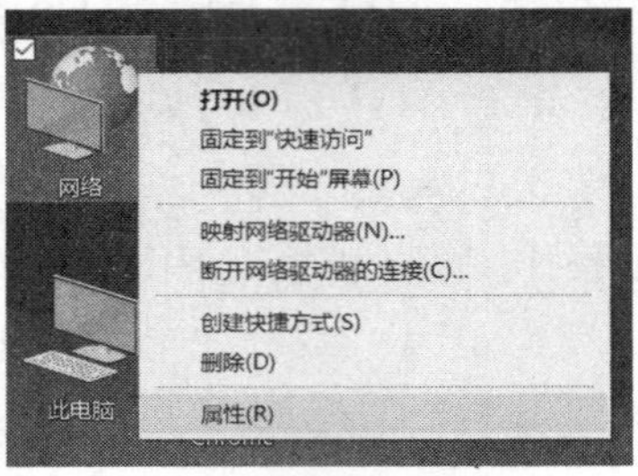

| | |
|---|---|
| 第1步: | 第2步: |
| 第3步: | 第4步: |
| 第5步: | |

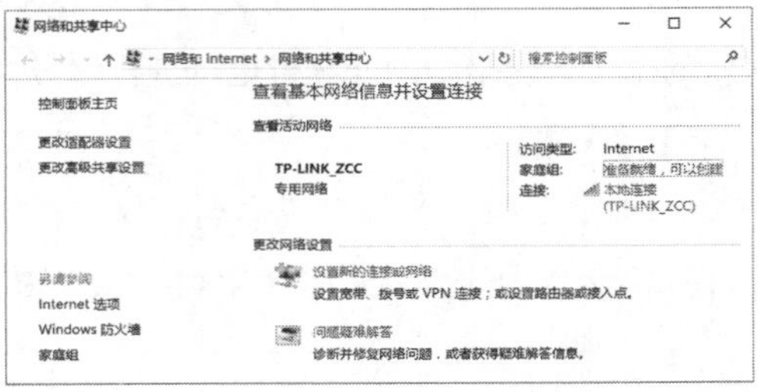

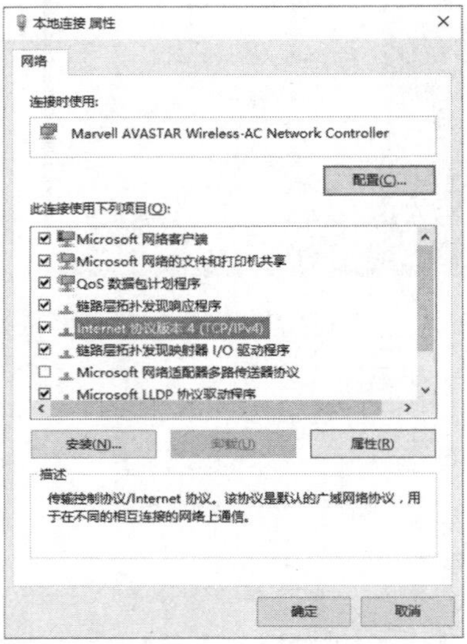

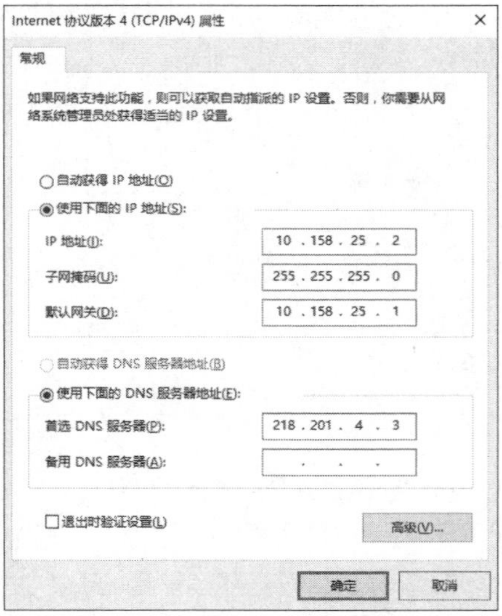

在配置计算机IP地址时，以上的操作过程是最典型的。请与自己周围的同学讨论一下，还有哪些方法可以配置计算机IP地址?将这些方法写在下面，并上机进行验证。

友情提示 JISUANJI WANGLUO JICHU YU YINGYONG YOUQINGTISHI

- 在服务器上或Windows 10工作站上设置IP地址必须以管理员的身份登录。
- 可以配置TCP/IP协议使计算机自动获取IP地址，这常用于客户计算机，而网络中的服务器一般使用静态IP地址。关于自动获取IP地址的配置方法请参见模块四的任务一。
- 系统为你输入的主机IP地址，自动设置该类IP地址的默认子网掩码。如果你的网络划分了子网，你才需要人工输入相应的子网掩码。关于子网划分请参见资源平台上的相关内容。
- 如果你的计算机不需要访问所在网络以外的网络，就不需要配置“默认网关”的IP地址。

[ 任务三 ] NO.3

# 认识数据通信技术

计算机网络是计算机技术与通信技术结合的产物，网络中的主要应用是数据通信，因此讨论计算机网络，首先要讨论数据通信。数据通信就是两个实体间的数据传输和交换。

通过本任务的学习，你将了解到：

（1）模拟信号与数字信号传输的异同；

（2）网络中实现通信的相关技术；

（3）网络中信号传输的相关技术。

## 一、模拟信号及数字信号通信

在通信技术中存在着两种数据传输的方式：一种是模拟信号传输；另一种是数字信号传输。模拟数据和数字数据都可以用模拟信号或数字信号来表示，因而也可以用这些形式来传播。在通信系统中，模拟数据表示的信号称作模拟信号，由数字数据表示的信号称作数字信号，二者可以相互转化。作为计算机网络上的数据，最好采用数字信号。

**【做一做】**

下图是模拟数据、数字数据、数字信号、模拟信号的对应表示，请仔细观察后完成下面的表格。

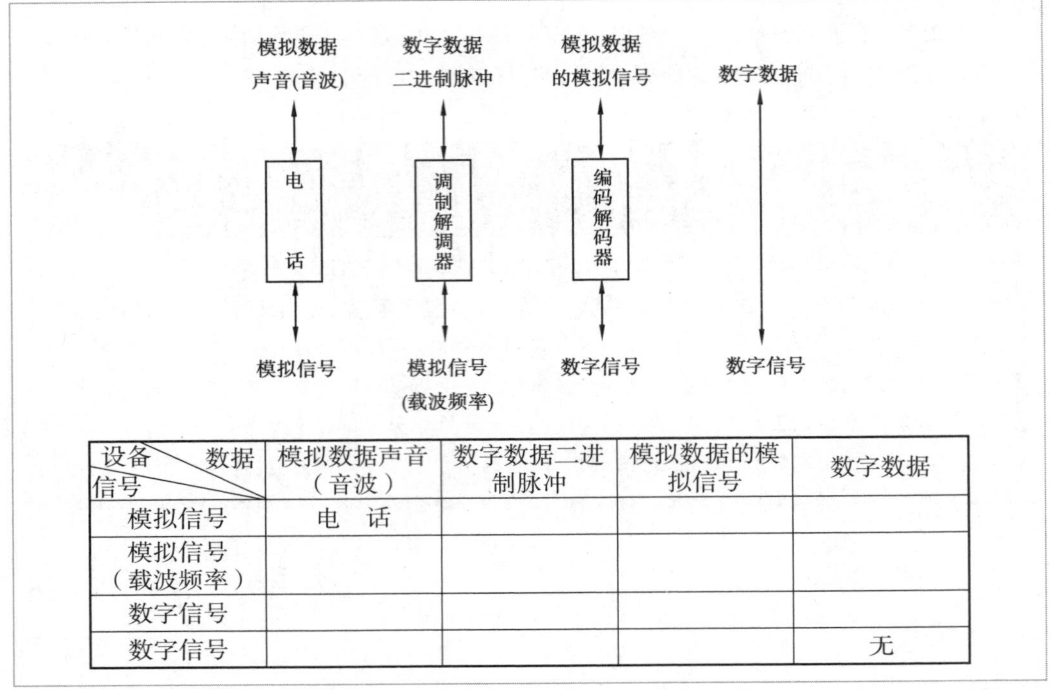


| 设备 数据<br>信号 | 模拟数据声音（音波） | 数字数据二进制脉冲 | 模拟数据的模拟信号 | 数字数据 |
|---|---|---|---|---|
| 模拟信号 | 电　话 | | | |
| 模拟信号（载波频率） | | | | |
| 数字信号 | | | | |
| 数字信号 | | | | 无 |

1.模拟信号传输

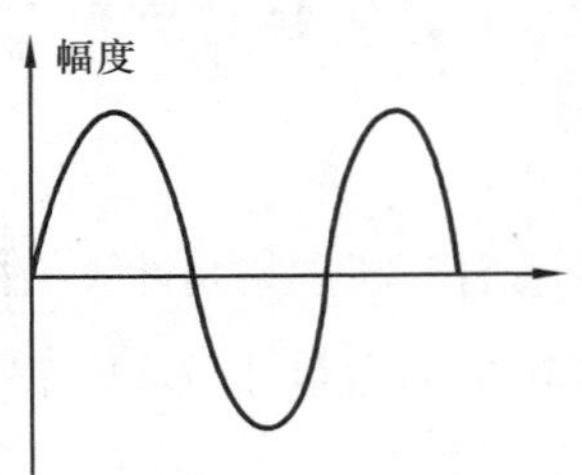


在通信领域中，很早就有了模拟通信，最典型的就是电话系统，它完全基于模拟传输方式。模拟信号依赖于信号波形的连续变化。在模拟传输中，使用的信号通常是正弦波，如右图。当然，实际传输的信号不可能是标准的正弦波形信号，它要复杂得多。

在通信系统中，利用电信号把数据从一个点传到另一个点。模拟信号是一种连续变化的电磁波，这种电磁波可以按照不同频率在各种介质上传输。模拟数据在时间上和幅度取值上都是连续的，其电平随时间连续变化。例如，语音是典型的模拟信号，由模拟传感器接收到的信号如温度、压力、流量等也是模拟信号。

2.数字信号传输

随着数字电子设备和计算机的出现及大量使用，数字通信开始在通信技术中广泛应用。数字信号发送最突出的优点是比一般模拟信号发送便宜，而且很少受噪声干扰；最主要的缺点是数字信号比模拟信号易衰减。数字信号是一系列的电压脉冲，在时间上是离散的，在幅值上是经过量化的，它一般是由0、1的二进制代码组成的数字序列。通常用恒定的正电压来表示二进制1，用恒定的负电压来表示二进制0。

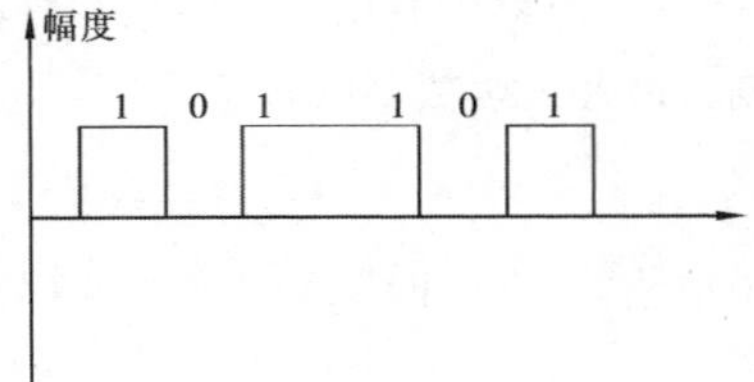

【做一做】

仔细阅读上面关于数字信号传输与模拟信号传输的内容，对下面传输方式进行比较。

| 传输方式 | 抗干扰能力 | 可靠性 | 信号类型 | 灵活性 | 成　本 |
|---|---|---|---|---|---|
| 数字信号 | □强□弱 | □高□一般 | □单一□多样 | □差□好 | □低□较高 |
| 模拟信号 | □强□弱 | □高□一般 | □单一□多样 | □差□好 | □低□较高 |

利用调制解调器（Modem）可以将数字信号转换成模拟信号，也可以将传输到达的模拟信号转换成数字信号。传统的电话通信信道是传输语音一级的模拟信道，无法直接传输计算机的数字信号。为了利用现有的模拟线路传输数字信号，必须将数字信号转化为模拟信号，这个过程被称作调制。在另一端，接收到的模拟信号要还原成数字信号，这个过程被称作解调。通常由于数据的传输是双向的，因此每端都需要调制和解调。

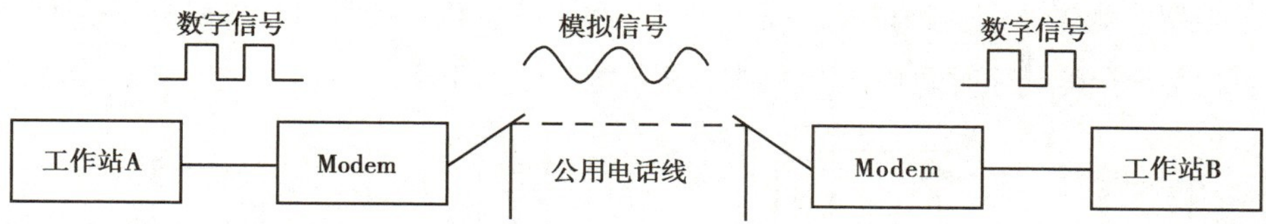


## 知识窗

JISUANJI WANGLUO JICHU YU YINGYONG ZHISHICHUANG

- 根据所允许的传输方向，数据通信方式可分成以下3种:

◇单工通信　数据只能沿一个固定方向传输，即传输是单向的。

◇半双工通信　允许数据沿两个方向传输，但在每一时刻，信息只能在一个方向传输。

◇双工通信　允许信息同时沿两个方向传输，这是计算机通信常用的方式，可大大提高传输速率。

- 数据通信中的基本概念:

◇带宽　带宽是信道中的信号在传输或处理过程中频带宽度（频率范围）的简称，它是传输信号的最高频率与最低频率之差，单位为Hz。

一般来说，信道的带宽是由传输介质、接口部件、传输协议以及传输信息的类型等多种因素共同决定的，在一定程度上体现了信道的性能，是衡量传输系统的一个重要指标。当所有其他因素不变时，信道的带宽越宽，数据传输率越高。

◇基带　在数据通信中，电信号所固有的基本频率称为基本频带，简称为基带。将原始的数据或信息经取样得到的电信号称为“模拟信号”，再用模拟/数字（A/D）转换器对其进行量化和编码得到的二进制数字信号就是基带数字信号。再将其以一串串电压脉冲序列插入到基带同轴电缆上，就可以实现信号的单信道双向传输了。通常用于基带数字信号传输的基带同轴电缆阻抗为50 Ω，其数据传输速率为0~10 Mbit/s。

◇宽带　在网络中，“宽带”是指它的通频带相比基带信号的通频带（窄带）更宽。在宽带同轴电缆上主要传输的是模拟信号，而宽带信号的频谱因此可以分割成多条逻辑信道或者段，使信道的频分复用（FDM）成为可能，如典型的多套电视节目信号同时在电视同轴电缆中传输就是采用的FDM方式。实际上，分割成的多信道支持数据传输、视频和无线电信号的单向传输，从而实现模拟信号的宽带传输。宽带同轴电缆的阻抗为75 Ω，其数据传输速率可达0~400 Mbit/s。

## 二、网络复用技术

无论是局域网还是广域网总是出现传输介质的能力超过传输单一信号的情况，为了有效地利用传输系统，我们都希望同时携带多个信号或同时给多个用户高效地使用传输介质，这就是网络中所谓的多路复用。多路复用的最大优点就是可以使通信成本得到降低。

从总体上看，多路复用可以分为两类：时分多路复用（TDM）和频分多路复用（FDM）。

时分多路复用是将线路用于传输的时间划分成若干个时间片，每个用户得到一个时间片，在其占有的时间片内，用户使用通信线路的全部带宽。在通信过程中，多个用户轮流占有信道。从任一时间点看，都只有一个用户在使用该信道，但不同时间使用信道的用户可能不同。由于在这种通信中，多个用户固定占用顺序信道，但是不同用户的通信可能不相同，这就造成了有的时间片内信道很忙，而有的时间片内信道很空的现象，这对于信道是一个浪费。为了改进这种情况，提出了另一种形式，称为统计时分多路复用技术。这种技术可动态地分配传输时间片，以达到传输信道的充分利用。

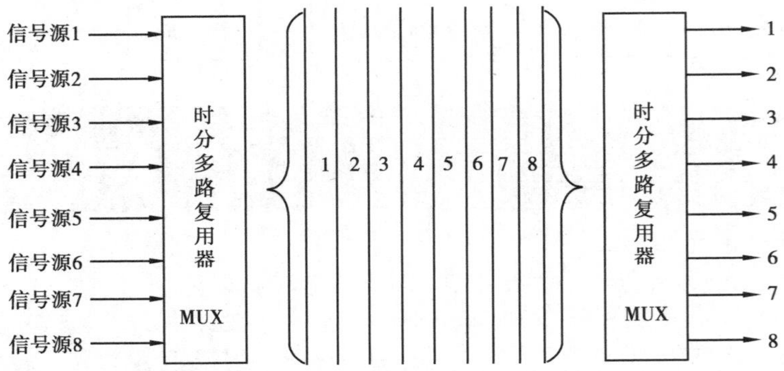


频分多路复用是将具有一定带宽的线路划分为多条占有较小带宽的信道，各条信道中心频率不重合，每个信道之间相距一定的间隔，每条信道供一个用户使用。在通信过程中，每个信号以不同的载波频率进行调制，而且各个频率是完全独立的。而对于介质来说，可以用带宽超过给定信号所需的带宽，即一条线路上可以传送很多频率的信号，这样就解决了在一条线路上多种信号同时传送的问题。我们现在一般都可以同时收看很多个电视节目，而使用的传输线路只有一条，这就是频分多路复用的典型例子。

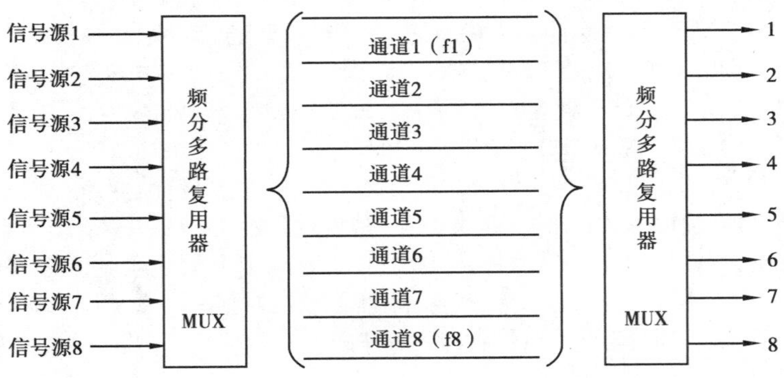

## 三、同步传输和异步传输

通信过程中，收、发双方必须在时间上保持同步：一方面数字信号中每一位之间要保持同步；另一方面由数字信号中每一位组成的字符或数据块之间在起止时间上也要保持同步。实现字符或数据块之间在起止时间上同步的常用方法有异步传输和同步传输两种。

所谓同步，就是要求接收端按照发送端的速率来接收。接收端的校正过程就是同步。在网络通信中，经过编码和调制的信号到达接收方后并不能形成一个正确的信息，接收方必须从传来的波形中重新提取出正确的信息才行。这就要求接收方知道信号到达的准确时间，以便提取数据。决定何时提取数据的过程称为位同步，位同步的方法有两种：异步通信和同步通信。

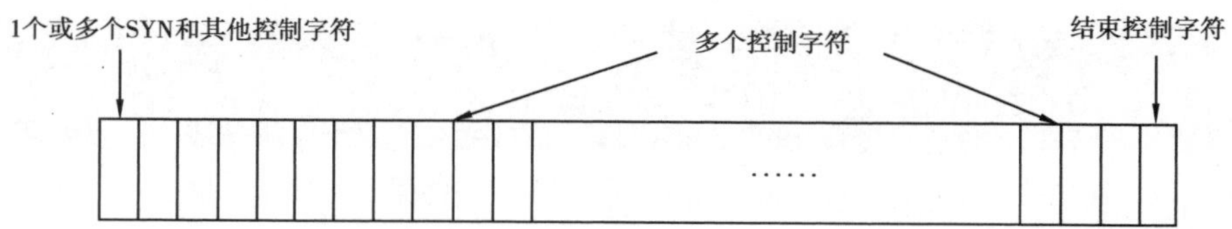


在异步传输中，信号的传输是间歇性的。用这种方式一次传输一个字符的数据，每个字符用一个起始位引导（如编码为0），用一个停止位结束（如编码为1）。在数据发送的间歇期，系统会向其中填充停止位（即1），这样在0与1之间的数据就是有用的。接收方和发送方两者各自使用自己的内部时钟对信号采样，这样就会出现不同步现象。而在同步传输方式中采用的是同步通信方式，该方式中接收方的时钟与信号时钟同步，确保正确提取信号。有3种方式可以实现同步通信：独立时钟信号法、过采样法和状态改变法。

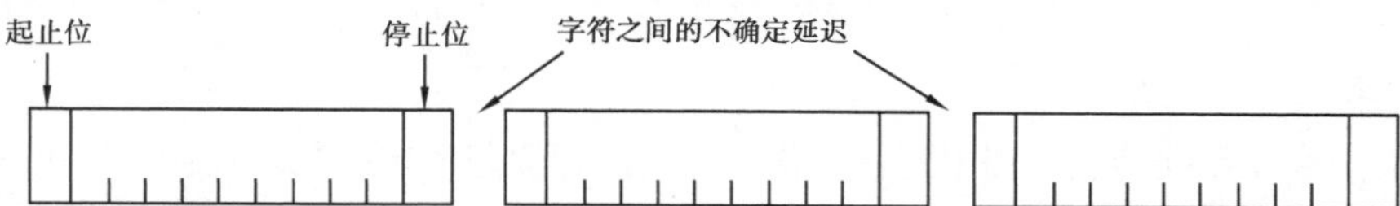


## 四、网络交换技术

在通信技术中，数据传输最简单的形式是在两个用传输介质直接连接的设备之间进行数据通信，但更多的情况是数据在传输过程中会通过若干个中间节点和网络。为了使数据能准确地从源地址经过若干个中间节点和网络到达目的地址，中间节点就必须考虑数据能正确地从一个地址往下一地址传递，这就是数据交换技术。使用这些技术的设备我们称为交换设备。在通信过程中，通常使用3种交换技术：电路交换、报文交换和分组交换。其中最重要的是电路交换和分组交换，报文交换未被实际采用。

1.电路交换

在电路交换中，在数据传送开始前必须首先建立一条端到端的物理连接，这种物理连接由各段电路组成，每一段电路都要为该连接提供一条专用的信道，只能由该连接独享，除非释放连接。电路交换的通信过程分3个阶段：线路建立→数据传送→线路拆除。典型的电路交换系统是电话交换网。

电路交换的特点：在数据传送开始之前必须先设置一条专用的通路。在线路释放之前，该通路由一对用户完全占用。对于猝发式的通信，电路交换效率不高。

【做一做】

将电路交换的3个阶段与我们平时打电话联系起来，对下面的阶段进行连线。

| | |
|---|---|
| 想给朋友打电话 | 线路建立 |
| 拨号 | 数据传送 |
| 开始通话 | 线路拆除 |
| 通话结束挂断电话 | 准备通信 |

**友情提示** JISUANJI WANGLUO JICHU YU YINGYONG YOUQINGTISHI

- 在双方通信的过程中，线路是被独占的，不能再提供给第三方使用。
- 电路交换方式有以下优点：

①对于一条给定的信道，它的通信速率是可以预知的。

②在信道建立起来后，不存在数据传输的时延问题，计算机可随时将数据发送出去。

- 电路交换方式有以下缺点：

①带宽使用不充分，价格昂贵。

②初始建立延时较长。

2.报文交换

报文交换在数据传递过程中不在通信双方之间建立起固定的物理连接，它把信息分成一个个相互独立的单位（称为报文）发送出去。在传输过程中，系统将用户的报文存储在交换设备的存储器中。当所需要的输出电路空闲时，再将该报文发向接收的交换设备或终端。这个过程就是数据在网内使用“存储—转发”方式传输。

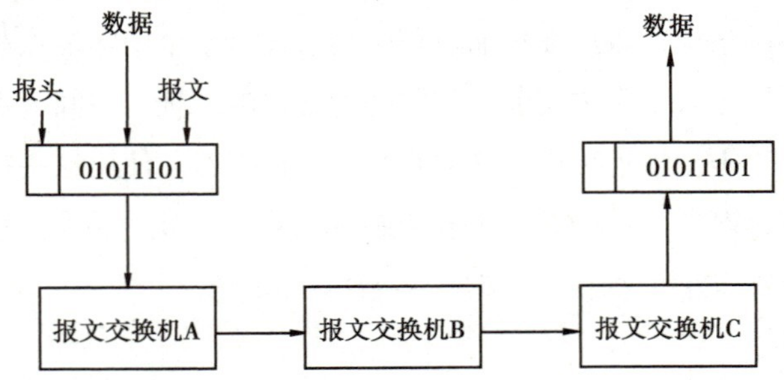


报文交换具有以下特点：

①信道实现共享，更好地利用了信道带宽。

②每个报文之间互相独立，在信道空闲时允许其他站点向其中插入数据，很好地利用了线路，节约了成本。

③可以平衡网络负载。

④能实现一对多的传送。

⑤收发双方不必同时开机。

⑥不适合实时通信和交互通信。

报文交换的优点：中继电路利用率高，可以多个用户同时在一条线路上传送，可实现不同速率、不同规程的终端间互通。

报文交换的缺点也是显而易见的，以报文为单位进行存储转发，网络传输时延大，且占用大量的交换机内存和外存，不能满足对实时性要求高的用户。

报文交换适用于传输的报文较短、实时性要求较低的网络用户之间的通信，如公用电报网。

3.分组交换

分组交换是吸收了报文交换和电路交换的优点，同时又减小了两者各自缺点的一种通信方式。它采用存储—转发—交换原理进行工作，在通信过程中，信息按一定长度分成一个一个数据单元，称为分组进行传输。每一个分组作为传输存储单位，在通信过程中不需要建立通信双方的物理连接，而是将分组信息先存储，交换设备对每个分组进行处理，按地址选出空闲路由，发往最近的一个网络节点，在这个网络节点处先将该分组进行存储排队，然后进行同样的路由选择，发往距本节点最近的一个网络节点，由此一步步接近最终到达目的地。

在分组交换技术中，有两种主要的方式：虚电路分组交换和数据报分组交换。

虚电路方式是一种在发信方和收信方之间建立逻辑连接的通信方式，即在发送信息前先请求建立一条双方终端间的虚电路，属于同一信息包的各个分组都沿着这条虚电路传送。同一路由上，各个分组到达目的地的先后与发送顺序相同，简化了终端的组装工作，通信完毕则拆除虚电路，可以将该电路给别的用户使用。

数据报方式是一种无连接方式，即各个分组均有详尽的目的地址，可以选择不同的路由到达目的地，各个分组到达目的地的先后顺序可能与发送时有所不同，接收端必须按顺序重新组装。

同传统的电路交换相比，分组交换具有以下优点：

①可以进行速率、码型、规程的转换，允许不同类型、不同速率、不同编码格式和不同通信规程的终端之间互相通信，可以采用流量控制措施。

②通信网络资源（信道和端口）采用统计时分复用，能实现分组多路通信，电路利用率高，经济性能好。

③采用存储转发技术，可以在中继电路、用户电路间分段实施差错校验，从而使系统的不可检差错比电路交换方式在同样电路条件下要低得多，提高了网络可用率，保证了通信质量。

④灵活的动态路由迂回功能，网络发生故障，只要还有一条通信路由，交换机可选择

避开故障路由的电路分组，使网络具有较高的可靠性和自愈能力。

⑤具有安全保护措施，提高了用户使用分组网的安全性。

**【做一做】**

请阅读上面的文字，并仔细观察下面的交换原理图，对3种交换技术进行比较。

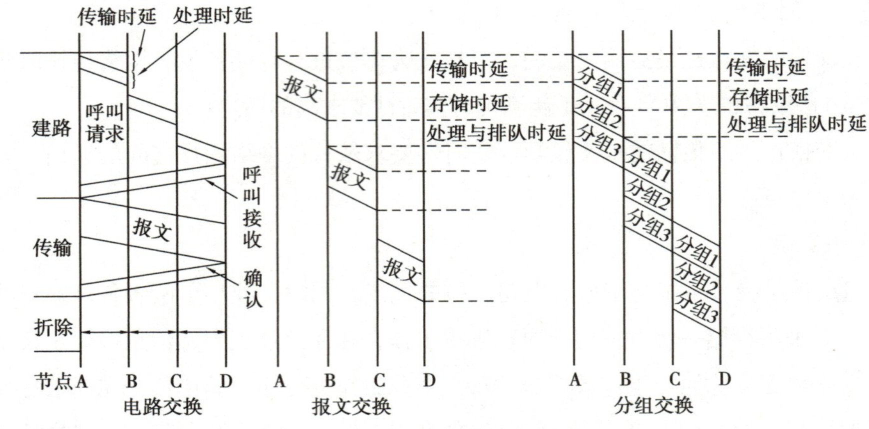


| 交换类型 | 特　点 | 优　点 | 缺　点 | 适合的通信方式 | 不适合的通信方式 |
|---|---|---|---|---|---|
| 电路交换 | | | | 较轻的和/或间歇式负载 | |
| 报文交换 | | | | | 交互式通信 |
| 分组交换 | | | | 中等数量的数据交换到大量的数据交换 | |

[ 任务四 ]

NO.4

# 选择网络的拓扑结构

本任务中，通过两个层面认识网络拓扑结构，即：

（1）了解常用的网络拓扑结构以及使用的场合；

（2）为网络选择合适的拓扑结构。

## 一、了解网络拓扑结构

网络的拓扑结构是由网络中各节点和链路连接而成的几何图形，用于描述网络的布局结构。节点是指网络设备，链路是指通信线路。

网络的拓扑结构分为物理拓扑结构和逻辑拓扑结构，这里主要介绍物理拓扑结构。所谓物理拓扑结构是指网络各节点的位置和互联的几何布局，也是网络中传输介质的整体结构，也就是说这个网络“看起来”是一种什么形式。网络的结构在实际应用中千差万别，可以归结为以下几类:总线型（Bus）、星型（Star）、环型（Ring）、网状（Mesh）和蜂窝状（Cellular）。

1.总线型结构

总线型结构是指各工作站和服务器均挂在一条总线上，各工作站地位平等，无中心节点控制，公用总线上的信息多以基带形式串行传递，其传递方向总是从发送信息的节点开始向两端扩散，如同广播电台发射的信息一样，因此又称广播式计算机网络。各节点在接收信息时都进行地址检查，看是否与自己的工作站地址相符，相符则接收网上的信息。总线型结构如下图所示。

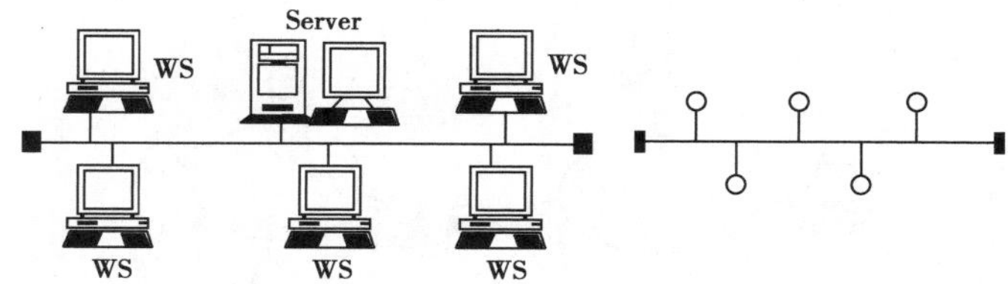


总线型结构中，使用的传输介质是同轴电缆，每一网络段总线的长度一般不应超过185 m，对于细缆，每个网段上最多能同时连接30台设备；对于粗缆，每个网段上最多能同时连接100台设备。总线与设备之间的连接距离不应超过0.2 m，总线上设备与设备之间的距离不应小于0.46 m，在每一网络段总线两端必须安装一对50 Ω的终端电阻。

2.星型结构

星型结构是指各工作站以星形方式连接成网。网络中有中央节点，其他节点（工作站、服务器）都与中央节点直接相连，这种结构以中央节点为中心，因此又称为集中式网络。星型结构使用集线器作为中心设备，连接多台计算机，但随着网络的发展，现集线器大多被交换机所代替，结构如下图所示。

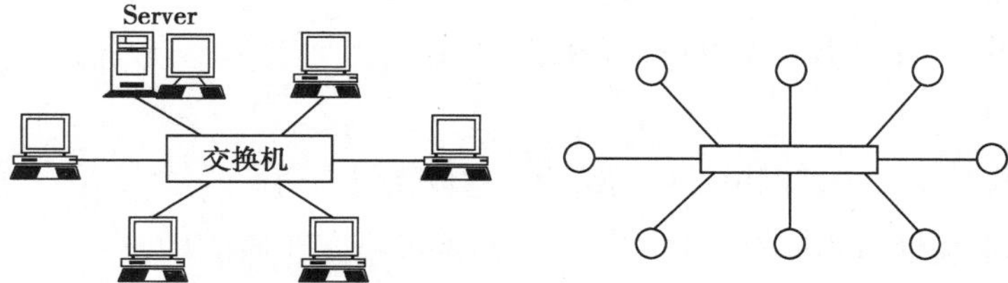


星型结构中，中心设备与节点之间的连线长度不应超过100 m，设备连接的数量取决于中心设备的连接接口数。在这种结构中，集线器与集线器之间有两种连接方式，一种是堆叠方式（这种方式主要用于堆叠式集线器），在这种方式中，集线器与集线器之间使用堆叠线相连接；另一种是级联方式，在这种方式中，集线器充当了一个中继器的角色，其最大的串联为4层。

除了以上介绍的单电缆的总线型拓扑结构外，还有一种称为树型结构的物理拓扑结构。树型结构是星型结构的扩展，它是在星型网上加上分支形成的，如下图所示。

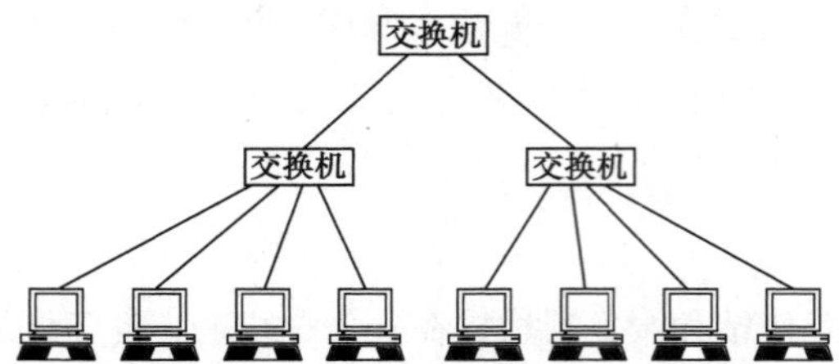


3.环型结构

环型结构由网络中若干节点通过点到点的链路首尾相连形成一个闭合的环，各设备可直接接入。这种结构使公共传输电缆组成环型连接，数据在环路中沿着一个方向在各个节点间传输，信息从一个节点传到另一个节点，结构如下图所示。

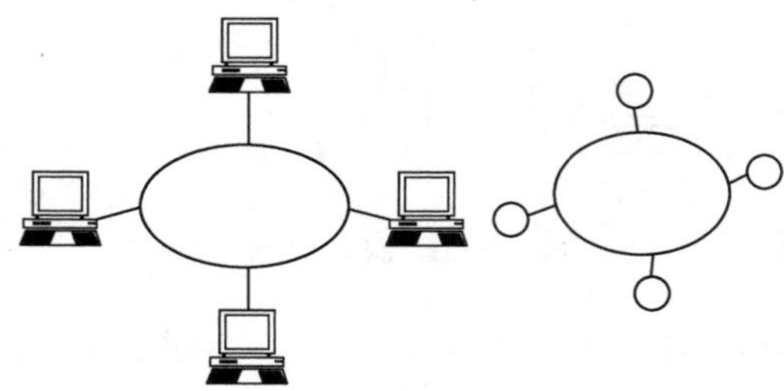

环型结构可改进为双环结构，即将单一的环线改成双环线，当其中某段发生故障时，另一段可以形成一个环继续工作。

4.网状结构

网状结构在网间所有设备之间实现点对点的连接，如右图所示，有时也称为分布式结构。

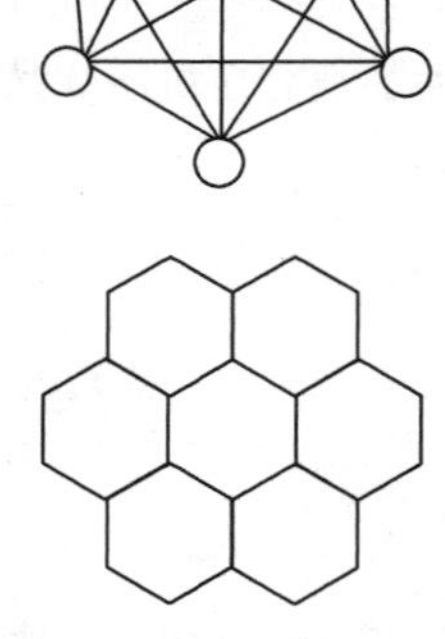

在网状结构中，网络与网络或网络设备之间均有点到点的链路连接。这种连接不经济，而且网络安装工作量很大，这使网络建设极为困难，所以只有每个站点都要频繁发送信息时才使用这种结构。这种结构的优点：系统可靠性高，容错能力强。

5.蜂窝状结构

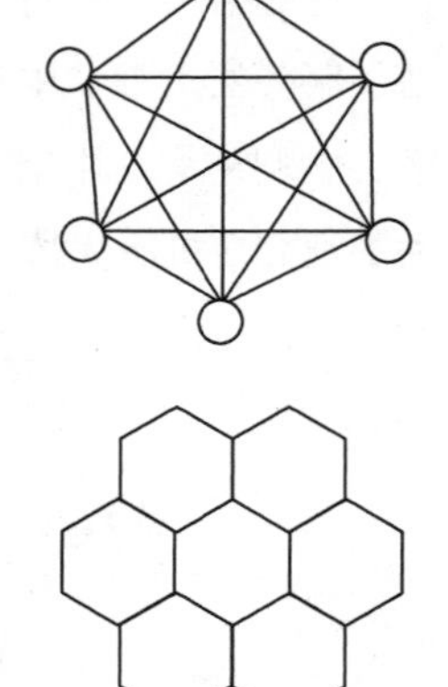

蜂窝状结构是无线局域网中常用的结构，它以无线发射站的位置为中心，其覆盖区域之间有少量重叠，从而保证不存在通信盲区。它以无线传输介质（微波、卫星、红外等），实现点到点和多点传输，是一种无线网，适用于城市网、校园网、企业网，其结构如右图所示。

在计算机网络中，还有其他类型的拓扑结构，如总线型与星型混合、总线型与环型混合连接的网络。在局域网中，使用最多的是总线型和星型结构。

**【做一做】**

请阅读下面知识窗内的相关内容，并上网查询一些资料，完成下表。

网络拓扑结构的优缺点

| 拓扑结构 | 优　点 | 缺　点 | 应　用 |
|---|---|---|---|
| 总线型 | | | ①10Base-2<br>②以太网令牌总线 |
| 星　型 | | | ①10Base-T<br>②令牌环<br>③ARCNET<br>④FDDI |
| 环　型 | | | ①令牌环<br>②FDDI |
| 网　状 | | | 用于重要设备和网络间连接，提高操作性和容错性 |
| 蜂窝状 | | | 用于无线局域网或卫星通信等 |

## 知识窗

JISUANJI WANGLUO JICHU YU YINGYONG
ZHISHICHUANG

- 总线型结构网络的特点：

  ①结构简单，可扩充性好。当需要增加节点时，只需要在总线上增加一个分支接口便可与分支节点相连；当总线负载不允许时，还可以扩充总线。

  ②使用的电缆少，且安装容易；使用的设备相对简单，可靠性高。

  ③维护难，故障查找难。

- 星型结构网络的特点：

  ①结构简单，便于管理。

  ②控制简单，便于建网，更新网络设备容易。

  ③网络延迟时间较小，传输误差较低。

  ④故障定位容易。

  ⑤各段介质都是分离的，相互之间互不影响。

  ⑥成本高，可靠性较低，资源共享能力也较差。

- 环型结构网络的特点：

  ①信息流在网中沿着固定方向流动，两个节点仅有一条道路，简化了路径选择的控制。

  ②环路上各节点都是自举控制，故控制软件简单。

  ③由于信息源在环路中是串行地穿过各个节点，当环中节点过多时，势必影响信息传输速率，使网络的响应时间延长。

  ④环路是封闭的，不便于扩充。

  ⑤可靠性低，一个节点出现故障，将会造成全网瘫痪；维护难，对分支节点故障定位较难。

- 蜂窝状结构网络的特点：

  ①网络的安装实际就是发射站的安装，工作站可以随处移动，不需要专门的配置。

  ②易于隔离，易于进行故障定位。

  ③当某一工作站出现故障时不会影响到其余工作站，但当某一发射站出现故障时则会导致某一区域内所有工作站无法正常通信。

## 二、选择适合需求的网络拓扑结构

**【做一做】**

（1）以小组为单位参观学校的信息中心和网络场地，对照信息中心的网络拓扑结构，将其画下来（若有实物，可画抽象图）。

| ____________________学校网络拓扑结构图 |
|---|
| |

（2）请将各部分进行位置标识，对总体结构图的各部分进行细化，画出每个部分的结构图（可使用附页纸）。

| ____________大楼网络结构图____________机房结构图 |
|---|
| |

由此可见，一个综合性的网络是由若干的局域网组成，一个完整的网络拓扑结构是由若干单一拓扑结构组合而成的，任何大型的网络都是由若干结构简单的网络组成。

在选择网络拓扑结构时，一定要考虑以下因素:

①网络的规模。它决定了选择结构图的单一性还是多样性。

②计算机的布局。它是分散还是集中的，距离远还是近。

③网络传输的速度和稳定性。对速度和稳定性要求的层次不一样，结构也就不一样。

④地理环境的限制。

⑤资金的限制。

**【做一做】**

某公司有3个办公室（分别位于相邻的房间，30 $m^2$/间），每一个办公室内有员工10人，每人均配置有计算机，试为其设计一个组网的初步方案。

| 需求分析:<br><br>网络拓扑图的设计:<br><br>需要的设备以及资金预算：<br><br>相应设备位置的确定： |
|---|

若此公司有3个分公司，分别位于北京、上海和重庆，每一分公司有员工30人（处于同一办公室内），请为其设计一个组网的初步方案（仿上面的内容）。

## ▶ 自我测试

### 一、填空题

1.计算机网络是将多个具有独立工作能力的计算机系统通过________和线路由功能完善的网络软件实现________和________的系统。

2.计算机网络的发展分两个阶段，即：________和________。

3.计算机网络按分布距离分为________、________和________。

4.局域网是指________________，英文简称________。

5.在局域网中的计算机可分为两种角色，即：________和________。

6.从网络架构方法看，局域网有3种类型：________、________和________。

7.目前网络中经常接触到的3个团体是________、________和________。

8.TCP/IP协议中，TCP是指________，IP是指________。

9.IEEE 802.3标准是关于________的标准。

### 二、选择题

1.下列哪个方面是构成计算机网络不会涉及的？(　　)

A.计算机互联　　B.通信设备与传输介质

C.计算机性能　　D.网络软件，通信协议和网络操作系统（NOS）

2.下列说法正确的是(　　)。

A.远程网就是通常说的Internet

B.城域网构作距离为10~100 km

C.局域网是速度最快的网络

D.局域网只是计算机硬件和传输介质的结合，不需要其他辅助的东西

3.下列哪项不是局域网的特点？(　　)

A.网络的经营权和管理权属于某个单位

B.通信处理一般由网卡完成

C.网络所覆盖的地理范围比较小

D.所有通信都可用

4.下列哪项不属于局域网的基本组成部分？(　　)

A.网络基本结构　　B.计算机及智能型外围设备

C.网络接口卡及电缆　　D.网络操作系统及有关软件

## 三、判断题

1.计算机网络是计算机与通信技术密切结合的结果。 (　　)

2.在所有的网络中，局域网的传输距离最小。 (　　)

## 四、简答题

1.计算机网络发展分几个阶段?各有什么特点?

2.服务器、工作站及终端有什么异同?

3.对等网、工作站/服务器网络和无盘工作站各有什么优缺点?

4.什么是通信协议？ISO通信标准分7层是指哪7层?

5.简述同轴电缆的制作和安装过程。

6.简述5种网络拓扑结构各自的优缺点。

# ▶ 能力评价表

班级：＿＿＿＿＿＿＿　　姓名：＿＿＿＿＿＿＿　　年　月　日

| 评价内容 | | 自评 | 小组评价 | 教师评价 |
|---|---|---|---|---|
| | | 优☆　良△　中○　差× | | |
| 思政与素养 | 1.学习目标明确，学习态度端正 | | | |
| | 2.静心细致完成学习任务 | | | |
| | 3.价值观正确，有爱国热情、积极上进 | | | |
| | 4.能按信息技术规范完成相关任务 | | | |
| 知识与技能 | 1.能正确描述计算机网络的概念 | | | |
| | 2.能熟练描述网络发展的4个阶段及各阶段的特征、网络的组成要素 | | | |
| | 3.能正确描述网络的分类 | | | |
| | 4.能熟练描述局域网的组成、种类及特征 | | | |
| | 5.能正确描述通信协议的概念 | | | |
| | 6.能熟练描述OSI模型的功能层次、IEEE通信协议的分类及用途、TCP/IP通信协议的功能层次和核心协议 | | | |
| | 7.能熟练描述IP地址分类、子网掩码的作用 | | | |
| | 8.能熟练完成子网划分 | | | |
| | 9.能准确为本地计算机命名、设置静态IP地址、查看本地IP地址的配置情况 | | | |
| | 10.能简要说出数据通信技术的分类、常用技术、传输方式 | | | |
| | 11.能熟练画出网络拓扑结构图并描述其特征及使用环境 | | | |

# 模块二 / 组建与管理局域网

## 模块概述

本模块通过具体的组网案例讲解组建一个实用局域网的通用步骤，从硬件和软件两个方面进行剖析。在硬件方面，讲解了从网络规划到线缆铺设，最后实现网络硬件的连接；在软件方面，讲解了组建局域网的软件安装及配置的详细过程。

## 学习目标：

+ 能根据不同情况选用不同的传输介质组建网络；
+ 能根据网络需要选择合适的网络设备；
+ 能熟练掌握局域网中各种硬件设备连接的方法；
+ 能根据网络拓扑结构进行结构化布线；
+ 能熟练组建对等网络；
+ 能熟练组建服务器网络；
+ 能在局域网中实现网络的共享打印。

## 思政目标：

+ 培养学生吃苦耐劳的精神；
+ 提升学生对国产品牌的认知度，增强民族自豪感；
+ 培养学生在网络工程施工中严格遵循行业规范、技术标准的意识；
+ 培养学生在网络工程施工中的安全意识和环保意识。

[ 任务一 ] NO.1

# 考察网络传输介质

本任务中，通过5个层面认识网络传输介质，即：

（1）从概述中认识传输介质及分类方法，认识多样化的网络传输系统；

（2）根据网络的要求，认识、选用同轴电缆；

（3）根据网络的要求，认识、选用双绞线；

（4）根据网络的要求，认识、选用光纤；

（5）根据选用的传输介质，决定介质接头的选用。

## 一、了解传输介质及分类

要使网络中的计算机能正常通信，必须提供一条正常的物理通道。在这条通道上，信息可以通过某种形式从一台计算机传递到另一台计算机。这条通道在网络中称为传输介质。传输介质决定了网络的传输速率、网络段的最大长度、传输的可靠性及网卡的复杂性。

通常，网络传输介质可按以下方式进行分类：

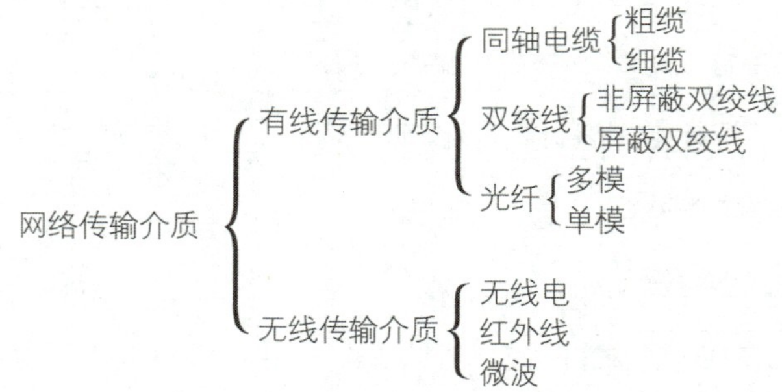


由于传输距离和传输技术的不同，在局域网中最常见的线缆标准是IEEE 802.3定义的以太网标准，它分为10 M以太网、100 M以太网和1 000 M以太网。

10 M以太网称为标准以太网，在总线拓扑结构中，所有用户共享10 M的带宽。在交换式LAN中，每个交换机端口都可以看成是一个以太网总线。10 M以太网线缆标准如下表所示。

| 标准 | 线缆 | 最大区间长度/m | 速率/（$\mathrm{Mbit\cdot s^{-1}}$） |
|---|---|---|---|
| 10Base-5 | 粗同轴电缆 | 500 | 10 |
| 10Base-2 | 细同轴电缆 | 200 | 10 |
| 10Base-F | 光纤 | 2 000 | 10 |
| 10Base-T | 非屏蔽双绞线 | 100 | 10 |

100 M以太网也称快速以太网，由IEEE 802.3u标准定义，其速度是标准以太网的10倍。100 M以太网线缆标准如下表所示。

| 标　准 | 线　缆 | 最大区间长度/m | 速率/（$Mbit\cdot s^{-1}$） |
|---|---|---|---|
| 100Base-TX | 5类非屏蔽双绞线 | 100 | 100 |
| 100Base-T4 | 3，4，5类非屏蔽双绞线 | 100 | 100 |
| 100Base-FX | 多模光纤 | 2 000 | 100 |

1 000 M以太网是由IEEE 802.3z标准定义的，IEEE 802.3ab标准定义了双绞线上的千兆以太网规范。1 000 M以太网线缆标准如下表所示。

| 标　准 | 线　缆 | 最大区间长度/m | 速率/（$Mbit\cdot s^{-1}$） |
|---|---|---|---|
| 1 000Base-SX | 短波长光纤 | 500 | 1 000 |
| 1 000Base-LX | 长波长光纤 | 500 | 1 000 |
| 1 000Base-T | 4对5类非屏蔽双绞线 | 100 | 1 000 |

**【做一做】**

请回顾传输介质及相应标准，并上网查询有关资料，完成下表中各传输介质的各项内容（以相同距离、相同环境进行比较）。

| 传输介质 | 成　本 | 安装难易程度 | 带　宽 | 衰　减 | 抗干扰性 |
|---|---|---|---|---|---|
| 粗同轴电缆 | | | | | |
| 细同轴电缆 | | | | | |
| 屏蔽双绞线 | | | | | |
| 非屏蔽双绞线 | | | | | |
| 光　纤 | | | | | |
| 无线电 | | | | | |
| 红外线 | | | | | |
| 微　波 | | | | | |

**友情提示**　JISUANJI WANGLUO JICHU YU YINGYONG　YOUQINGTISHI

- 成本：这是大多数用户在组建网络时都会考虑的问题。
- 安装：介质安装的难易程度在很大程度上决定了用户对这种介质的选择与否。
- 带宽：这是衡量网络速度的一个指标，带宽越宽，网速越快。
- 衰减：在网络中信号衰减越小，其传输的距离就越远。
- 抗干扰性：传输介质的抗干扰能力越强，其构建的网络稳定性就越好，网络工作时的速度也就越能保证。

## 二、选用同轴电缆

1.认识同轴电缆

同轴电缆以硬铜线（或缠绕的丝线）为芯，外包一层绝缘材料，请看下图：

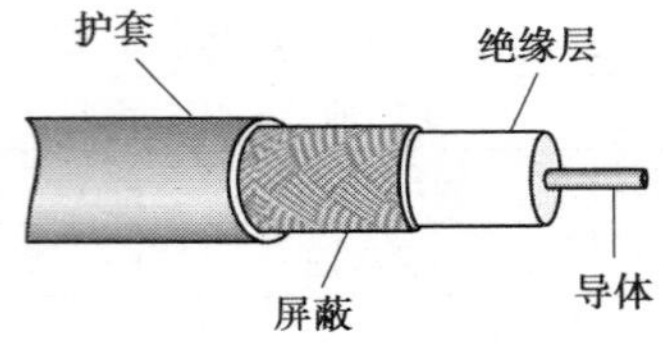

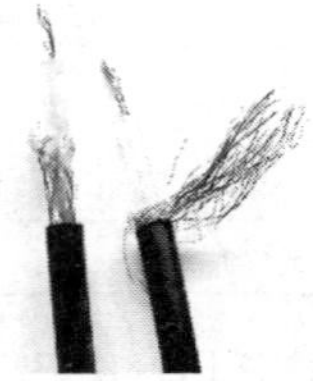

其中，绝缘材料由密织的网状导体环绕用于屏蔽干扰，外层覆盖一层保护性材料（称为护套），外径为10~25 mm。

同轴电缆的特点：抗干扰能力强，传输数据稳定，价格便宜。同轴电缆可分为基带同轴电缆和宽带同轴电缆。基带同轴电缆的屏蔽线是用铜网状丝，特征阻抗为50 Ω（如RG-8，RG-58等）；宽带同轴电缆常用的屏蔽层是用铝冲压而成的薄膜层，特征阻抗为75 Ω（如RG-59）。

同轴电缆又有粗同轴电缆和细同轴电缆之分，其区别在于同轴电缆的直径大小。以下是几种规格的同轴电缆对照表及优缺点。

<table>
<tr><td>规　格</td><td>阻抗/Ω</td><td>适用领域</td><td>备注</td></tr>
<tr><td>RG-8或RG-11</td><td>50</td><td>以太网</td><td>粗缆</td></tr>
<tr><td>RG-58</td><td>50</td><td>以太网</td><td>细缆</td></tr>
<tr><td>RG-59</td><td>75</td><td>电视系统（CATV）</td><td></td></tr>
<tr><td>RG-62</td><td>93</td><td>ARCNET网</td><td></td></tr>
<tr><td colspan="2">优点</td><td colspan="2">缺点</td></tr>
<tr><td colspan="2">安装较简单<br>抗干扰能力强<br>支持较高的带宽<br>机械强度好</td><td colspan="2">较高的衰减率<br>传输时的带宽不够</td></tr>
</table>

**【做一做】**

为每一位同学发1 m长的同轴电缆，让其观察后填写下面的内容。

| | |
|---|---|
| 护套颜色： | 线上的标识： |
| 绝缘层颜色： | 内芯导体情况： |
| 剥线使用的工具： | 剥线难度（容易/不容易）： |
| 此同轴电缆最大的特点： | |

2.选购同轴电缆

在新建局域网络时，常选用同轴电缆，因为它使用起来方便，而且网络结构简单。在现代网络中，同轴电缆已很少使用，同轴电缆一般都用在其他的场所，如闭路电视、监控系统、音视频系统等。

选购同轴电缆时注意以下几个方面：

◇含铜量

◇屏蔽网的密度

◇最大的传输速率

◇阻抗

**【做一做】**

请上网查询一些关于同轴电缆选购方面的资料，对比这些资料到网络公司咨询一些问题并填写下表。

| 规　格 | 识别方法 | 品　牌 | 价格/元 | 阻抗/Ω | 其　他 |
|---|---|---|---|---|---|
| RG-8或RG-11 | | | | 50 | |
| RG-58 | | | | 50 | |
| RG-59 | | | | 75 | |
| RG-62 | | | | 93 | |

## 三、选用双绞线

1.认识双绞线

双绞线（Twisted Pairwire）是由许多对线组成的数据传输线。网络中使用的双绞线是4对线，而电话使用的双绞线是1对线，请看右图。

双绞线是局域网中常用的一种传输介质，特点是共有4对线，每对线由2根具有绝缘保护层的铜导线组成，并按一定密度互相缠绕在一起。4对线也按一定的技术要求进行缠绕，这样可降低信号的干扰。

双绞线按类型可以分为屏蔽双绞线（STP）和非屏蔽双绞线（UTP）。按其信号传输的等级划分，屏蔽双绞线分别有：3，5，6类；非屏蔽双绞线分别有：3，4，5，超5，6，7类。

**【做一做】**

为每一位同学发1 m长的双绞线（6类屏蔽双绞线和非屏蔽线两种），教师引导同学观察双绞线的外观和结构，然后完成下面的内容。

<table>
<tr><td colspan="3">屏蔽双绞线</td></tr>
<tr><td>外层颜色：</td><td>线上的标识：</td><td>最高传输速率：</td></tr>
<tr><td colspan="3">4对线的颜色：</td></tr>
<tr><td colspan="2">剥线使用的工具：</td><td>剥线难度（容易/不容易）：</td></tr>
<tr><td colspan="3">屏蔽双绞线的最大特点：</td></tr>
<tr><td colspan="3">非屏蔽双绞线</td></tr>
<tr><td>外层颜色：</td><td>线上的标识：</td><td>最高传输速率：</td></tr>
<tr><td colspan="3">4对线的颜色：</td></tr>
<tr><td colspan="2">剥线使用的工具:</td><td>剥线难度（容易/不容易）：</td></tr>
<tr><td colspan="3">非屏蔽双绞线的最大特点：</td></tr>
</table>

非屏蔽双绞线和屏蔽双绞线的特点如下：

| 类　别 | 优　点 | 缺　点 |
| --- | --- | --- |
| 非屏蔽双绞线 | 价格便宜<br>易于安装和维护<br>技术成熟、稳定 | 衰减率较大<br>易受干扰和被窃听 |
| 屏蔽双绞线 | 抗干扰能力较强<br>防止信息被窃听<br>传输速率较高 | 价格较贵<br>安装较复杂 |

2.选购双绞线

选购双绞线时，一般从看、摸、问、测4个方面进行辨别。

看：优质双绞线的包装纸箱，文字印刷精细，纸板挺括，边缘清晰，双绞线绝缘皮上印有诸如厂商、产地、执行标准、产品类别、线长标识之类的字样；劣质双绞线标识不全。优质双绞线剥开线的外层胶皮后，会发现电缆中每对线在各处的扭绕密度相同，方向统一，排列整齐；劣质双绞线每对线在各处的扭绕密度不同，扭绕方向无序。

摸：通过手指触摸双绞线的外皮可以作最初的判断。优质双绞线手感舒服，外皮光滑，用手捏一捏线缆，材质应当饱满，线缆还可以随意弯曲以方便布线；劣质双绞线为节省成本采用低劣的线材，手感发黏，有一定的阻滞感。

问：主要涉及价格、来历和质保几个方面。优质双绞线的价格不会大大低于一般销售价格。询问经销的来历和双绞线的来历，如有没有代理相关双绞线的资格、进货渠道是否正当等。对于质保，正规厂商的双绞线都有相应的技术要求，提供完善的质量保证；劣质双绞线售后服务没有保障，质保期限短。

测：优质双绞线的外皮在打火机等的火焰上烘烤后逐步被熔化变形，但外皮不会自己燃烧。如果一点就着，而且还不易灭，肯定是劣质品。可以使用网络故障检测仪器检测双绞线的传输速率，优质双绞线能达到技术要求的传输速度，劣质双绞线则不能。

**【做一做】**

做市场调查，完成下面的市场调查表。对条件不成熟的学校，可以在网上找一个网络产品生产和销售公司，查看该公司的网站资料。

| 调查人 | | | | 班　级 | | |
| --- | --- | --- | --- | --- | --- | --- |
| 日　期 | | | | 公司名称 | | |
| 公司地址 | | | | 公司拥有的资质证书 | | |
| 所卖双绞线的种类 | 品　牌 | 价　格 | 看的情况 | 摸的情况 | 问的情况 | 测的情况 |
| | | | | | | |
| | | | | | | |
| | | | | | | |
| | | | | | | |
| 其他意外情况 | | | | | | |

注：对于在网上调查的同学，“摸的情况”和“问的情况”可不填写，“测的情况”请看其产品的测试报告。

## 四、选用光纤

1.认识光纤

光纤是一种较常见的传输介质，呈圆柱状，由纤芯、包层和护套三部分组成。内层的纤芯是由十分纯净的玻璃或塑料制成的绞合线或纤维。每根纤维都由包层包着，包层是玻璃或塑料的涂层，其折射率比纤芯低。最外层是护套。二进制数据由光信号的有无表示，并在纤芯内传输，请看下图。

光纤分两类：单模光纤和多模光纤。单模光纤中，光线以直线方式前进，频率单一，没有折射，传输距离较远；多模光纤中，光线以波浪方式传输，多种频率共存，传输距离较近。

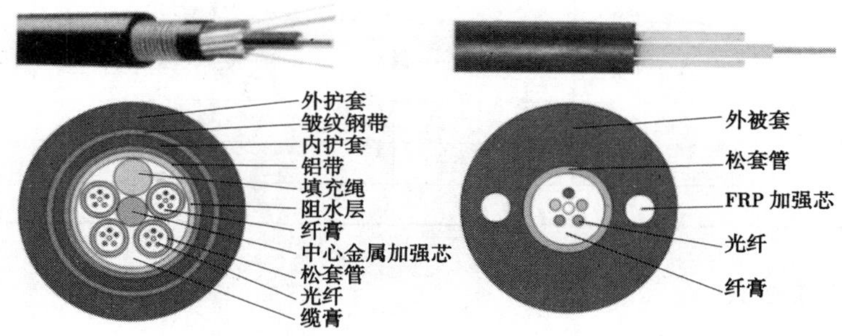


【做一做】

请查询相关资料，或到网络公司咨询，然后填写下表。

| 光纤类型 | 价格/（元 · $m^{-1}$） | 传输距离/m | 速率/（Mbit · $s^{-1}$） | 常见品牌 | 配套设备 | 标识 |
| --- | --- | --- | --- | --- | --- | --- |
| 单模光纤 | | | | | | |
| 多模光纤 | | | | | | |

光纤的特点如下表：

| 优　点 | 缺　点 |
| --- | --- |
| 支持极高的带宽<br>很低的衰减率<br>极强的抗干扰性和抗窃听性<br>质量轻，体积小 | 连接器件成本较高<br>连接困难，须熟练操作 |

2.选购光纤

①根据芯数选择不同型号的光缆。光缆的结构可分为中心束管式、层绞式、骨架式和带状式等，网络级光缆一般选用束管式和层绞式两种。

②按照用途选购相应的光缆。根据用途的不同，光缆可分为架空光缆、直埋光缆、管

道光缆、海底光缆和无金属光缆等。在选购光缆时，用户要根据光缆的用途选择，并对厂家提出要求，确保光缆使用的稳定、可靠。

③了解厂家生产光缆使用的材料及生产工艺。材料选用是光缆使用寿命的关键，制造工艺是影响光缆质量的重要环节。

④生产厂家必须通过ISO 9002质量体系认证，并有广播电影电视总局入网认定的有效证书。

⑤考核评估生产厂家近年来的业绩以及质量、售后服务的保证体系。

**【做一做】**

请到网络公司索取一些关于光纤的资料，对选购光纤的方法进行细化。要求：如何选用光纤，识别方法，让用户一看就明白（可参考下表，也可自行设计）。

| 光纤种类 | 芯　数 | 结　构 | 用　途 | 品　牌 | 价　格 |
|---|---|---|---|---|---|
| 单模 | | | | | |
| | | | | | |
| | | | | | |
| | | | | | |
| 多模 | | | | | |
| | | | | | |
| | | | | | |
| | | | | | |

## 五、选用介质接头

每种传输介质都需要一个或多个物理接头实现相互间的连接。在网络的安装过程中，不同的传输介质所安装的接头不同。

双绞线所安装接头为RJ-45头（俗称水晶头）。

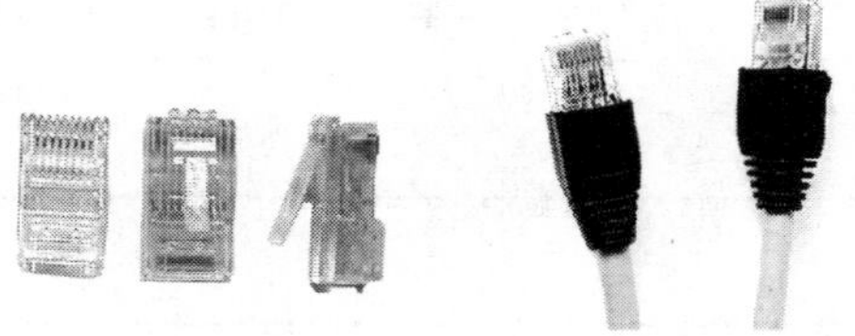

细同轴电缆所安装接头为BNC头，将各段线连接在一起是T形头。

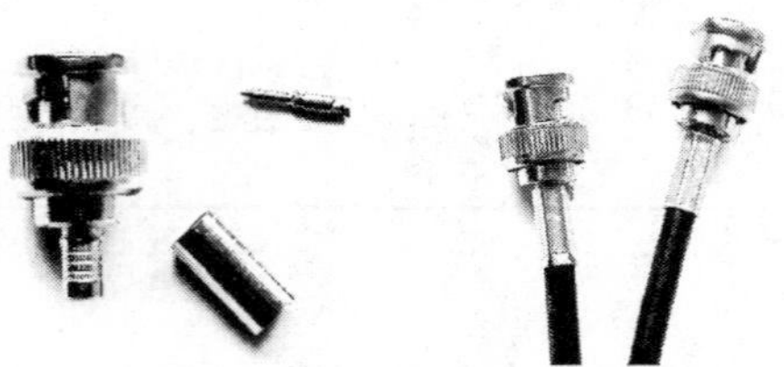

光纤接头主要用于光纤到光纤设备(收发器、光纤接口等)的连接，根据不同的应用，接头种类繁多，常用的光纤接头有：SC接头、LC接头、FC接头和ST接头，以及用于接头互连的

光纤耦合器。由于光纤接头的制作工艺要求较高，目前光纤续接通常采用厂家制作好的成品尾纤。

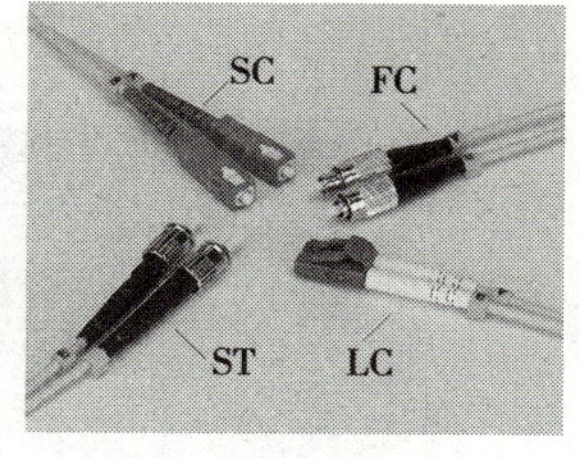

光纤接头

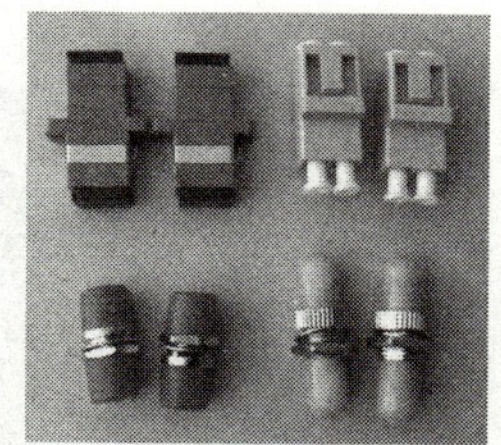
光纤耦合器

**【做一做】**

请到网络设备商家进行咨询，针对不同传输介质，了解识别接头好坏的方法以及不同接头的价格差异。

RJ-45头，市场上有__________种，其价格分别为：
识别好坏的方法为：
BNC头，市场上有__________种，其价格分别为：
识别好坏的方法为：
T型头，市场上有__________种，其价格分别为：
识别好坏的方法为：
SC接头、LC接头、FC接头、ST接头，以及光纤耦合器的价格分别为：

NO.2

# [ 任务二 ] 考察网络设备

在组建网络过程中，仅有电缆和计算机是不够的。计算机与计算机或工作站与服务器进行连接时，除了使用连接介质外，还需要一些中介设备。

本任务中，你将认识和了解7种网络设备：

（1）网络中的计算机使用的网卡；

（2）各信息点使用的信息模块；

（3）网络中常用的交换机；

（4）综合布线必需的配线架；

（5）综合布线必需的机柜；

（6）网络中使用的路由器；

（7）网络中用到的防火墙。

## 一、为网络中的计算机选择网卡

1.认识网卡

网卡是网络接口卡（Network Interface Card，NIC）的简称，是计算机与网络之间的连接设备，上图是PCI网卡。

每一块网卡都有一个唯一的编号，该编号称为MAC（Media Access Control）地址，有时也称为网卡的物理地址或硬件地址。它是网卡生产厂家在生产时烧入ROM中的，且保证绝对不会重复。网络中之所以能识别不同的计算机就是通过这一地址来实现的，使用中可以通过Ipconfig /all命令进行查看。

网卡的类型很多，不同的网络使用的网卡是不同的。根据网络的不同，可分为以太网卡、令牌环网卡、FDDI网卡、ATM网卡等。目前使用最多的是以太网网卡。

```
Physical Address. . . . . . . . . : 00-0D-60-04-98-25
Dhcp Enabled. . . . . . . . . . . : No
IP Address. . . . . . . . . . . . : 192.168.25.152
Subnet Mask . . . . . . . . . . . : 255.255.255.0
Default Gateway . . . . . . . . . : 192.168.25.1
DNS Servers . . . . . . . . . . . : 61.128.128.68
```

以太网网卡按其传输速度可分为10 M网卡、10 M/100 M自适应网卡以及千兆（1 000 M）网卡。目前常使用的是10 M/100 M/1 000 M自适应网卡。

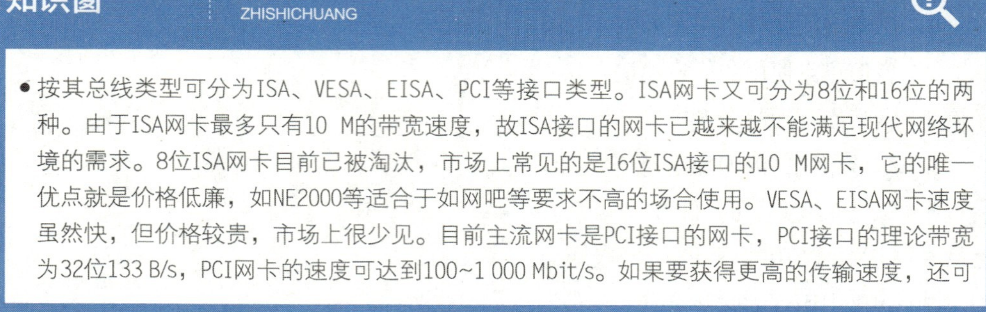

**知识窗** JISUANJI WANGLUO JICHU YU YINGYONG ZHISHICHUANG

- 按其总线类型可分为ISA、VESA、EISA、PCI等接口类型。ISA网卡又可分为8位和16位的两种。由于ISA网卡最多只有10 M的带宽速度，故ISA接口的网卡已越来越不能满足现代网络环境的需求。8位ISA网卡目前已被淘汰，市场上常见的是16位ISA接口的10 M网卡，它的唯一优点就是价格低廉，如NE2000等适合于如网吧等要求不高的场合使用。VESA、EISA网卡速度虽然快，但价格较贵，市场上很少见。目前主流网卡是PCI接口的网卡，PCI接口的理论带宽为32位133 B/s，PCI网卡的速度可达到100~1 000 Mbit/s。如果要获得更高的传输速度，还可以选择PCI-E接口的网卡，它的速度可以达到1 000 Mbit/s~10 Gbit/s。

- 按其连线的插口类型可分为RJ-45水晶口、BNC细缆口、AUI三类及综合了这几种插口类型的二合一、三合一网卡。RJ-45插口是采用10 Base-T双绞线网络接口类型；而BNC接头则是采用10 Base-2同轴电缆的接口类型，它同带有螺旋凹槽的同轴电缆上的金属接头相连，如T形头等。

【做一做】

请看上面有关网卡的相关内容或查询网卡相关资料，完成下表。

| 指　标 | ISA网卡 | PCI有线网卡 | PCI无线网卡 | PCMCIA网卡 | USB网卡 |
|---|---|---|---|---|---|
| 使用阶段 | | | | | |
| 最高带宽 | | | | | |
| 使用机器类型 | | | | | |
| 优　点 | | | | | |
| 缺　点 | | | | | |

根据网卡是否需要连接网线，可将网卡分为有线网卡和无线网卡两大类。目前常用的是有线网卡。无线网卡是通过一定频率的电磁波（微波）进行信息的传输和交换，省去了传统网络中的网络传输线缆，从而实现移动办公。无线网卡可分为PCMCIA、PCI和USB这3种类型。

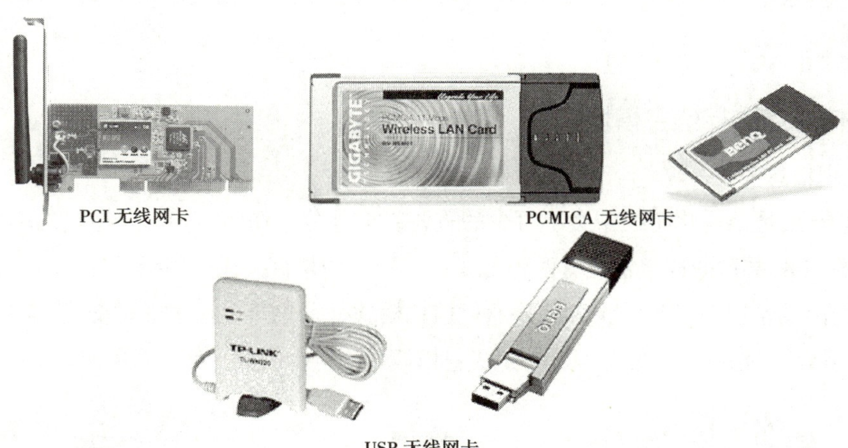

PCI 无线网卡　PCMICA 无线网卡　USB 无线网卡

【做一做】

若要将两台计算机进行联网，想一想，回答下列问题。

（1）哪种是最理想的网卡？

（2）你选择网卡的标准是什么？

（3）若你现在还不知道怎么办，你准备到哪里去了解？

2.选择网卡

网卡在选择时应考虑是用于工作站还是服务器。

用于工作站的网卡，可考虑：

①总线类型：应选择PCI总线的网卡。若是组建无线局域网，则可选择PCI或USB接口的网卡；笔记本电脑应选择PCMCIA或USB网卡。

②传输速度：10 M/100 M或10 M/100 M/1 000 M自适应网卡。

③接口类型：根据所采用的网络结构和所使用的网线，选择具有相应接口的网卡。

用于服务器的网卡，可考虑：选择稳定性好，带宽高的网卡。对于工作组或部门级服务器，至少应选择100 M网卡；对于企业级服务器，应选择1 000 M网卡或选择内置有多端口的10 M/100 M全双工网卡。1 000 M服务器网卡按所提供的端口的不同，分为1 000 M双绞线服务器网卡和1 000 M光纤服务器网卡。

**【做一做】**

请查阅网上相关资料或向网络公司咨询，根据下面的用途为计算机选配一块合适的网卡。（建议用何种品牌和型号）

（1）有一台计算机想通过局域网上网，需要配置一块怎样的网卡?

（2）一所综合性大学，有一台用于视频点播的VOD服务器，需要配置几块怎样的网卡?

## 二、为信息点选择信息模块

1.认识信息模块

信息模块是结构化布线中必不可少的重要组成部分。在网络中，交换机的端口与计算机网卡的RJ-45端口的连接主要有两种方式：一种方法是直接通过网线进行连接，这主要适合较短距离的情况下；另一种方法是通过信息模块进行连接，这主要是交换机与计算机距离很远的情况。信息盒主要由两部分组成：模块和信息盒面板，如下图所示。

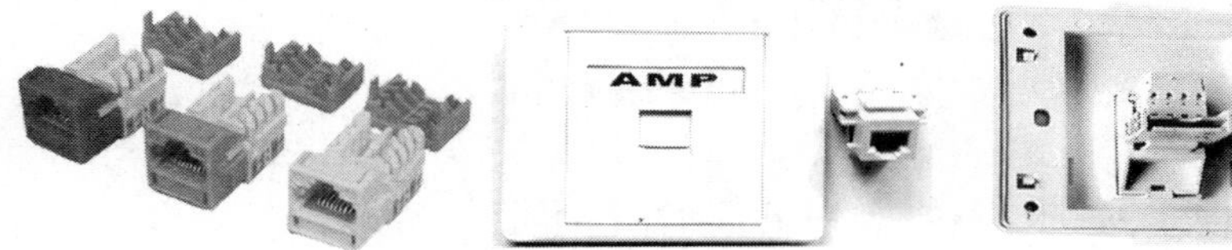


**【做一做】**

为每一个学生分发一个信息盒（面板及模块），请学生仔细观察，然后回答下列问题。

（1）模块上的8个色块是怎样分配的?

（2）请将模块安装到面板上，注意方向。

2.选购信息模块

信息模块在组建网络中是一个非常重要的配件，质量不好会对网络传输的稳定性和可靠性造成重大影响，所以信息模块的选购非常重要。选购信息模块可以在以下几个方面加以注意：

◇从外观辨别。好的模块的外包装一般都是用塑料纸密封的，质地较厚，有很好的韧性，尝试将其中的模块取下时需要较大的力。同时，包装上涂的银色印刷字迹清晰、工整、非常均匀有光泽。

◇从价格上判断。质量好的模块一般在25元左右，而质量差的一般只有5~15元。

◇从接触部颜色判断。模块是通过接触物将两端连接在一起的，仔细观察其接触端子的颜色，具体表现应为两头金色，中间银色。如果接触端子全部是金色，那说明其质量则较差；如果颜色有氧化发黑，则说明其质量更差。

**友情提示** JISUANJI WANGLUO JICHU YU YINGYONG YOUQINGTISHI

- 正品信息模块的接触端子两端采用镀金层，因此外部表示为金色；中间采用锡铅合金，因此表现为银色。

◇从颜色上辨别。一般来说，好的信息模块外部的塑料部分质量比较坚固，表面光滑，颜色也是一致的，前端的插口与水晶头的连接配合非常好。如果外部表面质量粗糙，有色差，插口尺寸配合也不好，说明其存在质量问题。

◇从电路板的做工上判断。好的产品焊点比较光滑，整齐一致；而劣质产品因工艺上的缺陷，焊点会大小不一，显得凌乱，表面也很粗糙。

**【想一想】**

信息盒与信息模块是一对一配对购买的吗？若不是，请你说出有哪几种形式？

## 三、选用网络中的交换机

1.交换机的分类

交换机（Switch）也称交换式集线器，如下图所示。

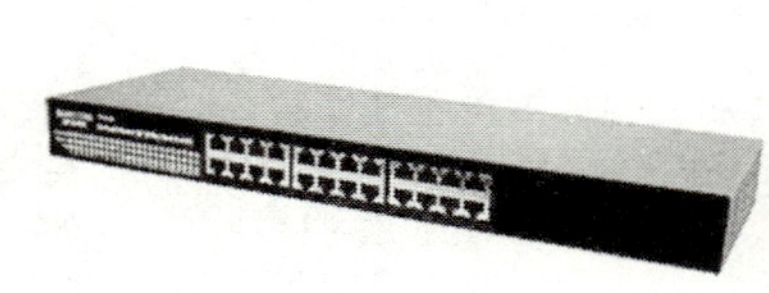

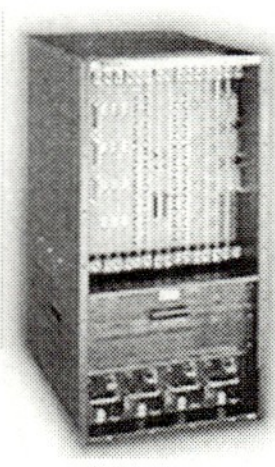

它有许多接口，提供多个网络节点互联。其性能较共享集线器大为提高，相当于拥有多条总线，使各端口设备能独立地传递数据而不受其他设备影响，即各端口有独立、固定的带宽。此外，交换机还具备集线器欠缺的功能，如数据过滤、网络分段、广播控制等。

**【做一做】**

请阅读下面知识窗内有关交换机分类介绍的资料，结合网上介绍填写下面的表格。

| 交换机类型 | | 使用场合 | 主要端口类型 | 可否网管 |
|---|---|---|---|---|
| 从网络覆盖范围划分 | 广域网交换机 | | | |
| | 局域网交换机 | | | |
| 根据传输介质和传输速度划分 | 以太网交换机 | | | |
| | 快速以太网交换机 | | | |
| | 千兆以太网交换机 | | | |
| | 万兆以太网交换机 | | | |
| | FDDI交换机 | | | |
| 根据应用层次划分 | 企业级交换机 | | | |
| | 校园网交换机 | | | |
| | 部门级交换机 | | | |
| | 工作组交换机 | | | |
| | 桌面型交换机 | | | |
| 根据交换机的结构划分 | 固定端口交换机 | | | |
| | 模块化交换机 | | | |

## 知识窗

JISUANJI WANGLUO JICHU YU YINGYONG ZHISHICHUANG

- 交换机按网络覆盖范围划分：

◇广域网交换机　广域网交换机主要是应用于城域网互联、互联网接入等领域的广域网中，提供通信用的基础平台。

◇局域网交换机　局域网交换机应用于局域网络，用于连接终端设备，如服务器、工作站、集线器、路由器、网络打印机等网络设备。

- 交换机按传输介质和传输速度划分：

◇以太网交换机　以太网交换机最普遍和便宜，档次齐全，应用领域广泛。以太网交换机包括3种网络接口：RJ-45、BNC和AUI；所用的传输介质分别为:双绞线、细同轴电缆和粗同轴电缆。

◇快速以太网交换机　快速以太网交换机是用于100 Mbit/s快速以太网，通常所采用的介质也是双绞线。有的快速以太网交换机为了兼顾与其他光传输介质的网络互联，留有少数的光纤接口“SC”。

◇千兆（G位）以太网交换机　千兆以太网交换机一般用于一个大型网络的骨干网段，所采用的传输介质有光纤、双绞线两种，对应的接口为“SC”和“RJ-45”接口两种。

◇万兆（10G位）以太网交换机　万兆以太网交换机主要是为了适应当今万兆以太网络的接入，它一般用于骨干网段上，采用的传输介质为光纤，其接口方式也就为光纤接口。

◇ATM交换机　ATM交换机是用于ATM网络的交换机产品，广泛用于电信、邮政网的主干网段。它的传输介质一般采用光纤，接口类型一般有两种：以太网RJ-45接口和光纤接口，这两种接口适合与不同类型的网络互联。

◇FDDI交换机　FDDI技术是在快速以太网技术还没有开发出来之前开发的，所以现在比较少见。FDDI交换机是用于老式中、小型企业的快速数据交换网络中的，它的接口形式都为光纤接口。

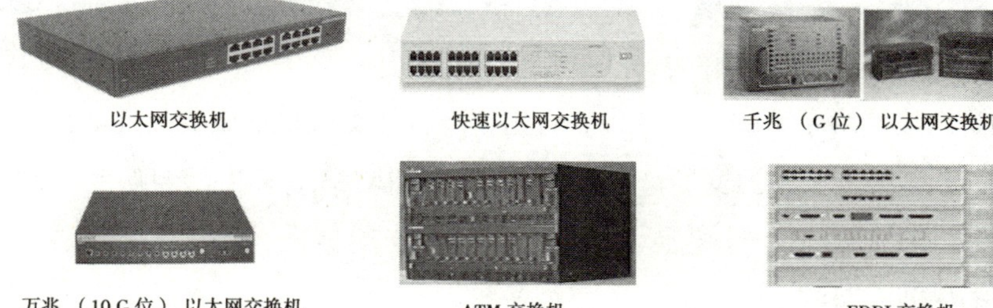

以太网交换机　快速以太网交换机　千兆（G位）以太网交换机

万兆（10 G位）以太网交换机　ATM 交换机　FDDI 交换机

● 按应用层次划分：

◇企业级交换机　这类交换机属于高端交换机，一般采用模块化的结构，可作为企业网络骨干构建高速局域网，所以它通常用于企业网络的最顶层。如下图所示是一款模块化千兆以太网交换机，它属于企业级交换机范畴。

◇校园网交换机　这类交换机主要应用于较大型网络，一般作为网络的骨干交换机。这种交换机具有快速数据交换能力和全双工能力，可提供容错等智能特性，还支持扩充选项及第三层交换中的虚拟局域网（VLAN）等多种功能。

◇部门级交换机　这类交换机是面向部门级网络使用的交换机，它与前面两种交换机比较，网络规模要小许多。这类交换机可以是固定配置，也可以是模块配置，除了常用的RJ-45双绞线接口外，还带有光纤接口。

◇工作组交换机　这类交换机是传统集线器的理想替代产品，一般为固定配置，配有一定数目的10 Base-T或100 Base-TX以太网口。这类交换机一般没有网络管理的功能。

◇桌面型交换机　这类交换机是最常见的一种最低档交换机，它区别于其他交换机的一个特点是支持的每端口MAC地址很少，端口数也较少（一般在12口以内），只具备最基本的交换机特性。在传输速度上，目前桌面型交换机大多提供多个具有10 M/100 M自适应能力的端口。

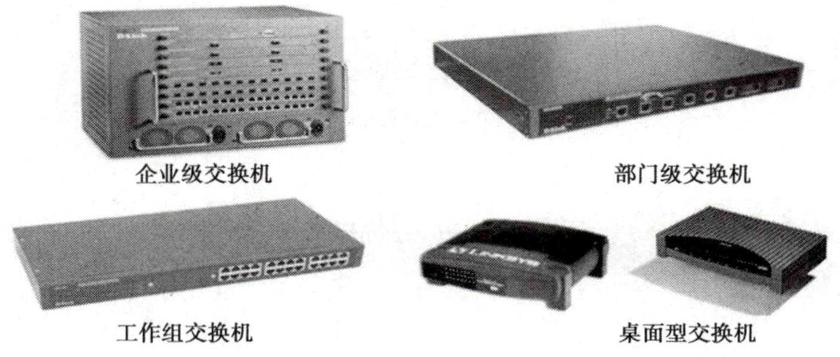

企业级交换机　部门级交换机

工作组交换机　桌面型交换机

● 按结构划分：

◇固定端口交换机　固定端口顾名思义就是它所带有的端口是固定的，如果是8端口的，就只能有8个端口，再不能添加；16个端口也就只能有16个端口，不能再扩展。目前这种固定端口的交换机比较常见，端口数量没有明确的规定，一般的端口标准是8、16、24端口。这种交换机在工作组中应用较多，一般适用于小型网络、桌面交换环境。

◇模块化交换机　这类交换机虽然在价格上要贵很多，但拥有更大的灵活性和可扩充性，用户可任意选择不同数量、不同速率和不同接口类型的模块，以适应千变万化的网络需求。一般来说，企业级交换机应考虑其扩充性、兼容性和排错性，应当选用模块化交换机；而骨干交换机和工作组交换机采用简单明了的固定式交换机。

固定端口交换机

模块化交换机

2.选购交换机

交换机是组成网络系统的核心设备。对用户而言，交换机最主要的性能指标是端口的配置、数据交换能力、交换速度等，因此在选择交换机时要注意以下事项：

◇交换端口的数量；

◇交换端口的类型；

◇系统的扩充能力；

◇主干线连接手段；

◇交换机总交换能力；

◇是否需要路由器选择能力；

◇是否需要热切换能力；

◇是否需要容错能力；

◇能否与现有设备兼容，顺利衔接；

◇网络管理能力。

**【做一做】**

学校要组建一个拥有50台计算机的机房，请你为学校提供一个选择交换机的方案（参考学校现有机房的情况，并到网上查询你选择的交换机的相关情况）。

方案1

选择交换机的品牌：　　型号：　　价格：　　端口数：　　数量：

方案2

选择交换机的品牌：　　型号：　　价格：　　端口数：　　数量：

方案3

选择交换机的品牌：　　型号：　　价格：　　端口数：　　数量：

方案4

选择交换机的品牌：　　型号：　　价格：　　端口数：　　数量：

以上最优的配置方案是：

结论，选择交换机的原则是：

## 四、选用网络配线架

1.认识网络配线架

配线架是网络布线中管理子系统最重要的组件，是实现垂直干线和水平布线两个子系统交叉连接的枢纽。配线架通常安装在机柜或墙上，通过安装附件，配线架可以满足UTP、STP、同轴电缆、光纤、音视频的需要。在网络工程中，常用的配线架有双绞线配线架和光纤配线架两种。

双绞线配线架的作用是在管理子系统中将双绞线进行交叉连接，用在主配线间和各分配线间。双绞线配线架的型号很多，每个厂商都有自己的产品系列，并且对应3、5、超5、6类线缆有不同的规格和型号。

双绞线配线架

光纤配线架的作用是在管理子系统中将光缆进行连接，通常用在主配线间和各分配线间。

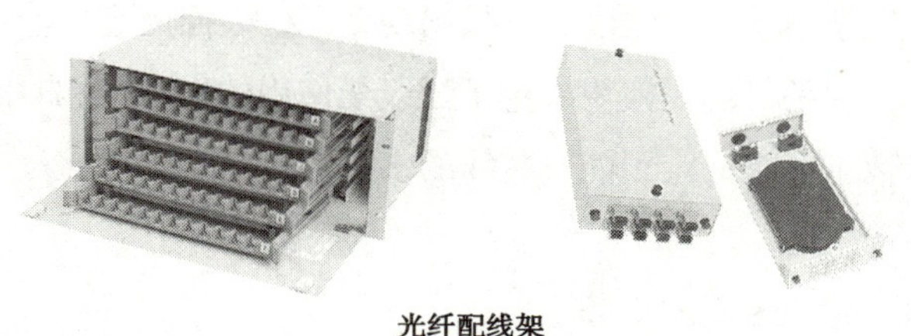

光纤配线架

**友情提示** JISUANJI WANGLUO JICHU YU YINGYONG YOUQINGTISHI

- 双绞线配线架常用的有24位和48位，且通常带理线环。产品原则上应满足以下参数：

◇卡接簧片镀银，可重复次数>200次；

◇绝缘电阻≥100 MΩ；

◇接触电阻≤2.5 MΩ；

◇寿命:插头、插座可重复插拔次>750次；

◇抗电强度:在DC1 000 V（AC700 V）下，1 min无击穿和飞弧现象。

**【做一做】**

以小组为单位，参观学校的信息中心和配线间，然后填写下表（不同配线间列不同的表）。

| 信息中心看到的情况 | | | | | | | |
|---|---|---|---|---|---|---|---|
| 交换机 | | | | 配线架 | | | |
| 品牌 | 型号 | 数量 | 端口 | 品牌 | 型号 | 数量 | 端口 |
| | | | | | | | |
| | | | | | | | |
| | | | | | | | |
| 配线间看到的情况 | | | | | | | |
| 交换机 | | | | 配线架 | | | |
| 品牌 | 型号 | 数量 | 端口 | 品牌 | 型号 | 数量 | 端口 |
| | | | | | | | |
| | | | | | | | |
| | | | | | | | |
| 结论 | 交换机与配线架的关系: | | | | | | |

2.选购配线架

选购配线架主要从以下几个方面考虑：

◇所使用的线缆。不同线缆应选择不同的配线架，不能通用，如光纤应使用光纤配线架、6类双绞线应使用6类配线架等。

◇材质。好的配线架有很好的强度，不易出现变形，表面光亮，印字清晰。

◇配线架所使用模块的好坏。模块决定了配线架使用的稳定性和时间长短。

◇配线架的端口数量。它决定了能安装线的多少。

【做一做】

请查阅相关资料，完成下面的任务。

> 学校打算购买一批配线架（包括室内光纤5对，室外光纤2对，使用5类双绞线的设备有200台，使用6类双绞线的设备有130台），请你为学校写一份购置报告和设备可行性计划。

## 五、选用网络设备机柜

1.认识网络设备机柜

为更科学地规范网络布线，集中管理网络设备，在组建网络时，均需要使用机柜来对网络设备及线缆进行管理。网络设备机柜如下图所示。

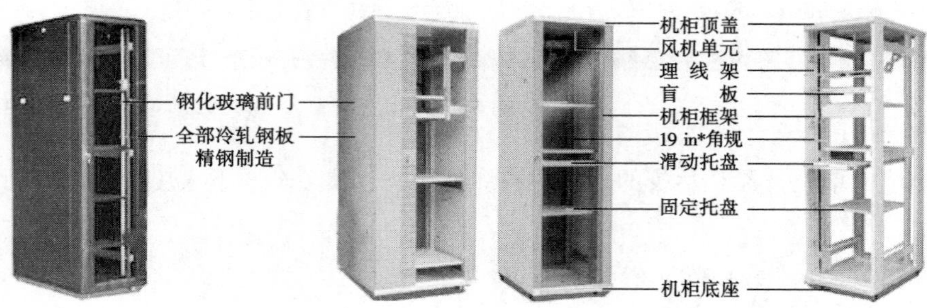

机柜有两大类，如果用来放交换机、路由器等，就用网络型机柜，这种机柜的走线槽做得比较好；如果用来放置服务器，就用服务器型机柜，这种机柜的散热效果更好。

机柜的一个非常重要的国际标准：U。1 U=1.75 in*。服务器和网络产品的高度都是用U来表示的，机柜一般有12 U，20 U，24 U，32 U，42 U等规格。

2.选购机柜

①容量：在购买机柜前，先计算下机房空间有多大，列出所有要装在机柜内的设备和它们的高、长、宽、质量，这些设备的总高度将最终决定选购多大的机柜。

②质材：主要涉及钢板、喷漆、玻璃、配件几个方面。

钢板要求厚，机柜内部的支架要粗大，这样才能承受更重的压力。

喷漆要均匀，这样才能很好地防锈、防尘等。

玻璃要求较厚、光洁。

由于安装中包括网络电缆、电信电缆和电源电缆，需要购买钩环带或带齿的带子来将电缆有序地固定在机柜里面。

③功能：主要考虑机柜的安全性。

④散热：一般来说，柜顶都有2~4个风扇，侧壁风扇应安装在机柜后壁，因为设备后部会产生大量的热量。

⑤架构布局：一般来说，挡板要多，而且具有散热孔；用来固定线缆的铁皮要包边，预防损坏线缆。

⑥价格：价格要合理。

**【做一做】**

若学校现在要对网络进行改造，需要添加一个机柜，里面需装1台核心交换机（4 U高）、1台路由器（1 U）、1台防火墙（2 U）、1台硬件计费系统（2 U）、3台接入交换机（1U），请你为学校选择一套比较合适的机柜。

| 机柜的基本要求：<br><br>机柜的选配件应有： |
|---|

**友情提示** JISUANJI WANGLUO JICHU YU YINGYONG YOUQINGTISHI

- 机柜的选择应考虑设备的散热；空间最好能做1/3~1/2的冗余。机柜的最小空间是将所有设备所需空间之和乘以2。

* 1 in=2.54 cm，1 U=4.445 cm。

## 六、选用网络路由器

1.认识路由器

路由器是一种连接多个网络或网段的网络设备，请看下图:

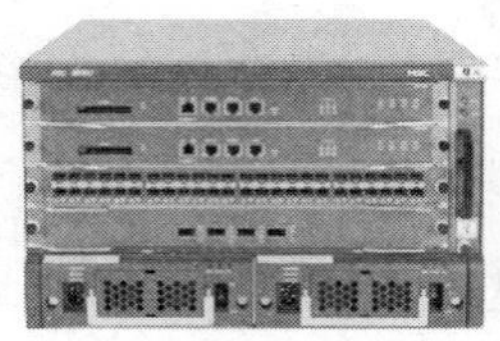

它能将不同网络或网段之间的数据信息进行“翻译”，使它们能够相互“读”懂对方的数据，从而构成一个更大的网络。路由器除了具有网桥的全部功能以外，还有选择路径的功能。

路由器可根据网络上信息拥挤的程度，自动地选择效率较高的路线。此外，路由器有两大典型功能：数据通道功能和控制功能。数据通道功能包括转发决定、转发以及输出数据链路调度等，一般由硬件来完成；控制功能一般用软件来实现，包括与相邻路由器之间的信息交换、系统配置、系统管理等。路由器的最基本功能是数据包转发功能。

**【做一做】**

在教师的指导下，以小组为单位，参观学校的信息中心，然后完成下面的任务。

学校使用的路由器的品牌：____________________ 型号：__________________________

广域网端口数：__________局域网端口数：__________其他端口名称及数量：__________

它主要用于完成：________________________________________________________________

与各端口连接的设备：__________________________________________________________

画出连接设备的结构图：

2.选购路由器

**【做一做】**

阅读下面知识窗的资料后，回答以下问题。

选择路由器时，最应当了解的是:

选择路由器时，应重点考虑的方面有:

选择路由器的最大困难是:

知识窗 JISUANJI WANGLUO JICHU YU YINGYONG ZHISHICHUANG 

- 由于路由器是网络中比较关键的设备，针对网络存在的各种安全隐患，路由器必须具有如下的安全特性:

①可靠性与线路安全可靠性。它是针对故障恢复和负载能力提出来的，对于路由器来说，可靠性主要体现在接口故障和网络流量增大两种情况下。备份是路由器不可缺少的手段之一。当主接口出现故障时，备份接口自动投入工作，保证网络的正常运行；当网络流量增大时，备份接口可承当负载分担的任务。

②身份认证。路由器中的身份认证功能主要包括访问路由器时的身份认证、对端路由器的身份认证和路由信息的身份认证。

③访问控制。对于路由器的访问控制，需要进行口令的分级保护，有基于IP地址的访问控制和基于用户的访问控制。

④信息隐藏。通过地址转换，可以隐藏网内地址，只以公共地址的方式访问外部网络。除了由内部网络首先发起的连接，网外用户不能通过地址转换直接访问网内资源。

⑤数据加密。在网络传输中，数据的安全性是很重要的，路由器应当具备必要的数据加密功能。

⑥攻击探测和防范。

⑦安全管理。随着网络的建设，网络规模会越来越大，网络的维护和管理就越难进行，所以安全管理显得尤为重要。

- 路由器的控制软件是路由器发挥功能的一个关键环节，从软件的安装、参数自动设置，到软件版本的升级都是必不可少的。软件安装、参数设置及调试越方便，用户就越容易掌握，就能更好地应用。
- 扩展能力是网络在设计和建设过程中必须要考虑的。扩展能力主要取决于路由器支持的扩展槽数目或扩展端口数目。
- 能否支持带电插拔，是路由器的一个重要的性能指标。
- 如果网络已完成楼宇级的综合布线，工程要求网络设备上机式集中管理，应选择19 in宽的机架式路由器。

选择路由器时，还有一些其他考虑，如可延展性、路由协议互操作性、广域数据服务支持、内部ATM支持、SAN集成能力等。另外，还应遵循一些基本原则，即标准化原则、技术简单性原则、环境适应性原则、可管理性原则和容错冗余性原则。对于高端路由器，还应该考虑是否适应骨干网对网络高可靠性、接口高扩展性以及路由查找和数据转发的高性能要求。高可靠性、高扩展性和高性能是高端路由器区别于中、低端路由器的关键所在。

## 七、选用网络防火墙

### 1.认识防火墙

防火墙是用于防止非法访问的安全设备，其作用是对各种类型的恶意访问进行筛选和过滤。硬件防火墙产品如下图所示。

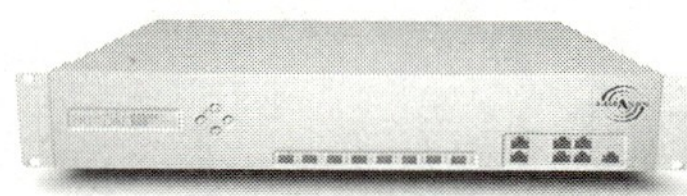

防火墙产品可以通过软件、硬件或二者相结合的方式来实现，通常硬件防火墙的性能要强于软件防火墙，并且连接、使用比较方便；而软件防火墙在功能和可配置性上要更加强大，可以更容易构建比较复杂的防御策略。防火墙类型包括包过滤、代理服务、应用层网关以及这三种类型的结合体。

软件防火墙、硬件防火墙和标准服务器防火墙对照如下表：

| 相关指标 | 软件防火墙 | 硬件防火墙 | 标准服务器防火墙 |
|---|---|---|---|
| 安装 | 较复杂 | 简单 | 简单 |
| 安全性 | 高 | 较高 | 高 |
| 性能 | 依赖硬件平台 | 高 | 高 |
| 管理 | 简单 | 较复杂 | 简单 |
| 维护费用 | 低 | 高 | 低 |
| 扩展性 | 高 | 低 | 高 |
| 配置灵活性 | 高 | 低 | 高 |
| 价格 | 低 | 高 | 较低 |

2.选购防火墙

选购防火墙，可以从以下方面考虑：

①防火墙本身的安全性。这主要涉及产品本身所采用的系统架构是否强壮、是否存在安全漏洞、是否有被拒绝服务攻击击溃的历史等。

②数据处理性能。防火墙产品性能差距的核心主要是防火墙处理数据包的能力，主要的衡量指标包括吞吐率、转发率、丢包率、缓冲能力和延迟等。这些数据不能完全比照厂商所标称的数据，应该多参照一些第三方的防火墙性能评测报告。

③可管理性。一款防火墙的配置是否容易管理，直接决定了安全管理员的工作量，也是防火墙产品能否很好应用的重要保障。

④日志能力。一款日志功能强大的防火墙，记录的项目应比较全面，可以有效地防范日志被修改，并能利用多种途径将日志数据定期备份到指定机器。同时，要考察防火墙产品的日志查看能力，包括查看途径的多少、信息显示的合理性等。

⑤厂商的实力。选购防火墙时，应多听取其他用户的意见，了解各种产品的口碑，也可以亲身考察厂商的服务能力。

⑥产品兼容性。应注意该产品与其他安全部件以及现有设备之间的兼容性，否则在整体环境中造成冲突，将无法使用。因此，要保证所购买的产品与其他信息安全产品能够良好地协同工作。

**【做一做】**

请到生产防火墙的商家网站下载某种产品的性能说明书，根据说明书填写下表的内容。

| 防火墙产品名称和型号： | |
|---|---|
| 安全性描述 | |
| 数据处理性能描述 | |
| 可管理性描述 | |
| 日志能力描述 | |
| 厂商的实力描述 | |
| 产品兼容性描述 | |

NO.3 [ 任务三 ]

# 实现网络结构化布线系统

综合布线系统（Premises Distributed System，PDS）是一种集成化通用传输系统，在楼宇和园区范围内利用双绞线或光缆来传输信息，可以连接电话、计算机、会议电视和监控等设备的结构化信息传输系统。

本任务中，通过7个层面认识网络综合布线，即：

（1）从总体上认识网络综合布线的内容；

（2）设计工作区子系统；

（3）设计水平区子系统；

（4）设计管理间子系统；

（5）设计设备间子系统；

（6）设计干线区子系统；

（7）设计建筑群子系统。

## 一、了解网络结构化布线

综合布线系统使用标准的双绞线和光纤，支持高速率的数据传输。这种系统使用物理分层星形拓扑结构，积木式、模块化设计，遵循统一标准，使系统的集中管理成为可能，也使每个信息点的故障、改动或增删不影响其他的信息点，使安装、维护、升级和扩展都非常方便，并节省费用。综合布线系统可分为6个独立的系统（模块），如右图所示。

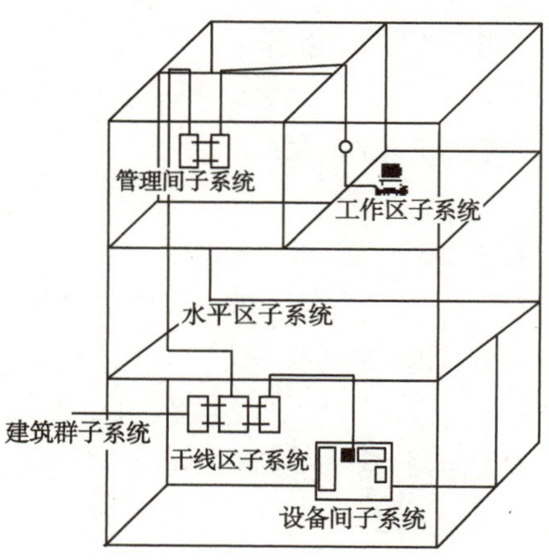

从工程应用上讲，综合布线工程的一般步骤为:调研→方案设计→土建施工→技术安装→信息点测试→文档整理→维护。

◇调研　调研的主要任务是询问客户网络需求，现场勘察建筑，根据建筑平面图等资料去结算线材的用量，信息插座的数目和机柜定位、数量，作出综合布线调研报告。

◇布线方案设计　根据前期勘察数据作出布线材料预算表、工程进度安排表。

◇土建施工　协调施工队与业主进行职责商谈，提出布线许可，主要是钻孔、走线、信息插座定位、机柜定位、做线缆标识。

◇技术安装　这主要是打信息模块、打配线架、机柜内部安装。

◇信息点测试　一般测试采用12点测试仪，单人可以进行，效率较高，主要测试通断情况。深层测试通常可用专用的以太网性能测试仪，根据TSB 67标准，对接线图（Wire MAP）、长度（Length）、衰减量（Attenuation）、近端串扰（NEXT）、传播延迟（Propagation Delay）5个方面的数据进行测试，打印出详细的测试报告。

◇文档管理　最终要提供交给客户的竣工报告[材料实际用量表、测试报告、楼层（楼群）配线表]为日后维护提供依据。

◇维护　当线路出现故障时，快速响应。

**【做一做】**

请咨询负责校园网的教师，让他讲解组建校园网时各阶段所完成的工作，然后回答下列提问。

调研阶段完成的工作：

最容易出现的问题：

方案设计阶段完成的工作：

最容易出现的问题：

土建施工完成的工作：

最容易出现的问题：

技术安装阶段完成的工作：

最容易出现的问题：

信息点测试阶段完成的工作：

最容易出现的问题：

工程完成后整理了哪些文档：

现阶段最多的维护工作：

## 二、根据环境设计工作区子系统

工作区子系统由终端设备连接到信息插座之间的设备组成，包括信息插座、插座盒、连接跳线和适配器。

工作区子系统施工的一般步骤：

①设计出工作区子系统布线路径图；

②计算出该工作区内需要的材料和工具规格、数量；

③进行模信息块、跳线等设备的安装。

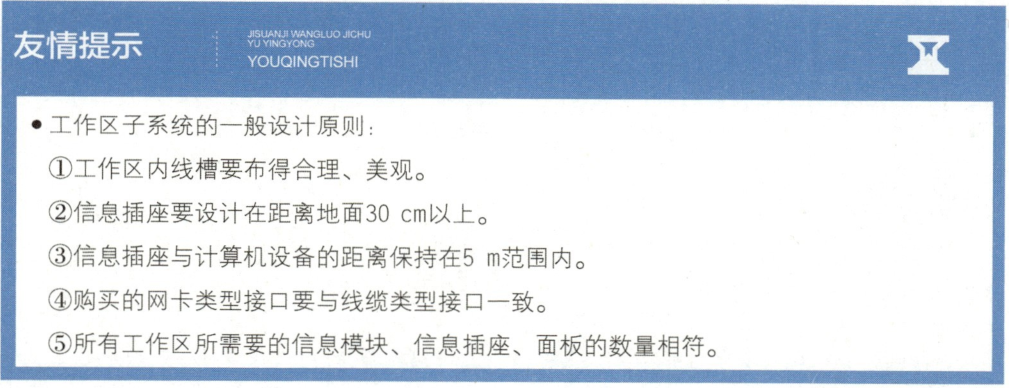
友情提示　JISUANJI WANGLUO JICHU YU YINGYONG YOUQINGTISHI

- 工作区子系统的一般设计原则：

①工作区内线槽要布得合理、美观。

②信息插座要设计在距离地面30 cm以上。

③信息插座与计算机设备的距离保持在5 m范围内。

④购买的网卡类型接口要与线缆类型接口一致。

⑤所有工作区所需要的信息模块、信息插座、面板的数量相符。

**【做一做】**

现有一间空屋子大约120 $m^2$，平面图如下。安装上了静电地板，该房间准备用作机房使用，要求在机房内安装50台计算机。请为该房间进行工作区子系统设计。

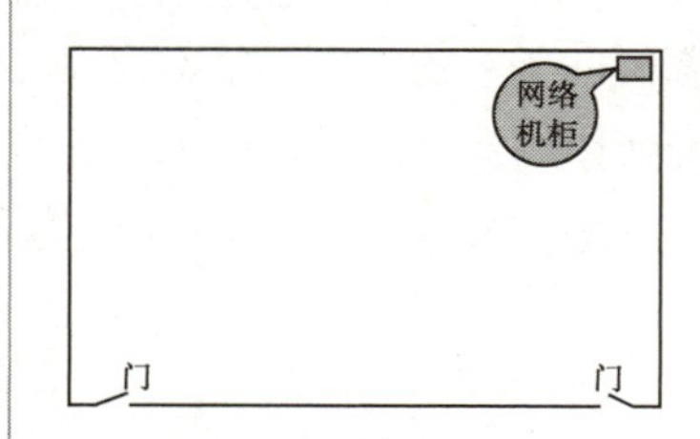


请画出该工作区的计算机布置图，然后设计出布线路径图。

请计算出该工作区内所需要的材料、规格及数量。

## 三、根据环境设计水平区子系统

水平区子系统应由工作区用的信息插座、楼层分配线设备至信息插座的水平电缆、楼层配线设备和跳线等组成。一般情况下，水平电缆应采用4对双绞线电缆。在水平子系统有高速率应用的场合，应采用光缆，即光纤到桌面。

水平区子系统根据整个综合布线系统的要求，应在二级交接间、交接间或设备间的配线设备上进行连接，以构成电话、数据、电视系统和监视系统，并方便进行管理。

水平区子系统施工步骤如下：

①规划和设计布线路径，一般是从一个机柜到附近的另外一个机柜；

②计算和准备实验材料和工具；

③安装和布线。

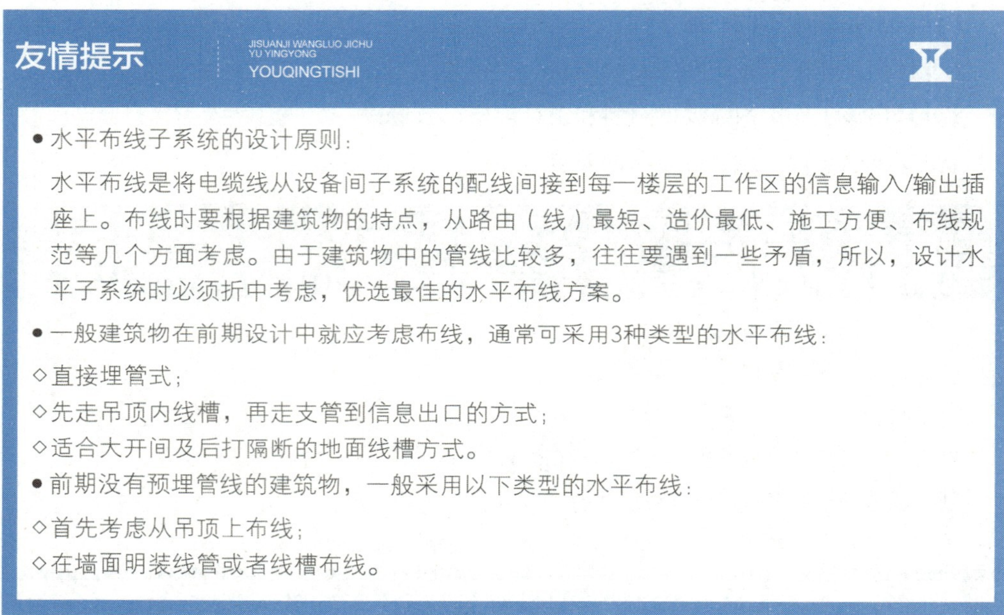


- 水平布线子系统的设计原则：

  水平布线是将电缆线从设备间子系统的配线间接到每一楼层的工作区的信息输入/输出插座上。布线时要根据建筑物的特点，从路由（线）最短、造价最低、施工方便、布线规范等几个方面考虑。由于建筑物中的管线比较多，往往要遇到一些矛盾，所以，设计水平子系统时必须折中考虑，优选最佳的水平布线方案。

- 一般建筑物在前期设计中就应考虑布线，通常可采用3种类型的水平布线：

◇直接埋管式；

◇先走吊顶内线槽，再走支管到信息出口的方式；

◇适合大开间及后打隔断的地面线槽方式。

- 前期没有预埋管线的建筑物，一般采用以下类型的水平布线：

◇首先考虑从吊顶上布线；

◇在墙面明装线管或者线槽布线。

## 四、根据环境设计管理子系统

管理间子系统设置在楼层分配线设备的房间内。管理间子系统应由交接间的配线设备、输入/输出设备等组成，也可应用于设备间子系统中。管理间子系统应采用单点管理双交接。交接场所的结构取决于工作区、综合布线系统规模和选用的硬件。在管理规模大、复杂，有二级交接间时，才设置双点管理双交接。在管理点，应根据应用环境用标记插入条来标出各个端接点。

## 五、根据环境设计设备间子系统

设备间是在每一幢大楼的适当地点设置进线设备，进行网络管理以及管理值班人员的场所。设备间子系统应由综合布线系统的建筑物进线设备、电话、数据、计算机等各种主机设备及其保安配线设备等组成。下图是设备间布局效果图。

设备间子系统布线施工步骤如下:

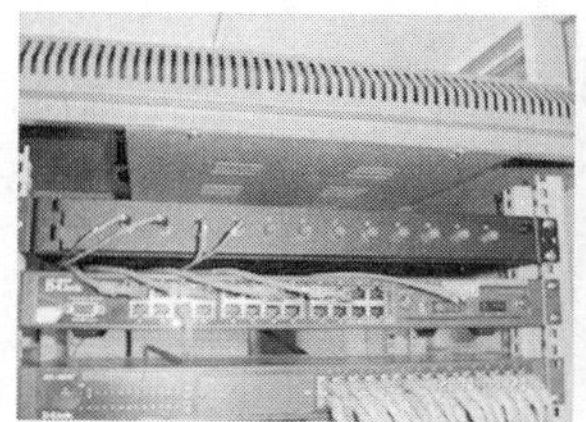

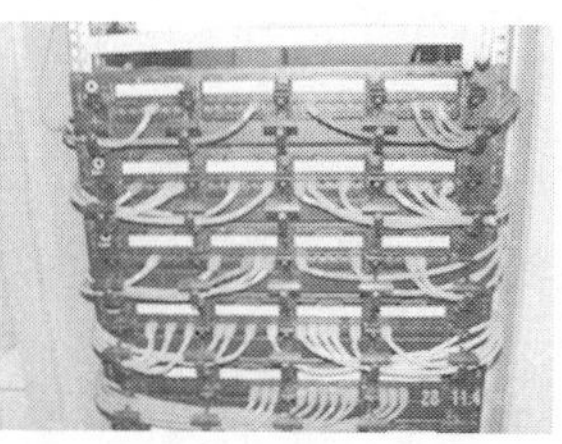

①根据机柜内要安装的设备来确定机柜的型号并实施机柜的安装;

②设计出机柜内安装设备的布局示意图;

③对设备进行逐一安装;

④对设备间的线进行梳理和固定。

网线梳理后的效果图如右图所示。

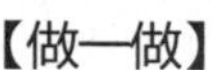

**【做一做】**

某中心机房内要安装一个机柜，机柜内要安装如下设备：1台核心交换机（4 U）、1台路由器（2 U）、1台防火墙（2 U）、3台普通交换机（1 U），要求所有线缆必须规范。参考上面的设备间布局图，请你设计出一种适合的机柜设备安装布局图，并算出所要机柜的型号、配线架的数量等。

## 六、根据环境设计干线区子系统

通常由主设备间（如计算机房、程控交换机房）提供建筑物中最重要的铜线或光纤线主干线路，是整个大楼的信息交通枢纽。它提供不同楼层的设备间和布线框间的多条连接路径，也可连接单层楼的大片地区。

## 七、建筑群子系统

建筑群子系统将一栋建筑的线缆延伸到建筑群内的其他建筑的通信设备和设施，它包括铜线、光纤以及防止其他建筑的电缆的浪涌电压进入本建筑的保护设备。

**【做一做】**

请学校负责校园网的教师带领，参观学校校园网中各子系统情况，在参观过程中弄清以下问题。

（1）工作区子系统涉及的设备及工作有哪些?

（2）水平区子系统涉及的设备及工作有哪些?

（3）管理子系统涉及的设备及工作有哪些?

（4）设备间子系统涉及的设备及工作有哪些?

（5）干线区子系统涉及的设备及工作有哪些?

（6）建筑群子系统涉及的设备及工作有哪些?

[ 任务四 ] NO.4

# 配置网络设备

网络组建过程中，正确选择合适的网络设备能为高速的数据传输提供保障。根据不同的网络环境和用户需求，智能型网络设备已经走进了中小型企业和家庭。本任务你将掌握智能型网络设备的基本配置方法和管理技巧，即：

（1）配置本地登录网络设备；

（2）使用远程登录网络设备；

（3）配置网络设备基本功能。

## 一、认识智能型网络设备

智能型网络设备除了为用户提供物理接口以外，还为用户提供管理界面。用户可以通过管理界面，对设备进行合理的管理与配置，使网络设备能够正常有效地运行。通常设备管理方式有两种：本地管理方式和远程管理方式。

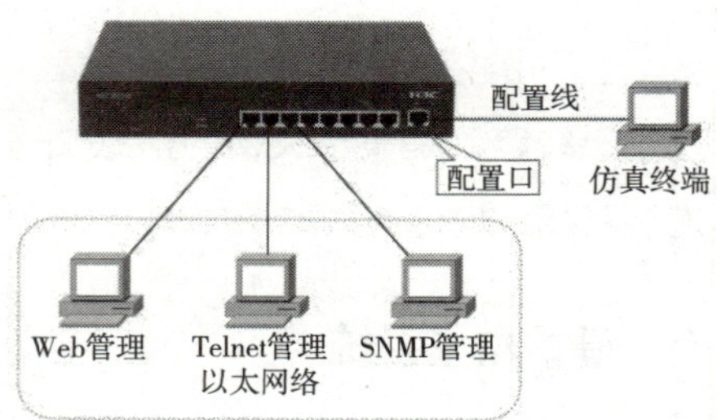


本地管理方式也称为仿真终端方式，使用Console口（配置口）进行管理。

远程管理方式使用以太网口进行管理，该方式通过TCP/IP连接进行访问，所以必须使用IP地址。远程管理方式可以使用Telnet管理、Web界面管理、SNMP管理，目前使用最多的是Telnet管理和Web界面管理。

1.配置本地管理

本地管理方式通常应用于设备的首次配置，网络设备提供本地配置接口（Console口），并且提供有专用的配置线缆，用户使用配置线将计算机与网络设备相连，在操作系统中运行仿真终端软件登录到网络设备进行管理。

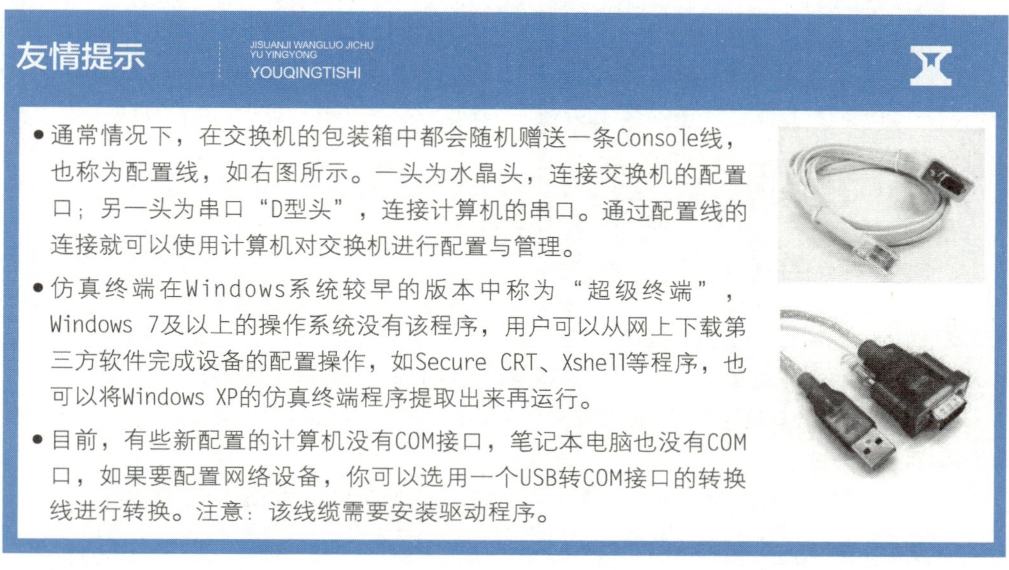

友情提示 JISUANJI WANGLUO JICHU YU YINGYONG YOUQINGTISHI

- 通常情况下，在交换机的包装箱中都会随机赠送一条Console线，也称为配置线，如右图所示。一头为水晶头，连接交换机的配置口；另一头为串口“D型头”，连接计算机的串口。通过配置线的连接就可以使用计算机对交换机进行配置与管理。
- 仿真终端在Windows系统较早的版本中称为“超级终端”，Windows 7及以上的操作系统没有该程序，用户可以从网上下载第三方软件完成设备的配置操作，如Secure CRT、Xshell等程序，也可以将Windows XP的仿真终端程序提取出来再运行。
- 目前，有些新配置的计算机没有COM接口，笔记本电脑也没有COM口，如果要配置网络设备，你可以选用一个USB转COM接口的转换线进行转换。注意：该线缆需要安装驱动程序。

【做一做】

请观看“配置超级终端”操作视频或教师的操作演示，记录在操作过程中需要注意的步骤，然后回答表中提出的问题。

配置超级终端

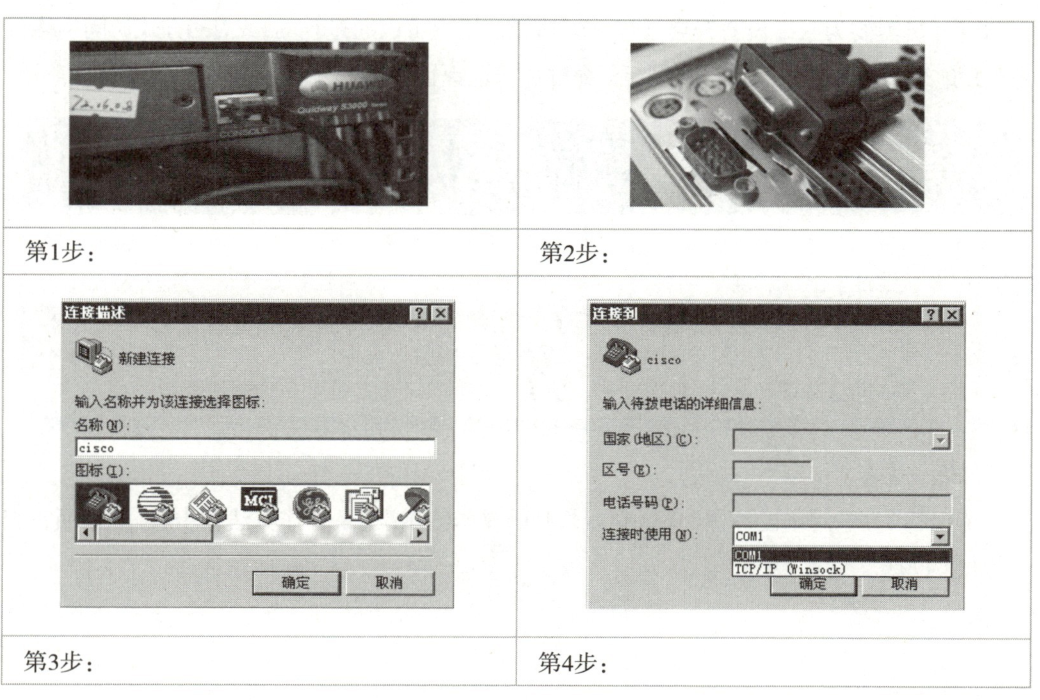


| 第1步： | 第2步： |
|---|---|
| 第3步： | 第4步： |

| | |
|---|---|
| 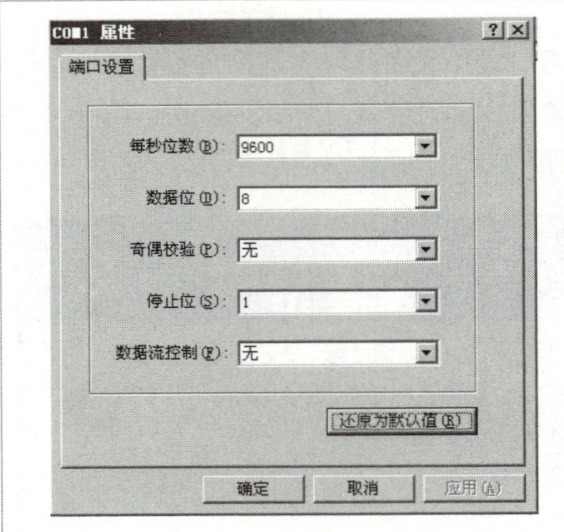 | 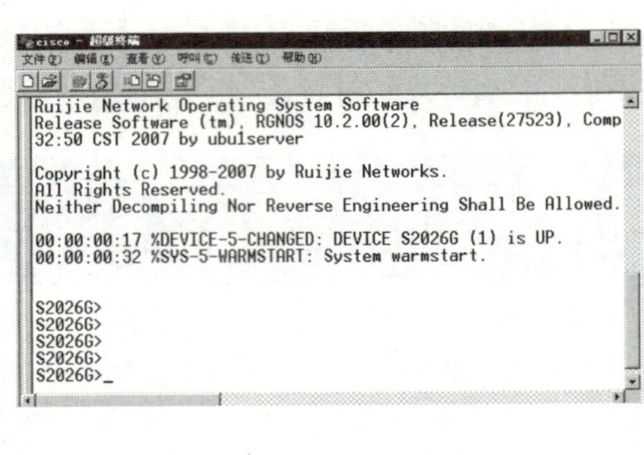 |
| 第5步： | 第6步： |
| （1）超级终端软件运行前，先确认线缆是否连接正确，设备电源是否打开。<br>（2）有部分计算机连接时可能会有两个或多个COM接口，如果连接不成功，可以试着更改端口再重新尝试。<br>（3）连接过程中存在哪些问题？通过查阅资料或请老师、同学帮助是否能够解决？ | |

2.使用远程管理

网络设备配置完成后，通常会安装到企业或单位的多个区域，为了方便管理和维护，网络管理员需要为网络设备开启远程访问功能，用户可以通过Telnet或Web方式访问网络设备的IP地址，验证合法的账号密码后，允许进行远程管理。

**友情提示** JISUANJI WANGLUO JICHU YU YINGYONG YOUQINGTISHI

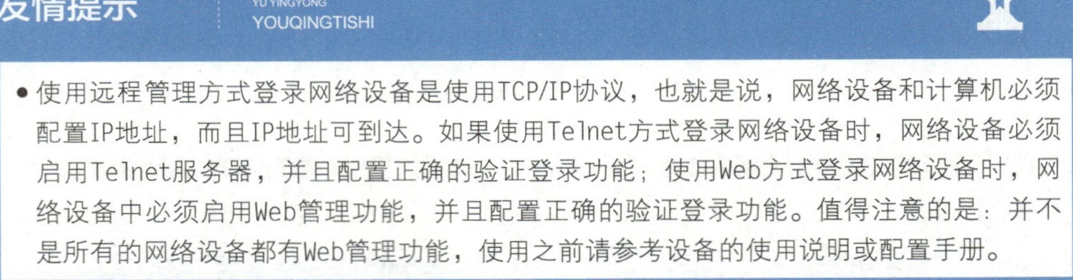

- 使用远程管理方式登录网络设备是使用TCP/IP协议，也就是说，网络设备和计算机必须配置IP地址，而且IP地址可到达。如果使用Telnet方式登录网络设备时，网络设备必须启用Telnet服务器，并且配置正确的验证登录功能；使用Web方式登录网络设备时，网络设备中必须启用Web管理功能，并且配置正确的验证登录功能。值得注意的是：并不是所有的网络设备都有Web管理功能，使用之前请参考设备的使用说明或配置手册。

**【做一做】**

登录网络设备

请观看“登录网络设备”操作视频或教师的操作演示，记录操作方法和步骤，然后回答表中提出的问题。

（1）使用Telnet方式登录网络设备

<table>
<tr>
<td>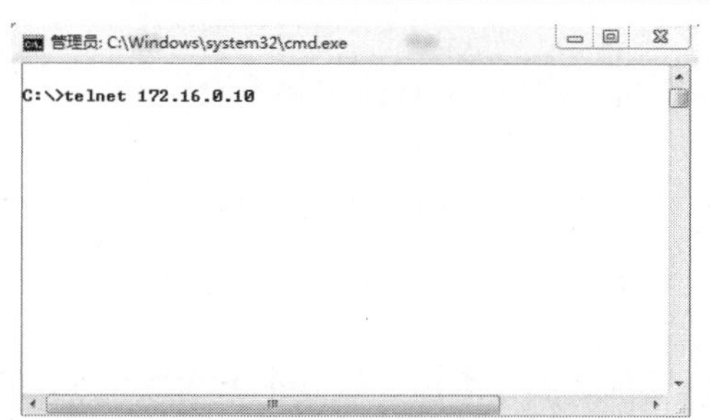
</td>
<td>在“开始”菜单中运行“CMD”打开命令提示符，然后输入“telnet”命令，加上服务器的IP地址。</td>
</tr>
<tr>
<td>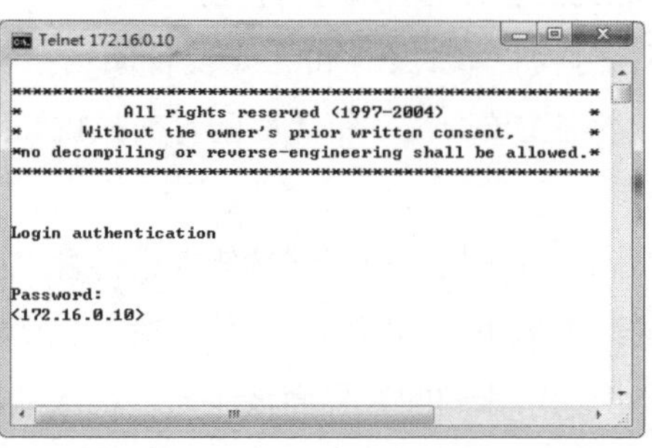
</td>
<td>提示网络设备管理登录界面，输入正确的密码后，回车登录到网络设备的配置界面中。<br>注意：通常情况下，输入密码时，系统禁止显示密码个数。用户输入完正确密码，直接按“回车”键即可登录。</td>
</tr>
<tr>
<td colspan="2">①Windows系统中，除了使用Telnet命令之外，还有哪些工具可以使用Telnet功能？请查阅相关资料，并尝试操作。<br><br>②Windows 10系统中默认没有安装Telnet功能，请为该系统安装Telnet客户端，写出操作步骤。</td>
</tr>
</table>

（2）使用Web方式登录网络设备

<table>
<tr>
<td>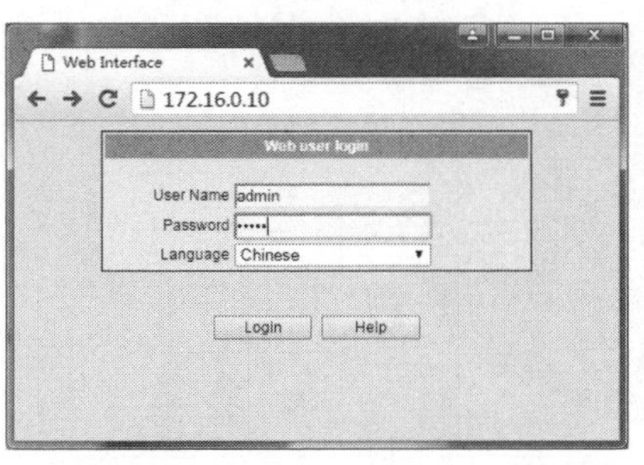
</td>
<td>打开浏览器，在地址栏中输入网络设备IP地址，提示验证账号密码。</td>
</tr>
<tr>
<td>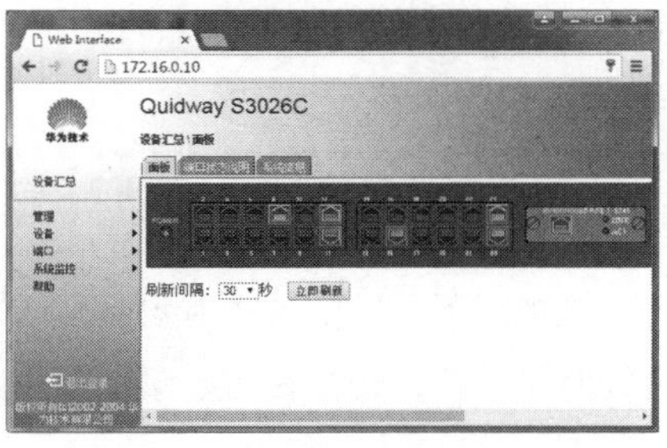
</td>
<td>输入正确的账号密码后，网络设备的Web界面已经打开，用户不仅可以查看设备的运行状态，同时可以完成基本的设备配置。</td>
</tr>
</table>

①网上查阅相关资料，有哪些网络设备出厂默认为Web管理界面。

②网上查阅相关资料，网络设备的Web管理和Telnet字符管理有哪些优缺点？

## 二、配置网络设备基础功能

配置网络设备之前，首先要熟悉网络设备的操作手册、设备的基本功能原理；然后根据用户的网络规划正确配置设备功能。常见的智能型网络设备包括交换机、路由器、无线设备、防火墙、网关等。通常情况下交换机、路由器和无线设备使用字符界面配置，防火墙和网关设备使用Web界面配置。本书主要介绍字符界面配置交换机和路由器的基本方法。

网络设备的初次配置一般通过设备的Console口，使用仿真终端软件进行管理。虽然不同厂家的设备配置界面有所不同，但基本的配置思想是相同的。目前，对于交换机、路由器及无线设备等网络通信设备，华为和思科两大厂家的配置界面被业界广泛认可，本书主要以华为设备的VRP（Versatile Routing Platform，通用路由平台）为范例进行讲解。

1.认识配置视图

智能型网络设备的管理功能非常强大，它能提供灵活的命令集完成用户指定的功能要求，根据不同的命令环境，网络设备提供了多种配置管理环境，通常称为配置视图。在不同的配置视图环境下，用户有不同的权限和命令集。华为的VRP为用户提供了丰富的配置视图，常见的包括：用户视图、系统视图、接口视图、VLAN视图和路由视图等。

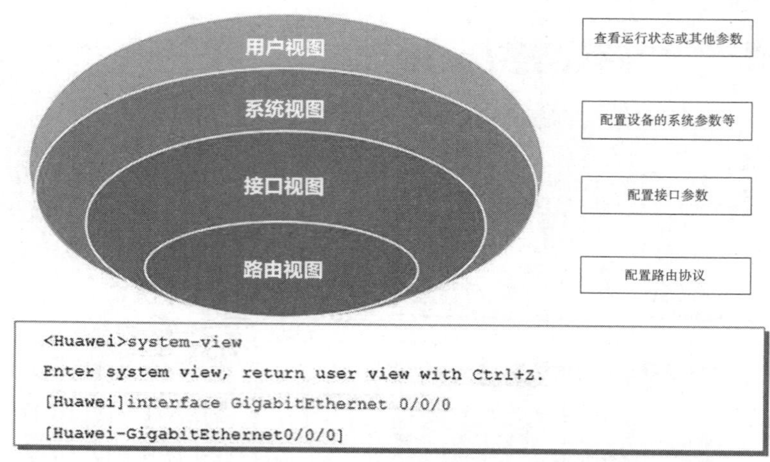


```
<Huawei>system-view
Enter system view, return user view with Ctrl+Z.
[Huawei]interface GigabitEthernet 0/0/0
[Huawei-GigabitEthernet0/0/0]
```

◇ 用户视图

用户登录设备后，系统默认进入用户视图，该视图下可以实现查看设备运行状态、调试设备其他参数、文件管理等操作，如设置日期时钟、恢复出厂设置、设备重新启动、存储文件管理等。视图提示符及相关操作如下：

```
<Huawei>
<Huawei>clock datetime 12:30:00 2021-11-02          //设置设备日期时间
<Huawei>reset saved-configuration                   //清空配置文件，恢复出厂设置
Warning: The action will delete the saved configuration in the device.
The configuration will be erased to reconfigure. Continue? [Y/N]:y
```

◇ 系统视图

在用户视图下，通过system-view命令进入系统视图，该视图下可以配置设备的全局参数，是进入其他视图的重要入口。视图提示符及相关操作如下：

```
<Huawei>system-view                                 //进入系统视图
[Huawei]sysname Acc-SW1                             //配置设备名称
[Acc-SW1]quit                                       //退出当前视图
< Acc-SW1>
```

◇ 接口视图

在系统视图下，通过interface命令进入接口视图，该视图下可以配置接口相关参数，如打开关闭接口、配置接口类型、配置IP地址等操作。视图提示符及相关操作如下：

```
[Huawei]interface GigabitEthernet 0/0/1             //进入接口视图
[Huawei-GigabitEthernet0/0/1]shutdown               //关闭接口
[Huawei-GigabitEthernet0/0/1]undo shutdown          //打开接口
[Huawei-GigabitEthernet0/0/1]port link-type access  //配置端口类型为Access
[Huawei-GigabitEthernet0/0/1]quit                   //退出当前视图
[Huawei]
```

◇ VLAN视图

在系统视图下，通过vlan命令进入VLAN视图，该命令可以创建指定VLAN或进入VLAN，在VLAN视图下，可以配置VLAN描述、加入指定端口等。视图提示符及相关操作如下：

```
[Huawei]vlan 10                                     //创建并进入VLAN10
[Huawei-vlan10]description teacher-vlan             //配置VLAN描述
[Huawei-vlan10]port GigabitEthernet 0/0/1           //在VLAN10中加入指定端口
[Huawei-vlan10]quit
[Huawei]
```

◇ 路由视图

在系统视图下，通过相关的路由命令进入路由视图，该视图下可以对指定路由协议进行管理，如宣告网段、路径管理、路由重分布、路由优化调整等。视图提示符及相关操作如下：

```
[Huawei]rip 1                                  //进入RIP路由视图
[Huawei-rip-1]
[Huawei-rip-1]quit
[Huawei]
[Huawei]ospf 1                                 //进入OSPF路由视图
[Huawei-ospf-1]
[Huawei-ospf-1]quit
[Huawei]
```

2.使用帮助功能

华为设备的VRP系统以英文操作界面为主，对于初学者来说，记忆比较困难，为了防止用户在操作过程中出错，系统设计了命令帮助和提示功能，同时，华为还设计了支持中文帮助的语言切换功能。

（1）使用“？”获得帮助

网络设备管理界面分成若干不同的模式，用户当前所处的命令模式决定了可以使用的命令。在命令提示符下输入问号，可以列出当前模式中可用的命令及描述，同时问号还有显示命令参数和补全命令完整性的功能。

◇ 直接输入“？”，可以查看当前模式下的所有命令及描述

```
<Huawei>?
User view commands:
  cd                  Change current directory
  check               Check information
  clear               Clear information
  clock               Specify the system clock
  cluster             Run cluster command
  cluster-ftp         FTP command of cluster
  compare             Compare function
  configuration       Configuration interlock
  copy                Copy from one file to another
  debugging           Enable system debugging functions
  delete              Delete a file
  dir                 List files on a file system
  display             Display current system information
  fixdisk             Recover lost chains in storage device
  format              Format the device
  ftp                 Establish an FTP connection
  ---- More ----
```

◇ 在输入字母后紧跟“？”号，可以查询命令单词的完整性，用户可以根据帮助提示，选择相应的命令及参数

```
[Huawei]in?
  info-center                              interface
[Huawei]interface et?
  Eth-Trunk                                Ethernet
[Huawei]interface ethernet 0/0/1
[Huawei-Ethernet0/0/1]
```

◇ 在输入的命令后加空格，再输入“？”，可以查询命令的正确参数

```
[Huawei]interface ?
  Eth-Trunk              Ethernet-Trunk interface
  Ethernet               Ethernet interface
  GigabitEthernet        GigabitEthernet interface
  LoopBack               LoopBack interface
  MEth                   MEth interface
  NULL                   NULL interface
  Tunnel                 Tunnel interface
  Vlanif                 Vlan interface

[Huawei]interface
```

（2）使用“Tab”键获得帮助

用户在输入命令的前几个字母后，按下“Tab”键，可以将该命令的完全写法补全。值得注意的是：如果已经输入字母开头的命令有多个，此时使用“Tab”键无效。

```
[Huawei]ser                          //当按下“Tab”键时，系统将命令补全
[Huawei]service
```

（3）使用命令简写

为了方便用户记忆和使用命令，设备配置支持简写。值得注意的是：简写的字母必须具有命令的唯一性，否则无法识别。

```
[Huawei]int g 0/0/1                  //进入G0/0/1接口
[Huawei-GigabitEthernet0/0/1]
```

（4）使用历史缓冲加快操作

网络设备的操作系统支持历史缓冲区技术，该缓冲区记录了当前提示符下最近使用的

命令，用户可以使用上、下光标键调出历史命令。

3. 熟悉错误提示

熟悉网络设备的错误提示，可以帮助用户检查错误原因，及时找出错误的解决办法。以下是常见的配置错误提示。

◇ 含糊的命令

例如：在当前视图下，以test开头的命令不唯一。

```
[Huawei]test
       ^
Error:Ambiguous command found at '^' position.          //含糊的命令
[Huawei]test?
  test-aaa                          test-packet
[Huawei]test
```

◇ 不能识别的命令

例如：在当前视图下，不能识别以new开头的命令。

```
[Huawei]new
       ^
Error: Unrecognized command found at '^' position.      //不能识别的命令
[Huawei]
```

◇ 不完整的命令

例如：在当前视图下，以int开头的命令不完整，之后还有参数。

```
[Huawei]int
         ^
Error:Incomplete command found at '^' position.         //不完整的命令
[Huawei]int ?
  Eth-Trunk        Ethernet-Trunk interface
  GigabitEthernet  GigabitEthernet interface
  LoopBack         LoopBack interface
  MEth             MEth interface
  NULL             NULL interface
  Tunnel           Tunnel interface
  Vlanif           Vlan interface
[Huawei]int
```

◇ 参数错误

例如：在当前视图下，int vlan 11之后键入了错误的参数。

```
[Huawei]int vlan 11 g0/0/1
                    ^
Error: Wrong parameter found at '^' position.          //指定位置存在参数错误
[Huawei]int vlan 11 g0/0/1
Huawei]int vlan 11 ?                                   //删除错误的位置，输入问号查看帮助
  <cr>
[Huawei]int vlan 11
```

4.取消或禁用

设备配置过程中，如果需要禁用某个功能、删除某项配置、或者恢复某个功能的缺省值，华为VRP提供了undo命令，几乎每条配置命令都有对应的undo命令行。

◇ 禁用某个功能

```
<Huawei>system-view
[Huawei]undo stp enable                                //禁用STP协议
```

◇ 删除某项配置

```
<Huawei>system–view
[Huawei]interface GigabitEthernet0/0/0                               //进入接口视图
[Huawei–GigabitEthernet0/0/0]ip address 10.1.1.1 255.255.255.0     //配置接口IP地址
[Huawei–GigabitEthernet0/0/0]undo ip address                         //删除接口IP地址
```

◇ 恢复某个功能的缺省值

```
<Huawei>system–view
[Huawei]sysname Server                                               //设置设备名称为Server
[Server]undo sysname                                                 //恢复设备默认名称为Huawei
[Huawei]
```

5.配置网络设备

网络设备的基本配置包括配置设备名称、时钟、接口地址、登录方式、密码等。交换机需要配置虚拟局域网，路由器需要配置静态或动态路由协议等。以下将完成中小型局域网中交换机和路由器的常规配置，实现局域网用户访问互联网。

完成基本配置

◇ 配置设备名称

```
<Huawei>system-view
Enter system view, return user view with Ctrl+Z.
[Huawei]sysname SW1
[SW1]
```

◇ 查看设备版本

```
<SW1>display version
Huawei Versatile Routing Platform Software
VRP (R) software, Version 5.110 (S5700 V200R001C00)
Copyright (c) 2000-2011 HUAWEI TECH CO., LTD

Quidway S5700-28C-HI Routing Switch uptime is 0 week, 1 day, 18 hours, 36 minutes
<SW1>
```

◇ 配置接口

```
[Huawei]interface g0/0/1                              //进入物理接口
[Huawei-GigabitEthernet0/0/1]shutdown                 //关闭接口
[Huawei-GigabitEthernet0/0/1]undo shutdown            //打开接口
[Huawei-GigabitEthernet0/0/1]quit
[Huawei]interface Vlanif 10                           //进入VLAN虚拟接口
[Huawei-Vlanif10]ip address 192.168.1.1 24            //配置接口IP地址
[Huawei-Vlanif10]undo ip address                      //删除接口IP地址
```

◇ 显示相关配置信息

```
[Huawei]display current-configuration                 //显示当前已经生效的配置
[Huawei]display ip routing-table                      //显示路由表
[Huawei]display interface g0/0/1                      //显示指定接口
[Huawei]display ip interface brief                    //显示接口IP地址
[Huawei]display port vlan                             //显示交换机中各端口的VLAN配置
[Huawei]display vlan                                  //显示交换机VLAN信息
……
```

6.配置Telnet登录

目前，几乎所有企业级的智能型网络设备都支持Telnet协议，为了方便远程管理，网络设备的初始化配置可以启用Telnet服务器功能，并且配置相应的身份验证。

【做一做】

请观看“配置Telnet登录”操作视频或教师的操作演示，记录操作方法和步骤，然后在华为设备或eNSP模拟器中进行测试。

（1）网络拓扑

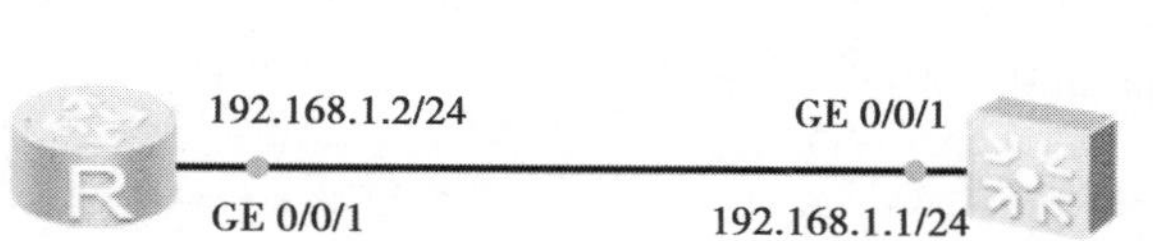


（2）配置交换机管理IP地址

```
<Huawei>sys
[Huawei]sysname SW1
[SW1]interface Vlanif 1                          //进入VLAN 1的虚拟接口
[SW1-Vlanif1]ip address 192.168.1.1 24           //配置管理IP地址
[SW1-Vlanif1]
```

（3）配置Telnet服务器

```
[SW1]user-interface vty 0 4                      //进入VTY用户界面视图
[SW1-ui-vty0-4]protocol inbound telnet           //配置VTY用户界面支持Telnet协议
[SW1-ui-vty0-4]authentication-mode password      //配置验证方式为password方式
[SW1-ui-vty0-4]set authentication password cipher Huawei@123   //配置验证密码
[SW1-ui-vty0-4]user privilege level 0            //配置Telnet登录默认用户级别
```

（4）配置路由器IP地址，确保路由器与交换机的IP地址可达

```
<Huawei>sys
[Huawei]sysname AR1
[AR1]interface g0/0/1
[AR1-GigabitEthernet0/0/1]ip address 192.168.1.2 24
[AR1-GigabitEthernet0/0/1]return
<AR1>ping 192.168.1.1
  PING 192.168.1.1: 56  data bytes, press CTRL_C to break
    Reply from 192.168.1.1: bytes=56 Sequence=1 ttl=255 time=30 ms
```

```
Reply from 192.168.1.1: bytes=56 Sequence=2 ttl=255 time=20 ms
Reply from 192.168.1.1: bytes=56 Sequence=3 ttl=255 time=10 ms
Reply from 192.168.1.1: bytes=56 Sequence=4 ttl=255 time=20 ms
Reply from 192.168.1.1: bytes=56 Sequence=5 ttl=255 time=20 ms
```

（5）使用Telnet登录到远程网络设备

```
<AR1>telnet 192.168.1.1                        //在用户视图中，使用Telnet登录
  Press CTRL_] to quit telnet mode
  Trying 192.168.1.1 ...
  Connected to 192.168.1.1 ...

Login authentication

Password:                                      //输入验证密码（该密码不回显星号）
Info: The max number of VTY users is 5, and the number
      of current VTY users on line is 1.
      The current login time is 2021-06-06 22:31:23.
<SW1>                                          //成功登录到SW1
<SW1>quit                                      //退出登录
Info: The max number of VTY users is 5, and the number
      of current VTY users on line is 0.
  The connection was closed by the remote host
<AR1>
```

[ 任务五 ]

NO.5

# 实现局域网的硬件连接

网络硬件连接是组建网络的基本要求，也是网络组建的关键步骤，本任务你将通过3个步骤学会局域网的硬件连接，即：

（1）根据组建要求规划局域网结构；

（2）根据规划好的网络结构铺设与制作线缆；

（3）将网络设备进行连接。

## 一、规划局域网结构

在组建局域网之初，首先应做好以下几个方面的工作。

◇确定网络结构；

◇确定信息点；

◇预算网络器件；

◇网络器件选型。

1.确定网络结构

这一步是至关重要的，它直接影响着组建网络时所准备的器材，网络的稳定性、可靠性及传输速度。

选择网络结构的原则：

◇在工作站较集中的环境下，最好选择星型结构；

◇在工作站比较分散的环境下，可以选择星型或无线网络结构；

◇在不适合布线的环境下，应选择无线网络结构；

◇在广场或其他空旷的环境下，应选择无线网络结构；

◇在网络稳定性要求很高的环境下，可选择环型结构（一般用在网络设备之间的连接，特别是核心层网络设备连接）。

**【做一做】**

组织学生到其他学校或城域网信息中心参观（也可上网查看我国一些大学和科研单位的网络），了解网络结构的设置情况，然后分析在下列环境下应采用什么样的网络结构。

| 有一所学校，有16个微机室，每间微机室内有50台计算机，16间微机室均集中在实验楼4楼，而学校信息中心在实验楼2楼，有服务器6台。请设计出组建这个局域网络的网络拓扑图，要求：先规划总的拓扑图，再对各部分进行细化。该校有很多学生想利用自带的笔记本电脑入网，你认为此网络在组建时应增添什么内容？<br><br>学校网络拓扑图: |
|---|

2.确定信息点

信息点的确定将影响网络综合布线的合理性，以及网络后期的使用，因此信息点确定的原则是：方便使用、合理布局。

信息点确定的依据是方便用户办公和使用网络。例如：对办公室来说，信息点应尽量接近办公桌，甚至信息点到桌面。这就决定了信息点的确定依赖于办公室或其他工作场所的办公设备布局。

在确定信息点时，除了保证所用设备中每台一个信息点外，应尽可能地考虑冗余，这样能使网络具有更好的稳定性；同时当某个信息点出现问题时，网络中有冗余，也不会影响到日常的工作。

**【做一做】**

（1）请参观本校所有教师办公室及实验室，找出各处不合理的信息点。

______________________办公室

不合理信息点共有__________处，分别是：__________ 原因：____________________

______________________实验室

不合理信息点共有__________处，分别是：__________ 原因：____________________

对于计算机较集中的场所，如微机室，应首先设计出设备的布局图，再确定计算机的信息点。

（2）请参观学校微机实验室，绘制出设备的布局图，并标出信息点的位置（不同微机室分别画图）。

________________学校微机室设备布局图及信息点位图：

（3）学校现需增加一个大的微机室，机房平面图如下图所示。请设计出多样化和人性化的设备布局图，并标识出信息点的位置。注意：一台计算机的操作空间不小于1 $m^2$，计算机台数不超过150台。同时要求在该机房内设计一个约20 $m^2$的办公设备工作室。

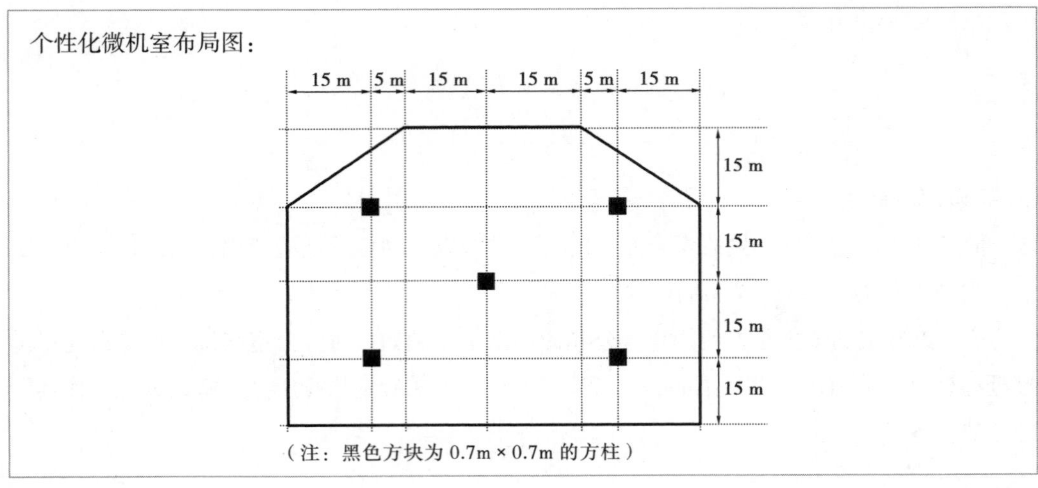

3.预算网络器材

根据设计的网络结构图和信息点数量及位置，便可预算所需要的网络器材。

以星型结构的网络为例，预算方法如下:

水晶头数量：信息点数量×2+可能的损耗（按5%以内计算）

双绞线数量：设备集中处所需线+设备分散处所需线+损耗（按5%以内计算）

设备集中处所需线=（最远设备所需线长+最近设备所需线长）/2×设备台数

此算法更多用于微机室及规则的楼层布线。

友情提示 JISUANJI WANGLUO JICHU YU YINGYONG YOUQINGTISHI 

- 使用双绞线布线时，单台设备之间的线缆长度不得超过100 M，否则建议使用室内光纤。

光纤数量计算方法与双绞线的计算方法一样。

光纤模块数量：所接设备数量×2。

电口交换机数量：双绞线连接设备数量总和/交换机端口数，再收尾取整。若使用多个交换机进行级联，则应注意计算交换机级联所损耗的端口数。

光口交换机数量：每个汇聚处光纤模块数量/交换机光口数量，再收尾取整，将所有汇聚处所需数量汇总即可。

配线架数量（双绞线/光纤）：与交换机同端口数量相同。

信息模块数量：信息点数量总和。

**【做一做】**

根据上面你所设计的个性化机房，若有3处这样的机房，并分布在3幢楼内，请为其确认各设备的数量，并做好相应的设备预算。

水晶头数量：________ 双绞线数量：________ 光纤数量：________ 光纤模块数量：________

电口交换机数量：______ 光口交换机数量：______ 配线架数量：______ 信息模块数量：______

4.网络器件及网络设备的选型

各种网络器材的选购请参考前面所讲内容，下面就交换机的选型做一陈述。

交换机的选型，主要取决于我们的网络结构的地理位置。首先要确定交换机所放置的位置，并测算出到达各信息点的距离，从而决定出光口和电口数量，按上面的方法即可计算出所需数量。但不同交换机，选型方法不一样，下面对核心交换机选型做简单介绍（汇聚层交换机与核心交换机选型一样，而接入交换机则按前面讲的要求选择即可）。

核心交换机与其他普通型交换机不同，它的配置可根据用户的需求不同而进行菜单式选择。例如：需要连接8条光纤、32条双绞线，则可以根据交换机的功能模块进行不同的选择（不同品牌核心交换机配置是不一样的，可根据说明书进行选配）。

方案1　交换机主机1台+主控模块1块（或2块）+冗余电源1个+8光口模块1块+24口电口模块1块+8口电口模块1块

方案2　交换机主机1台+主控模块1块（或2块）+冗余电源1个+8光口模块1块+48口电口模块1块

⋮

**【做一做】**

请在网上下载华为6500系列交换机产品说明书，按说明书内容为用户选配核心交换机。

| 用户要求：交换机稳定，有13个光纤口，39个千兆电口。<br>方案1：<br><br>方案2： |
|---|

## 二、铺设与制作线缆

有关网络的布线方法以及铺设，请参考模块一中的综合布线内容，下面对各种接头的制作进行介绍。

1.双绞线线序排列

在制作双绞线时，一定要注意双绞线中的线序排列。

**【做一做】**

为每个学生发一根做好的双绞线（注意：尽量准备不同标准的线），请学生对两端的线进行观察，然后请几位代表在黑板上填写下面的内容。

| 你手中制作好的双绞线的线序是：<br>第一端：<br><br>另一端： |
|---|

**友情提示**　JISUANJI WANGLUO JICHU YU YINGYONG　YOUQINGTISHI

- UTP线一共有4组，每一组由两根线组成，一根是有色线，另一根是白线（其上有一些与同一组有色线颜色相同的小色点）。两根线按一定工业标准相互缠绕，形成双绞；同时，4组双绞线也按一定工业标准相互缠绕，形成组与组之间的双绞。

结论：在双绞线的布线中，一般都按568布线标准进行，这种标准分为EIA/TIA 568A、EIA/TIA 568B 两种，如下表：

| EIA/TIA 568A | | | EIA/TIA 568B | | |
|---|---|---|---|---|---|
| 线序 | 组别 | 色彩 | 线序 | 组别 | 色彩 |
| 1 | T3 | 白绿 | 1 | T2 | 白橙 |
| 2 | R3 | 绿 | 2 | R2 | 橙 |
| 3 | T2 | 白橙 | 3 | T3 | 白绿 |
| 4 | R1 | 蓝 | 4 | R1 | 蓝 |
| 5 | T1 | 白蓝 | 5 | T1 | 白蓝 |
| 6 | R2 | 橙 | 6 | R3 | 绿 |
| 7 | T4 | 白棕 | 7 | T4 | 白棕 |
| 8 | R4 | 棕 | 8 | R4 | 棕 |

在布线时，一般用EIA/TIA 568B标准，即双绞线的两端都按照以下线序排列：

| 1脚 | 2脚 | 3脚 | 4脚 | 5脚 | 6脚 | 7脚 | 8脚 |
|---|---|---|---|---|---|---|---|
| 白橙 | 橙 | 白绿 | 蓝 | 白蓝 | 绿 | 白棕 | 棕 |

通常情况下，双绞线两端都按568B标准制作时，该双绞线称为直通线或平行线，即两端线序相同。它主用于以下设备之间的连接：

◇计算机与交换机普通口连接；

◇交换机普通口与另一交换机级联口连接。

如果双绞线的两端分别按568A和568B标准制作时，该双绞线称为交叉线，即568A的1、2、3、6脚对应568B的3、6、1、2脚。它主要用于以下设备之间的连接：

◇计算机与计算机的连接，也称为双机互连；

◇交换机普通口与另一台交换机普通口的连接；

◇交换机级联口与另一台交换机级联口的连接。

交叉线制作的具体线序如下（若将线的两端分为A端和B端）：

B端（采用568B标准）

| 1脚 | 2脚 | 3脚 | 4脚 | 5脚 | 6脚 | 7脚 | 8脚 |
|---|---|---|---|---|---|---|---|
| 白橙 | 橙 | 白绿 | 蓝 | 白蓝 | 绿 | 白棕 | 棕 |

A端（采用568A标准）

| 1脚 | 2脚 | 3脚 | 4脚 | 5脚 | 6脚 | 7脚 | 8脚 |
|---|---|---|---|---|---|---|---|
| 白绿 | 绿 | 白橙 | 蓝 | 白蓝 | 橙 | 白棕 | 棕 |

**友情提示** JISUANJI WANGLUO JICHU YU YINGYONG YOUQINGTISHI

- 线序排列的方向应是：将线的外胶皮剥去后，将绞在一起的线理顺，然后左手握线，让线平铺，并用大拇指和食指将线拧紧，线头向上，从左至右的线序。

2.制作双绞线RJ-45接头

首先准备好以下的器材及制作工具。

器材：RJ-45接头（又称水晶头）若干，UTP（非屏蔽双绞线）按需准备，HUB（集线器）按需配置（在需要时可用交换机代替HUB），RJ-45接头皮套。

工具：压线钳（UTP专用），剥线钳，校线器。

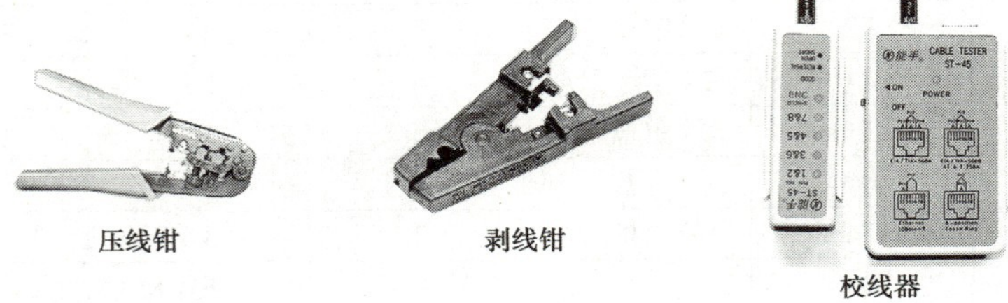


压线钳　　剥线钳　　校线器

制作双绞线

【做一做】

（1）请观看“制作双绞线”的操作视频或教师的操作演示，结合下面知识窗中制作双绞线的步骤，完成下面的任务。

按制作步骤的顺序，给下列图片编号。

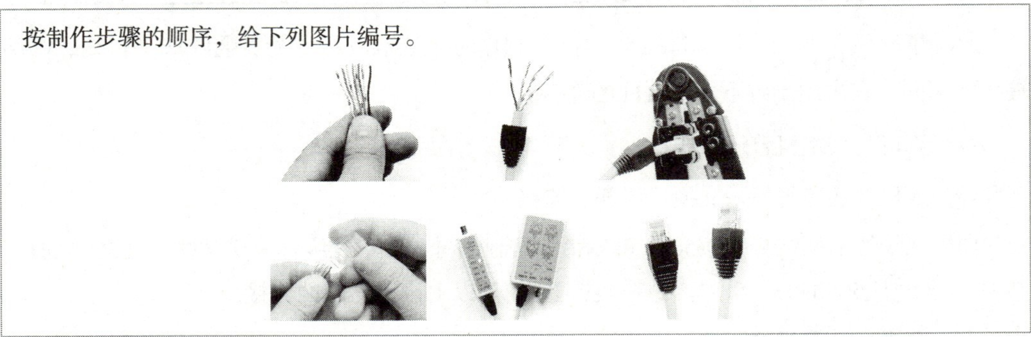

（2）为每个同学发两根1 m长的双绞线，水晶头4个，以小组为单位发做线工具一套。制作完成两根EIA/TIA 568A、EIA/TIA 568B的双绞线，并写下出现的问题。

出现的问题：

## 知识窗

JISUANJI WANGLUO JICHU YU YINGYONG

ZHISHICHUANG

- 制作双绞线的步骤如下：

①将RJ-45接头皮套套入双绞线上，注意方向。

②用剥线钳剥掉适当长度的双绞线外胶皮（大约2.5 cm）。注意：在这个过程中不要剥得太短，不然会增加排线的难度，因为超5类或6类线都有一定的硬度。

③按照以上介绍的线序将双绞线排好。注意：排线时一定要将每一根线拉直，不要有弯曲的现象。另外若有排错线，在错线处一定要将线放平直。

④用斜口钳将排好线序的线剪整齐。注意：整个露出胶皮的线的长度，一般只需留到与RJ-45头长度稍短即可（约2 cm）。

⑤左手握线，并让线头向上；右手拿RJ-45头，RJ-45头正面向上；将线头插入RJ-45头内，可以稍用力。达到要求的标准是：当正确插入到位后，应看到每一根线排列整齐；线头全部到达RJ-45头的顶部，且线头无参差不齐的现象；剥去胶皮的双绞线已全部进入RJ-45头内；线序没有错。若没达到要求，应将线从RJ-45头内取出，重复步骤③~⑤。

⑥用压线钳将RJ-45头与线压紧。注意：若压线钳有多接头压口时，应选择RJ-45头的那一个压口。

⑦检查RJ-45头内的金属压片是否都已压入线内。若没完全压入，可再压一次。一般来说只要听到"咔嚓"声，就表明压线到位。

⑧将接头皮套往RJ-45头方向推，直到其完全套住RJ-45头。

⑨重复以上步骤，将另一端制作完成。

⑩使用校线器测试线是否制作成功。

友情提示　JISUANJI WANGLUO JICHU YU YINGYONG YOUQINGTISHI

- 校线器由两个部件组成，稍大的一个部件自带9 V电源，另一个部件不带电源。测试方法是：将校线器带电源的部件接双绞线的一端，不带电源的部件接另一端，打开校线器电源，在不带电源的部件上就有绿色的信号指示灯依次闪烁。若发现有某一组或某一根线（有的校线器是按组测试，有的是按线序测试）对应的信号灯不闪烁或出现红色，表明这一组或这一根线没有接好，需要重新制作。若每组或每根对应的绿色信号灯依次闪烁，表明制作成功。

3.端接光纤

光纤端接的方式在布线项目的设计阶段和产品选型时必须考虑，不同的光纤端接方式也各有利弊。

光纤端接方式有两种：纤对纤和纤对接头。纤对纤是指铺设光纤与在工厂已端接了一端光连接器的尾纤相连接，这种情况分两种方式：熔接和机械接续。纤对接头是指铺设光纤与光连接器直接相连接，也大致分两种方式：黏合剂/打磨和非现场打磨。光纤端接都必须是经过专业培训的技术人员，并用现场测试设备。

**【做一做】**

到网络公司的技术部，请技术人员讲解光纤的端接方法（有条件的，可以演示这些过程）。若条件不成熟，可以上网查询一些关于光纤端接的图片及视频资料，然后完成以下任务。

| 端接光纤的操作图片请贴于此处（不同方法请进行标注）：<br><br>不同方法端接光纤的步骤，请贴于下方：<br><br> |
|---|

4.制作信息模块

首先准备好以下的器材及制作工具。

器材：非屏蔽信息模块，UTP（非屏蔽双绞线），按需准备其他辅助配件。

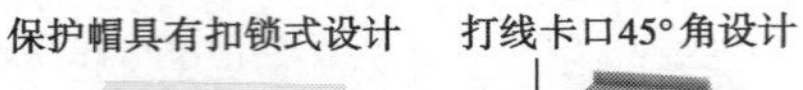

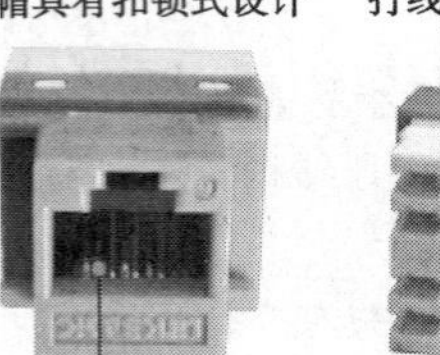

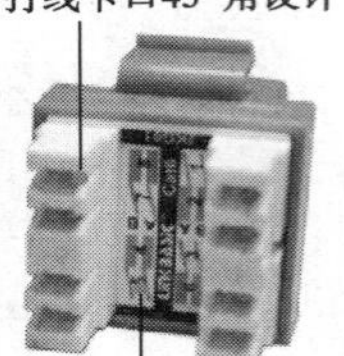


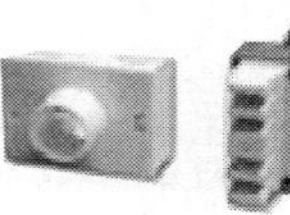
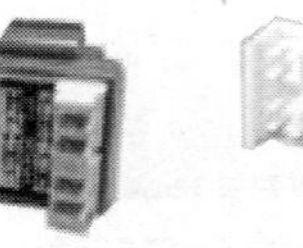

非屏蔽信息模块

工具：剥线钳、打机钳。

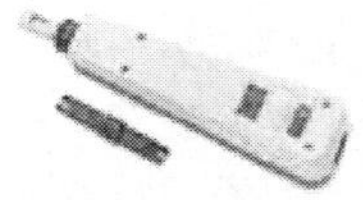
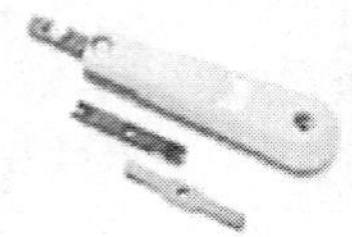
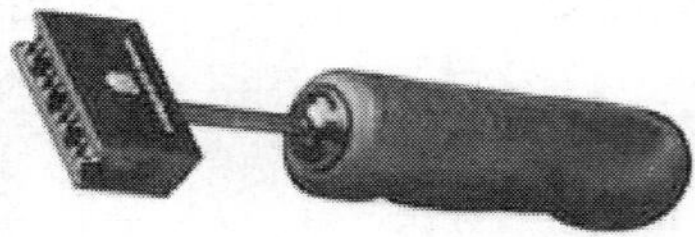

信息模块制作

【做一做】

为每一位同学发一套信息模块和线缆（包括配套的信息盒），请观看“信息模块制作”操作视频或教师的操作演示，并结合下面知识窗内讲解的步骤完成下面的任务。

（1）按操作步骤给下列图片编号。

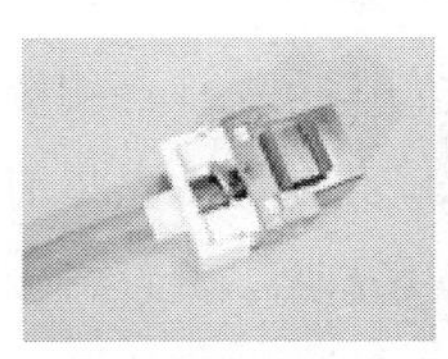
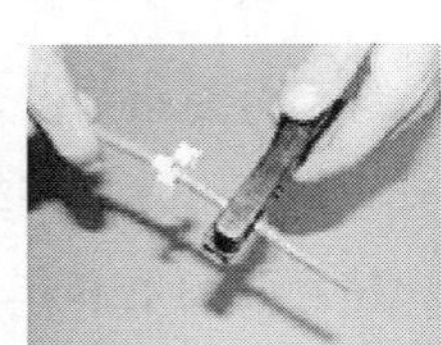
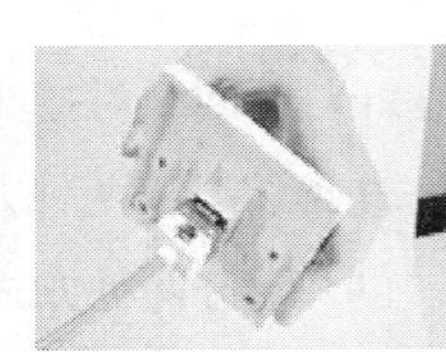
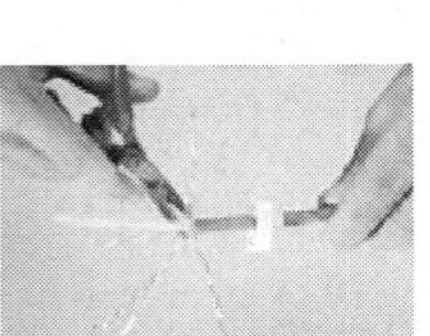
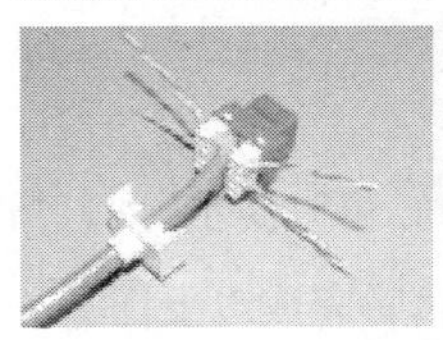
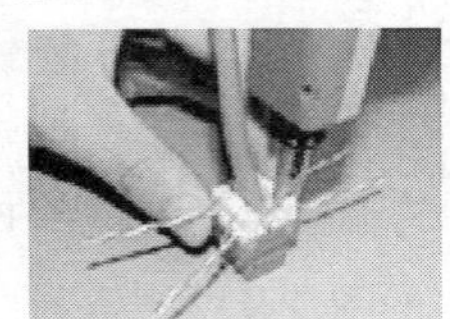
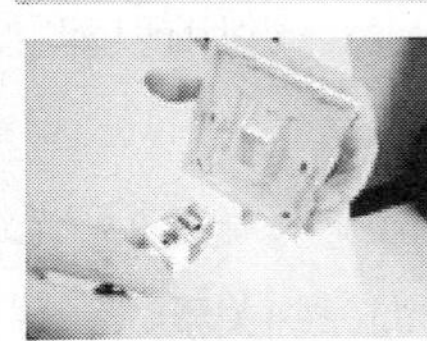
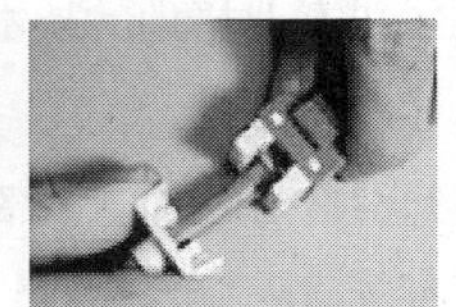

（2）请根据记录的步骤完成信息模块的制作和信息盒的安装，并记下在制作过程中出现的问题和疑问。

问题和疑问：

知识窗 JISUANJI WANGLUO JICHU YU YINGYONG ZHISHICHUANG

- 信息模块制作

步骤如下:

①根据实际距离剪取一根双绞线。

②用普通压线钳削去一端的外层包皮，长度约2.5 cm（要比制作RJ-45接头时长）。

③根据每个节点的排线顺序，将一根导线放入对应的一个节点上。注意：为了制作的方便，一般是先制作模块里面的节点，再依次制作外面的节点。

④用信息盒压线钳将已放好的一根导线压入节点的金属卡片中。注意：压线钳头部的方向，用力将导线压入模块中，听到一声清脆的“咔嚓”声即表示压制成功。其他7个节点用同样的方式压制。

⑤全部完成后进行检查。根据相关的排线顺序用万用表逐个检查每根导线的连通性。

- 信息盒安装

信息盒的安装分为模块与信息盒面板之间的安装和信息盒在墙壁上的固定两个部分。

步骤如下:

①核对好模块与面板之间的位置。

②模块装入面板的方向一定要正确，否则信息盒安装好后双绞线的连接头无法插入。许多信息盒为了防水、防尘在面板前面安装一个弹片，当没有插入相应接头时，这个弹片会自动堵住入口，对信息盒中的模块起到了一定的保护作用。

③将模块放入面板的安装口内，然后用手将模块用力压入面板中，直到听到“咔嚓”的声音为止。

④将双绞线接入信息盒。

⑤确定线路正确后将信息盒固定在墙壁上。

5.安装配线架

（1）配线架的端接

端接配线架的方法与安装信息模块大致相同，首先制作好配线架上各信息模块，然后将信息模块安装到配线架上，最后将配线架固定到机柜上。当然应规范好所有的网络线缆，如下图所示。

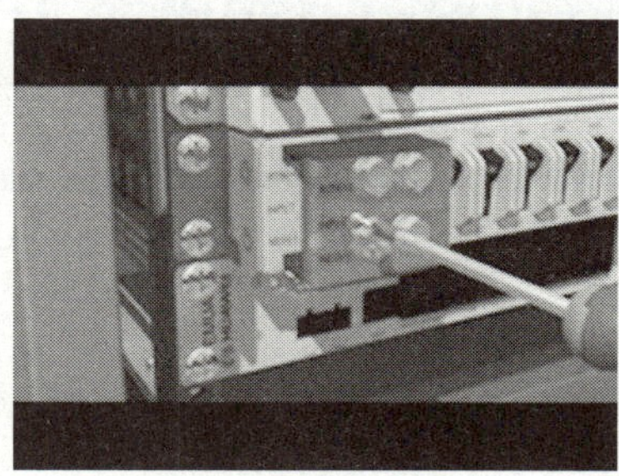

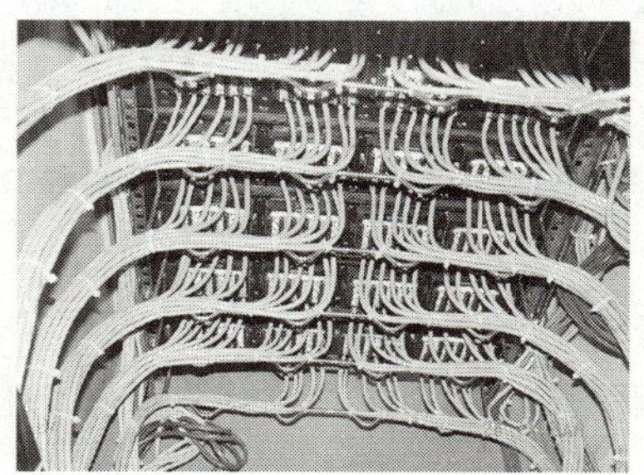

**友情提示** JISUANJI WANGLUO JICHU YU YINGYONG YOUQINGTISHI

- 端接配线架后应将多余的线盘绕，保存在配线架背后。为了美观，每根线在端接前应使用标尺确保端接后保留的预留长度相同。这样做便于以后维护工作。例如：
  - ◇端接时伸出配线架的双绞线，维护时还需要让它再次伸出配线架。
  - ◇模块端接有问题，需要重新端接，可以剪去该端接的部分，用预留线缆重新端接。
  - ◇预留线缆可以弯曲成一定的形状，使其对模块的端接处产生压力，避免端接线缆因受拉力而造成接触不良。

（2）规范机柜内的线缆

端接配线架后，安装是在线缆托架上完成，具体做法如下：

①将理顺的双绞线垂直盘绕成环形，其高度为2 U（约80 mm）。

②将尼龙扎带穿过配线架后侧线缆托架上的对应孔中，然后将环状线的底端分叉处绑扎在托架上。注意：绑扎以固定为目的，不可过紧，以免影响传输性能。

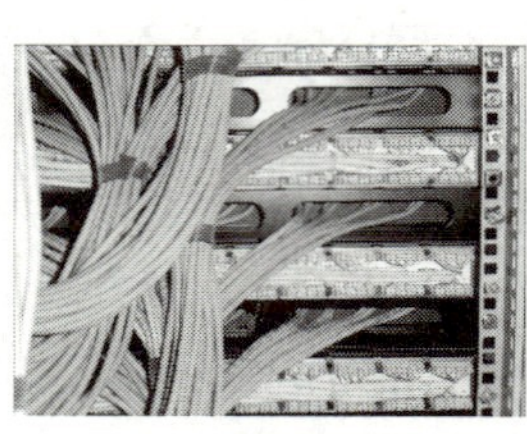

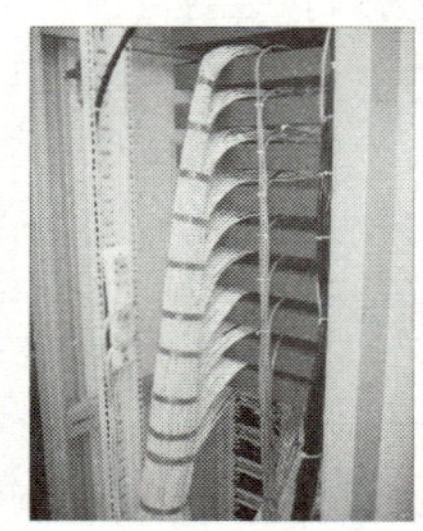

③重复①、②步，直到一个24口的配线架后侧的预留双绞线全部绑扎完毕。

④将双绞线环理成垂直状态，尽可能保持同一角度。由于双绞线自身的反弹性，不可能做到完全一致。

⑤一个机柜内的所有配线架端接安装完成后，盖上机柜的后盖。

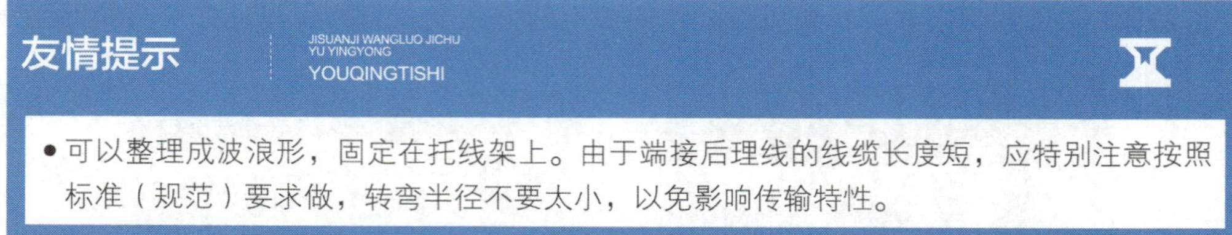

**友情提示** JISUANJI WANGLUO JICHU YU YINGYONG YOUQINGTISHI

- 可以整理成波浪形，固定在托线架上。由于端接后理线的线缆长度短，应特别注意按照标准（规范）要求做，转弯半径不要太小，以免影响传输特性。

## 三、连接网络设备

网络设备的连接都是通过双绞线或光纤进行，因此可以通过两个方面来认识网络设备的连接。

◇各种接头与设备的连接方法；

◇不同设备间的连接方法。

下图是双绞线和光纤与设备的连接。

**【做一做】**

参观学校的信息中心，请信息中心网络管理员演示双绞线和光纤与设备的连接过程，然后将方法总结出来。

| 双绞线与设备的连接方法：<br><br>光纤与设备的连接方法：<br><br> |
|---|

不同设备间的连接主要涉及以下几个方面：

◇计算机与交换机连接；

◇交换机与交换机连接；

◇交换机与路由器连接；

◇防火墙的连接；

◇交换机与配置架连接。

计算机与交换机连接一般采用下图的方式：计算机→信息模块→配线架（跳线架）→交换机。

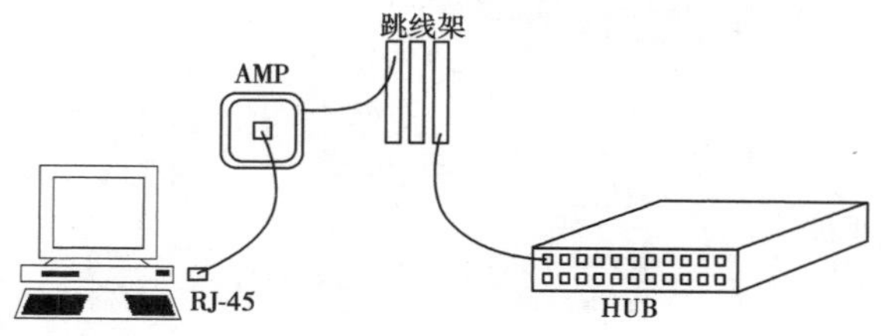

交换机与交换机连接有两种方式：级联方式和堆叠方式，如下图所示。

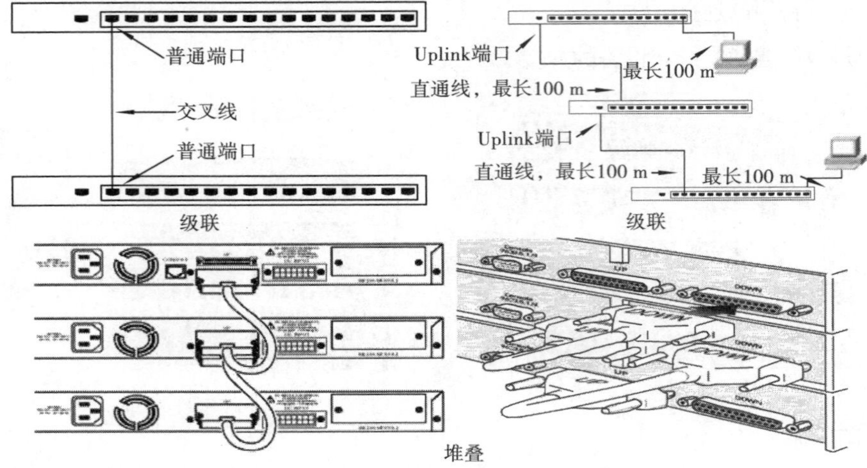


交换机与路由器连接，路由器的以太网口连接交换机的普通口即可。原则上，交换机都与防火墙相连接，只有当没有防火墙时才直接与路由器相连接，但这样做是不安全的。

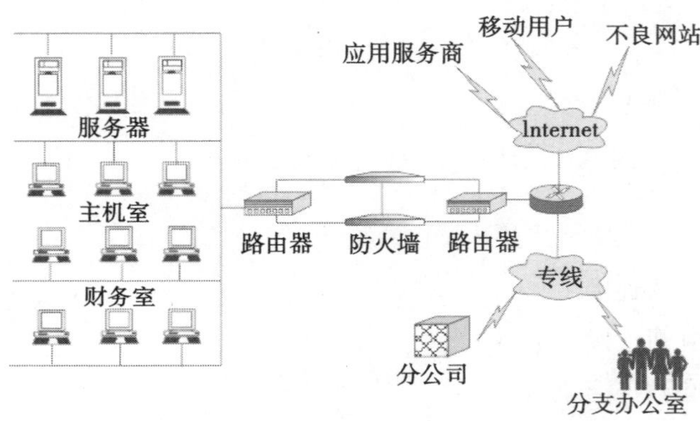


防火墙的连接比较复杂，这与防火墙的安全区域有关，不同安全区域可以连接不同的设备，如下图所示。

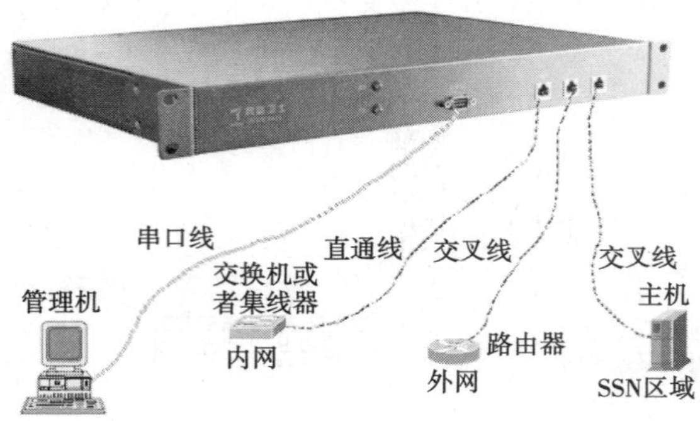

配线架与交换机的连接只需要一条跳线，跳线的一端连接配线架，另一端连接交换机即可。

综上所述，各网络设备的连接可用下图清晰表示出来。

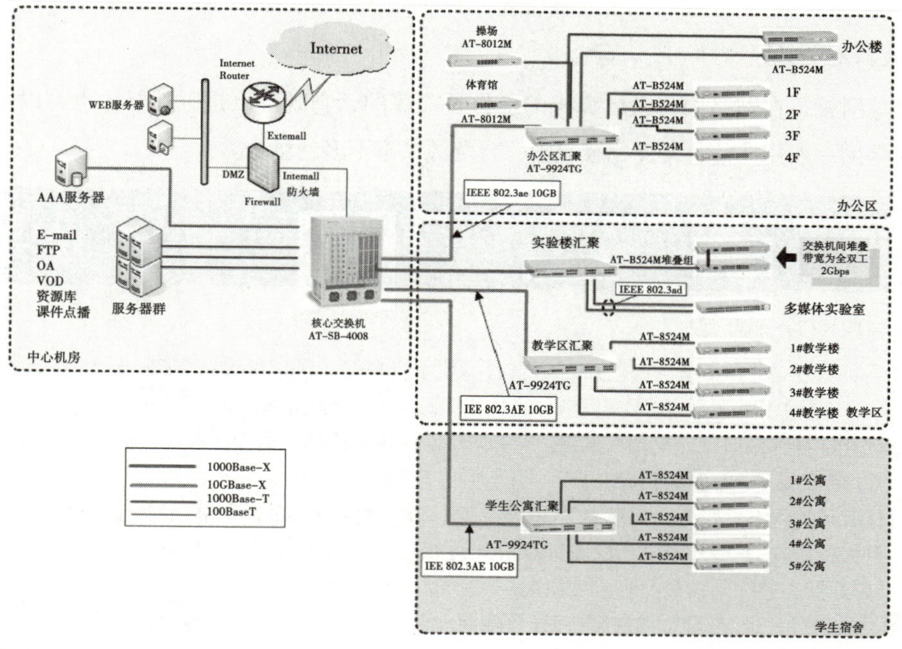


**【做一做】**

根据你以前参观所见到的，分别列出你校在网络设备连接方面的情况。

| 拥有的设备：<br><br>连接情况说明（可以是图片形式）： |
|---|

[ 任务六 ]

NO.6

# 组建简单网络（对等网）

在实际应用中，由于资金或需求等原因，没有必要建立一个很完备和成熟性很高的局域网，有时只需要达到资源共享和信息传递的目的即可。这个时候，组建对等网是最好的选择。

本任务中，你将学会组建一个实用的对等网络，须涉及组建对等网的两个层面：

（1）对等网硬件的准备；

（2）安装与配置对等网络软件。

## 一、认识对等网

对等网就是在网络中每台计算机的地位是平等的，它既可以是服务器，也可以是工作站。对等网一般用在信息传递比较有限，且资源共享不多的场合。

### 知识窗

JISUANJI WANGLUO JICHU YU YINGYONG

ZHISHICHUANG

- 对等网的优点

①容易实现，便于操作。在建立对等网时，只需要准备基本的网络设备（如网卡、集线器和线缆。若是总线拓扑结构，只需网卡和连接线缆即可）和具有网络功能的操作系统。

②使用的操作系统比较简单和熟悉。对等网可以使用比较熟悉的操作系统来实现，如Windows XP、Windows 7 / Windows 10等。

③比其他的网络具有更大的容错性。当某一台计算机发生故障时，网络中的其他计算机不会受到大的影响，只是不能访问故障计算机上的资源。但在工作站/服务器的网络中，当服务器出现故障时，整个网络都不能正常工作。

④投入的资金少。在建立这种网络时，不需要一台专用的服务器和一套专用的网络操作系统，这就在很大程度上节约了经费。

⑤要求的网络技术相对较低。对于一个没有专业网络管理员的部门来说，建立这种网络是最简单实用的。

- 对等网的局限性

①在对等网中，存在的最大问题就是用户必须保留多个口令（因为访问不同的资源可能需要不同的口令），口令一旦忘记就不能访问相应的资源。

②每一个网上用户都充当着网络管理员角色，他们能定义自己的用户名、口令以及自己计算机上资源的访问权限，但并不是每一个用户对网络资源的管理都符合安全要求，这使得网络管理混乱，也不便资源的安全统一管理。

③资源查找比较麻烦。由于网上的资源是分散存储的，要找到自己想要的资源就可能要找完不同工作组的所有计算机。

④网络的性能受很大的影响。在对等网络中，操作系统大多适合于单用户使用，当有用户通过远程登录到某台计算机上共享资源时，这台计算机就要做多用户的处理工作，这使得这台计算机的运行速度等性能受到影响。

⑤资源的可用性与其所在计算机的可用性有关。也就是说，当某台计算机被关掉（或发生故障）时，这台计算机上的资源就不能使用。

⑥网络的可扩展性较差。在网络中的计算机不会通过某种方式集中管理配置，要在网络中增加计算机，就要对这台计算机进行单独设置和管理。

**【做一做】**

阅读上面对等网的相关知识，完成下列表格。

| 指　标 | 优/缺点 | 常见情况 |
|---|---|---|
| 实现方法 | □简单　□复杂 | |
| 使用操作系统 | □简单　□专用　□定制　□熟悉 | |
| 容错性 | □差　□好 | |
| 投入 | □多　□一般　□少 | |
| 技术要求 | □高　□低　□有一定要求 | |
| 安全性 | □高　□低　□还可以 | |
| 管理员 | □专门网管员　□无需网管员 | |
| 资源管理 | □比较集中　□比较分散 | |
| 可扩展性 | □好　□一般　□差 | |
| 资源的可用性 | □可靠　□一般　□差 | |

## 二、准备网络硬件

组建对等网之前，一定要认识到组建的前提条件，即：计算机相对较少，资源不需要集中管理，相互间经常有信息传递及资源共享。

组建对等网时，根据计算机的多少，组建的方式是不同的，需要的设备也不相同，主要涉及以下几种情况：

①家中两台计算机要进行联网共享资源；

②办公室中几台计算机需要联网共享资源；

③一个较大网络中的2台计算机需要直接使用彼此的资源。

最简单的是③，不需要准备硬件，只需在2台计算机上进行一些必要的配置即可。

对于①，需要准备的硬件有：2块网卡+1根能连接到2台计算机的网线+2个水晶头。

对于②，根据计算机的数量进行准备。

**【做一做】**

针对②，若办公室面积为30 $m^2$，有计算机13台，组建星型结构的对等局域网络，请根据需要填写下表。

| 设　备 | 数　量 | 设备要求说明，若不需要请说明原因 |
|---|---|---|
| 网　卡 | | |
| 双绞线 | | |
| 交换机 | | |
| 路由器 | | |
| 防火墙 | | |
| 水晶头 | | |
| 光　纤 | | |
| 信息模块 | | |
| 信息盒 | | |

续表

| 设　备 | 数　量 | 设备要求说明，若不需要请说明原因 |
|---|---|---|
| 跳　线 | | |
| 配线架 | | |
| 机　柜 | | |
| 设备准备好之后，按前面所讲的方法，将各设备进行连接形成网络的硬件结构。请将其连接结构简图画在下面。 | | |

## 三、安装与配置网络软件

硬件安装完成后，组建工作就进行了一半，接下来的工作是软件的配置。对等网中所有的计算机在网络软件配置上是一致的，遵循以下规律和步骤：

①安装网卡驱动程序；

②安装配置网络客户；

③安装配置网络服务；

④安装配置网络协议；

⑤实现资源的共享和权限设置；

⑥访问网络中的资源。

1.安装网卡驱动程序

在Windows 10操作系统下，安装网卡驱动程序非常简单，当网卡插入计算机后开机时，系统会自动提示你找到新硬件，并且引导你完成安装工作。

**【做一做】**

请观看教师演示的安装网卡驱动程序操作过程，完成下面的任务。

（1）在操作过程中，请记录下安装网卡驱动程序的关键步骤：

①

②

③

④

⑤

（2）请根据记录的步骤，为实验用的计算机安装好网卡驱动程序，并回顾以上所记录的步骤，对步骤进行必要的修改。

**友情提示** JISUANJI WANGLUO JICHU YU YINGYONG YOUQINGTISHI

- 很多网卡驱动程序是Windows 10操作系统自带的，当安装操作系统后或插入网卡后，系统会自动将驱动程序安装到计算机，无需用户参与安装操作过程。

2.安装与配置网络客户、服务和协议

在Windows 10系统中，大多网络客户、服务与协议在安装完操作系统后都自动安装完成。若用户有特殊的需求，可以通过右击右下角的网络本地连接图标，在弹出的快捷菜单中选择“打开网络和共享中心”，然后单击本地连接，选择本地连接“属性”，通过弹出窗口的“安装”按键来实现安装网络客户、网络服务以及网络协议。

【做一做】

请观看“安装网络协议”操作视频或教师的操作演示，按操作顺序为下列5个安装配置图编号。

安装网络协议

友情提示

JISUANJI WANGLUO JICHU
YU YINGYONG
YOUQINGTISHI

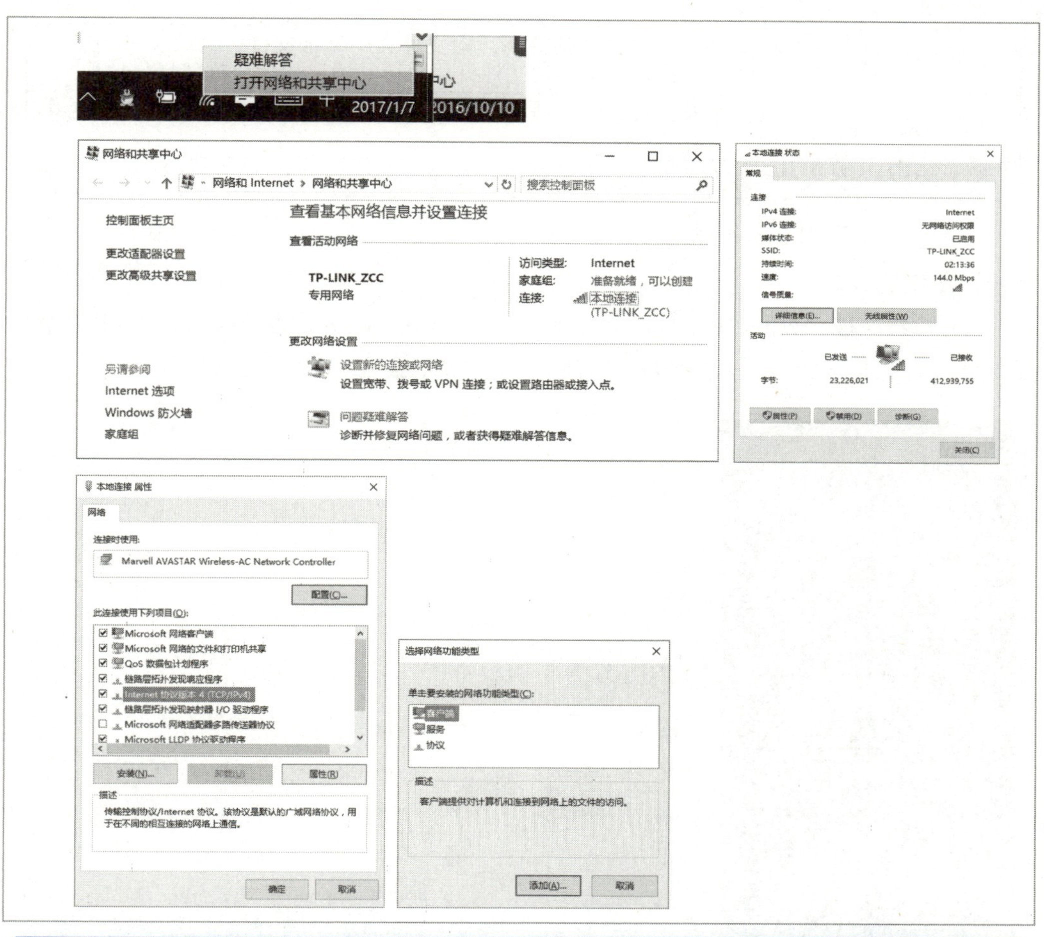

- 在安装客户端时应安装“Microsoft网络客户”，服务应安装“Microsoft网络的文件和打印机共享”。
- 很多时候在安装完成网卡驱动程序后，系统会自动安装“Microsoft网络客户”“Microsoft网络的文件和打印机共享”以及“TCP/IP”协议，这时我们可以减少这些操作步骤，只需做一下正确性检查即可。

3.实现资源的共享和权限设置

在此步操作中，首先应明确哪些网络资源是可以共享的，哪些是不能共享的，能共享的资源别人使用时应当具有哪些权限。

通常情况下，以下资源可以共享：外部存储设备（如硬盘、软盘、光盘等，当然包括其中某个具体的文件夹），外围设备中的部分设备（如打印机、绘图仪等）；权限有:“读取”“更改”“完全控制”。

| 权限类别 | 访问权利 |
| --- | --- |
| 完全控制 | 修改文件权限，获得文件的所有权，执行“修改”和“读”权限允许的操作更改 |
| 更　改 | 在共享文件夹中创建新文件夹，向文件夹中添加文件，修改文件内容，修改文件属性，删除文件和文件夹，执行“读”权限允许的操作读取 |
| 读　取 | 显示文件夹及文件名称，查看文件的内容，运行应用程序文件，改变共享文件夹中的文件夹名称 |
| 共享文件夹的权限具有权限累积特性和“拒绝”权限超越其他权限的特性 | |

实现资源共享和权限设置的步骤大致如下:

①关闭防火墙

打开控制面板，双击“Windows 防火墙”，在“Windows防火墙”对话框中选择“启用或关闭Windows防火墙”，然后选择“关闭Windows防火墙”。

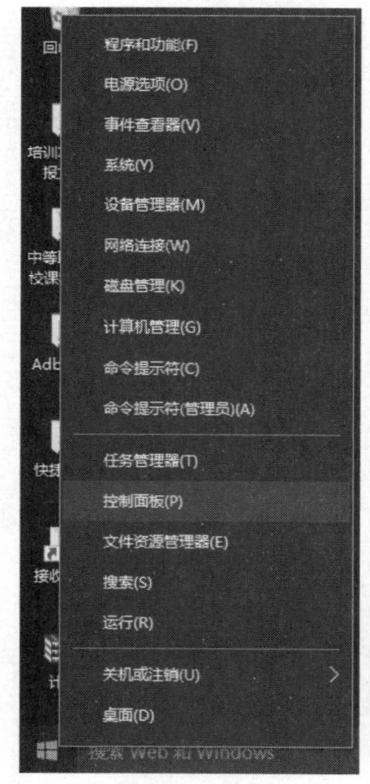

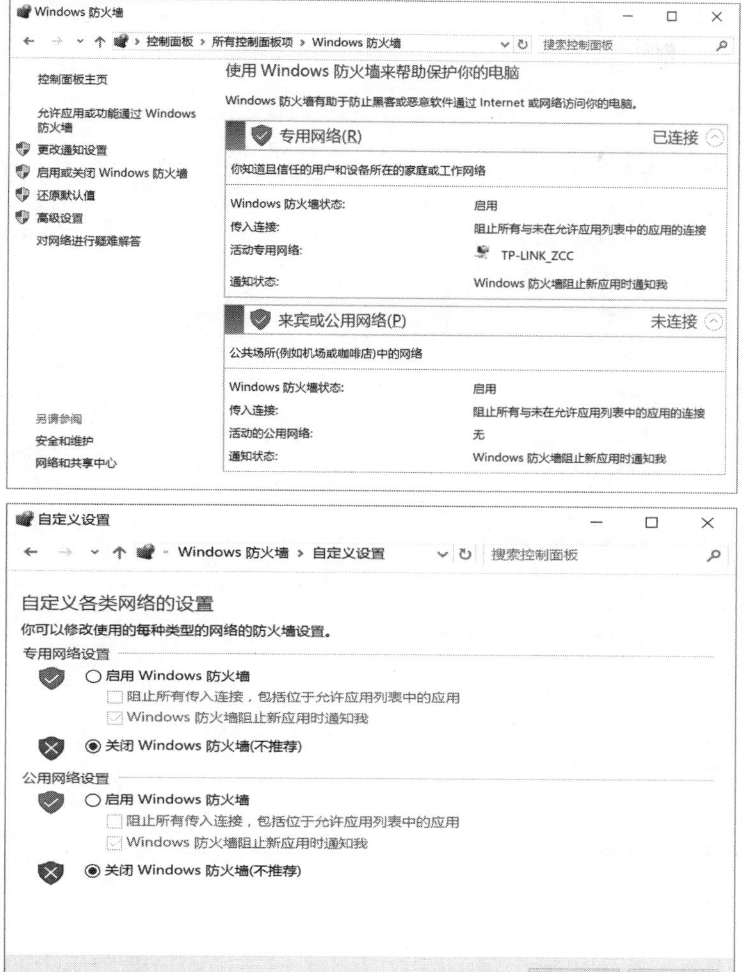

②启用共享发现，并关闭“密码保护共享”，单击“确定”按钮。

③找到需要共享的文件夹，右击该文件夹，在弹出的快捷菜单中选择“共享”→“特定用户”。

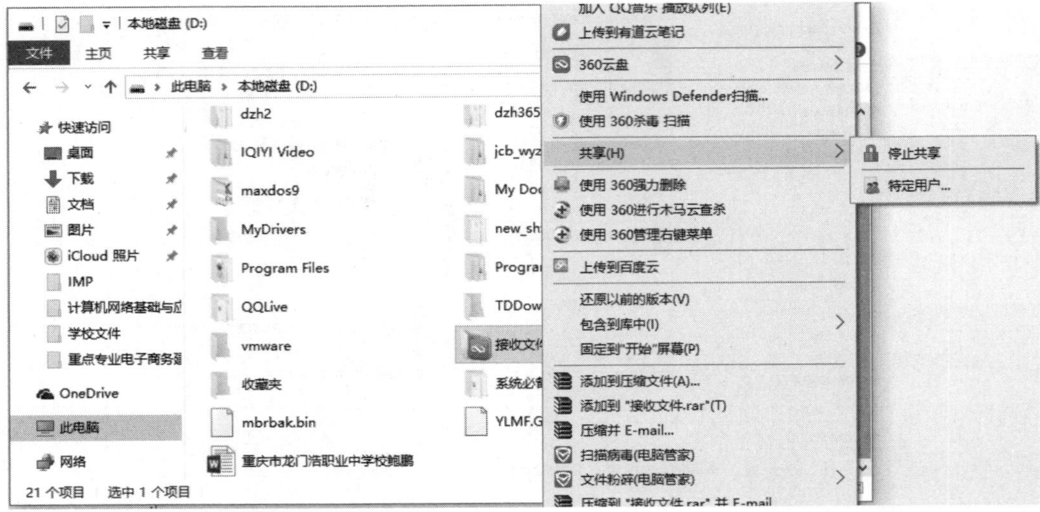


④选择用户，并设置权限，如“Everyone”→“读取/写入”。

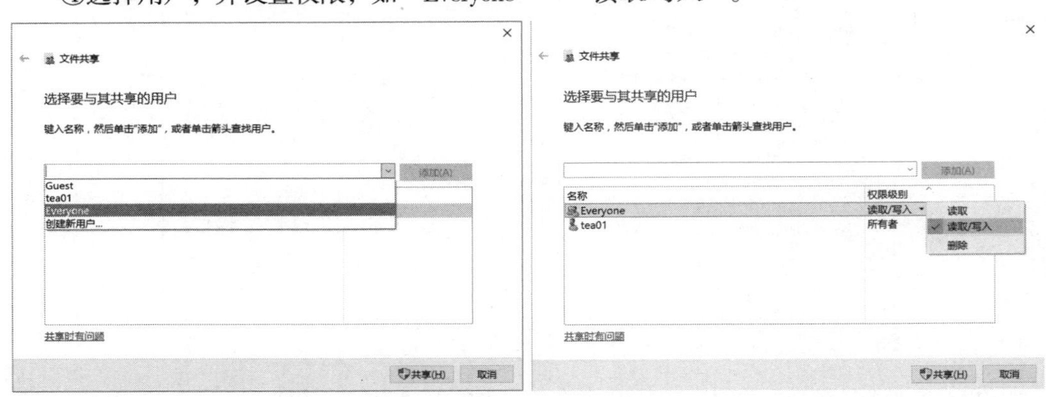


⑤测试本机设定共享成功。按快捷键“Win+R”，调出“运行”窗口，输入：\\本机IP地址（如\\10.158.25.2），单击“确定”按钮，看到共享的文件夹，即共享成功。

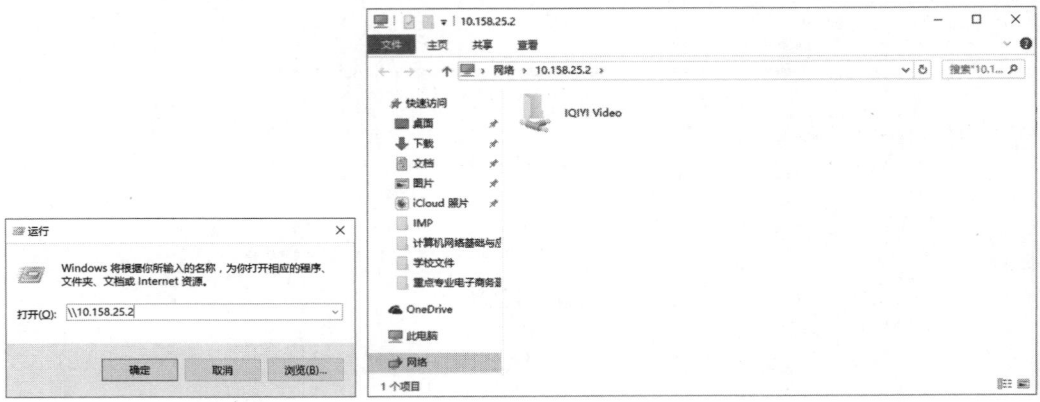

⑥其他方式访问网络共享。右击“我的电脑”，在弹出的快捷菜单中选择“映射网络驱动器”选项，在对话框中填写网络共享文件夹路径。

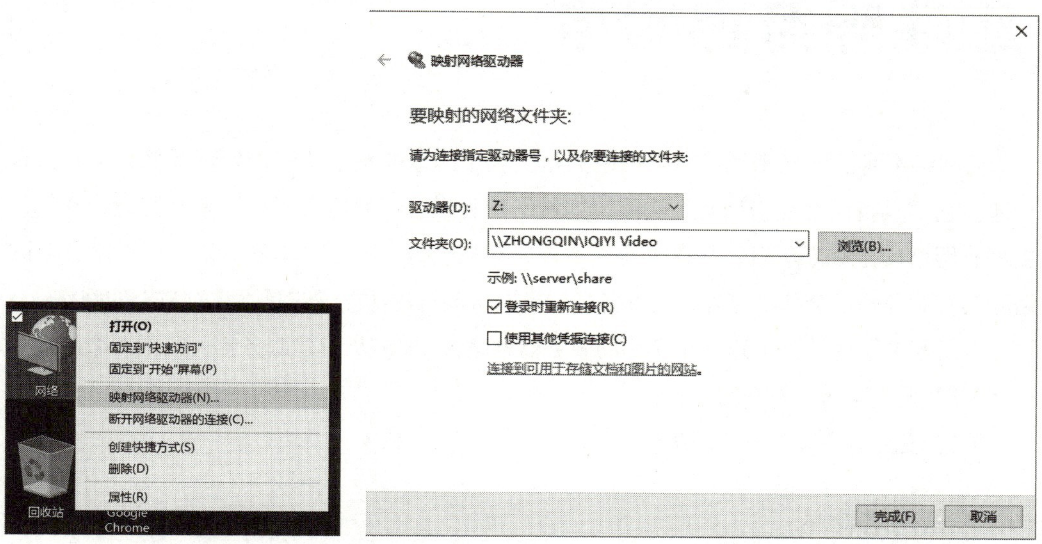


⑦添加映射网络驱动器成功后，共享的文件夹以一个硬盘的符号出现在网络位置上，你就可以像使用本地硬盘一样，使用该盘里的内容。

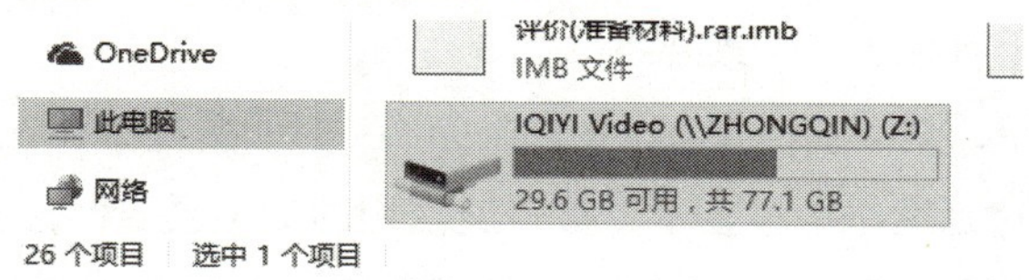


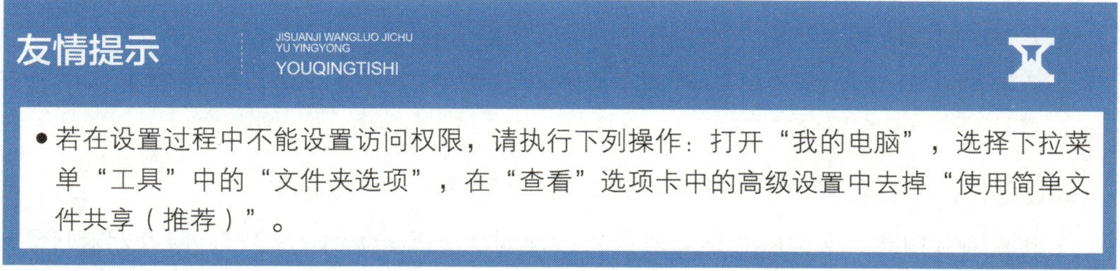
友情提示

JISUANJI WANGLUO JICHU YU YINGYONG

YOUQINGTISHI

- 若在设置过程中不能设置访问权限，请执行下列操作：打开“我的电脑”，选择下拉菜单“工具”中的“文件夹选项”，在“查看”选项卡中的高级设置中去掉“使用简单文件共享（推荐）”。

**【做一做】**

在网络实验室里，两个人一个小组，组建属于自己的局域网，并分别共享一些资源。试着访问一下，看是否正常，完成后自行设计实验报告，并粘贴在下面。

组建对等网实验报告：

[ 任务七 ]

NO.7

# 组建服务器网络

从网络本身的含义来说，对等网络只是实现了网络的基本功能，如资源的共享和信息传递，它不具备网络应当拥有的功能，如网络的管理、用户定义等；没有所谓的管理员，更没有网络安全级。所以，从这个意义上说，它只能是一种“简单的网络”。而服务器网络除具有对等网的全部功能外，还具备了对等网所没有的功能，它是真正意义上的网络。

本任务中你将学会组建一个实用的服务器网络，主要涉及组建服务器网络的两个层面：

（1）服务器网络硬件的准备；

（2）安装与配置服务器网络软件。

## 一、准备网络硬件

服务器网络是指在网络中至少有一台服务器，主要作用是为其他的工作站提供网络资源和网络服务，可以说它就是网络的中心，所有的信息都要通过它才能传递。服务器网络在安全、性能和管理上都优于对等式网络。

根据服务器的作用，其类型可分为：文件服务器、打印服务器、应用程序服务器。

◇文件服务器　这是网络中最基本、最普遍使用的专用服务器，它是网络的中心，所有的信息和网络资源都由它集中管理。相对客户机来说，它有许多优点：

①集中定位。所有客户集中共享一个恒定的文件服务器。

②数据的一致性存档。当某些文件或者数据需要存档时，可以通过服务器一次性完成。

③速度快。一般来说，文件服务器比客户机性能更好，速度更快。

④电源调节功能。文件服务器一般都有这样的功能:当电源不连续时，服务器能自动地保护数据。

◇打印服务器　这种服务器可以在网络中共享和管理打印机。也就是说，在网络中的某一台计算机上安装一台（或多台）打印机，将其共享，为其他没有打印机的客户机服务，这种方式称为网络中的打印服务器。另外，有一种带有网络接口的打印机，可以直接接入网络，专门用于为其他客户提供打印服务，这种打印机也称为打印服务器。

◇应用程序服务器　这种服务器与文件服务器有许多相似之处，但也有其特点，即：应用程序服务器的主存储器中存储了可执行的应用程序，客户机要运行这些程序必须与服务器建立网络连接。在这种情况下，客户机运行的程序往往是服务器运行程序的复制，实际上程序依然在服务器上运行。

## 知识窗

JISUANJI WANGLUO JICHU YU YINGYONG
ZHISHICHUANG

- 服务器网络的优点

①网络资源集中管理。所有的网络资源都存放在服务器上，这使得网络资源更加有序，方便管理。同样，在安全性和文件管理方面都可以通过服务器集中体现。

②较高的安全性。相对于对等网络来说，集中式管理使网络资源不再受对等网中“链中最弱环节”原则的影响。相反，服务器的安全性就是网络的安全性。

③用户账号和口令的集中管理与配置。相对于对等网来说，用户不需要记住多个密码，并且不必在访问请求之前都要检验它。

④管理任务的一致和可靠性可一次完成，不需要分散到每台计算机上。

⑤在一定程度上改善了网络计算机性能。一方面，客户机减少了处理其他客户机请求的负担；另一方面，服务器处理了所有客户机的请求，因为服务器往往比客户机配置更大的存储器和更好的处理器，这样能最大限度地满足客户机提出的请求。

⑥网络资源的查找更方便。所有的资源都放在服务器上，当用户要查找某一资源时，只需在服务器上查找。

⑦扩展性好。在服务器网络中，资源集中存放、集中管理和保护，所以在网络中增加客户不会给网络带来性能上的损失。

⑧资源的有效共享。在网络中资源都存放在服务器中，不会有资源分散共享的现象。

- 服务器网络的局限性

①成本高。

②服务器成为网络中单一的故障点，服务器发生故障时，整个网络可能瘫痪。

③需要一个专门的网络管理员。

**【做一做】**

阅读上面服务器网络的相关知识，完成下列表格。

| 指　标 | 优/缺点 | 常见情况 |
| --- | --- | --- |
| 实现方法 | □简单　□较复杂　□复杂 | |
| 使用操作系统 | □简单　□专用　□定制　□熟悉 | |
| 容错性 | □差　□好 | |
| 投入 | □多　□一般　□少 | |
| 技术要求 | □高　□低　□有一定要求 | |
| 安全性 | □高　□低　□还可以 | |
| 管理员 | □专门网管员　□无需网管员 | |
| 资源管理 | □比较集中　□比较分散 | |
| 可扩展性 | □好　□一般　□差 | |
| 资源的可用性 | □可靠　□一般　□差 | |

## 二、准备网络硬件

组建服务器网络的一般原则是：工作站相对数量很大，较集中，需要集中访问大量的共同资源。

一般情况下，服务器网络的主体网络拓扑结构采用星型结构，因此在硬件选择上应按星型结构作准备。

**【做一做】**

有一网吧，面积为长10 m、宽8 m，内安装50台计算机，组建星型结构的服务器局域网络，且所有的计算机要通过局域网访问Internet。请根据需要填写下表。

| 设　备 | 数　量 | 设备要求说明，若不需要请说明原因 |
|---|---|---|
| 网　卡 | | |
| 双绞线 | | |
| 交换机 | | |
| 路由器 | | |
| 防火墙 | | |
| 水晶头 | | |
| 光　纤 | | |
| 信息模块 | | |
| 信息盒 | | |
| 跳　线 | | |
| 配线架 | | |
| 机　柜 | | |
| 组建网络的拓扑结构图: | | |

设备准备好之后，按前面所讲的方法将各设备进行有机连接，形成网络的硬件结构。

## 三、安装与配置网络软件

在服务器网络中安装和配置软件，大致步骤如下:

①安装服务器操作系统；

②配置服务器中各种服务，使之形成真正意义上的服务器（如FTP服务器等）；

③安装工作站操作系统；

④配置工作站，使之能访问服务器资源。

在现代的网络中，使用共享方式来访问文件资源已变得不安全，而且在VLAN的局域网上，也有很大的局限性，更多网络文件服务器均采用FTP进行。因此，本任务将不再介绍使用用户登录方式和共享方式访问网络服务器上的资源。

NO.8

[ 任务八 ]

# 实现网络共享打印

多用户共享打印机功能是网络所提供的基本服务之一。

本任务中你将学会如何实现网络共享打印，主要涉及以下几方面的内容：

（1）认识网络共享打印；

（2）实现共享打印服务；

（3）使用网络中的共享打印机。

## 一、认识网络共享打印

在办公网络系统中，通常不可能为每一个用户配备打印机，而是多个用户共同使用一台或多台打印机，这就是所谓的网络共享打印。

网络共享打印按其技术特点可分为以下三类：

◇文件服务器实现网络打印　早期打印机只有并口或串口与主机通信，实现共享打印的方法是：利用一台文件服务器来安装打印机，共享该打印资源。

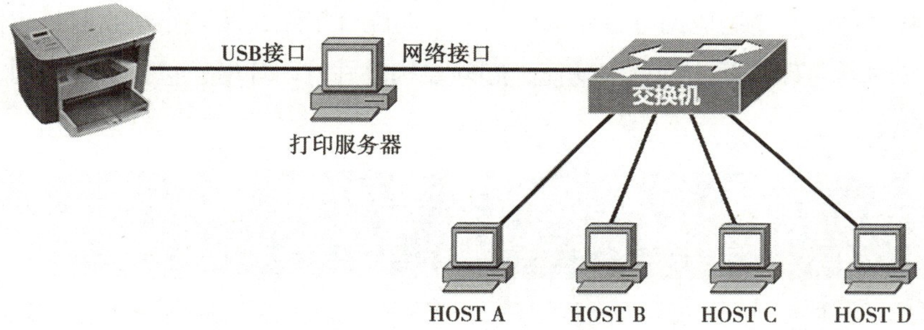


◇外置打印服务器实现网络打印　打印服务器带有一个网络输入接口和一个以上的并口和串口，外置打印服务器的网络接口直接连接网络设备，并口或串口与传统打印机连接。

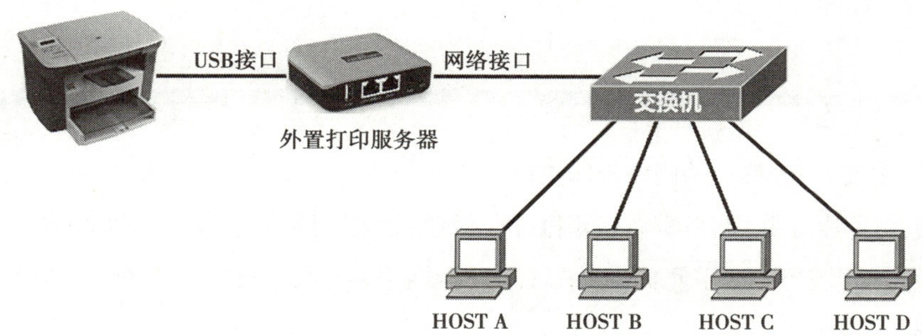

◇内置打印服务器实现网络打印　目前，最先进的网络打印技术是打印机本身带一个网卡（也称内置打印服务器），用户直接将网络线与打印机的网卡相连，即可实现网络打印。

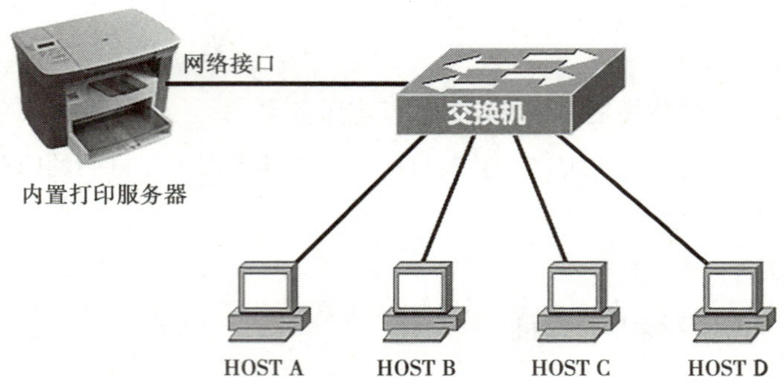


**【做一做】**

参观学校的办公室网络，在教师的指导下重点看网络共享打印的实现方法，并回答下面的问题。

学校办公室有打印机________台，共享用的有________台，品牌和型号分别是________，属于上面讲解的3种类型中的第________种。

网络共享打印是指组成网络打印的各部分一起配合工作，从工作站收取打印作业送往网络打印机进行打印。要实现这一功能，必须要构建好打印环境，包括打印队列、打印服务器、打印机。

**友情提示** JISUANJI WANGLUO JICHU YU YINGYONG YOUQINGTISHI

- 所谓打印队列是一系列打印作业等待打印服务器服务的存储位置。当网络工作站将打印作业发往网络打印机时，网络会把这个打印作业作为文件暂时存放在打印队列中等候，直到打印服务器把该打印作业送至打印机打印为止。
- 打印服务器是监管打印队列和打印机的设备，它在打印机处于准备状态时把打印队列中的打印作业送至打印机进行打印。
- 网络打印机是指任意一台能工作于网络打印状态的打印机，它可以与打印服务器、工作站或直接与网络电缆连接。要使一台打印机成为网络打印机，需要一个特殊的软件来支持。

目前，主要有3种典型的网络打印机模式：

◇内置打印服务器+网络激光打印机+网络打印管理软件，这种模式是速度最快的模式。

◇外置打印服务器+任何标准并口打印机+网络打印管理软件，这种模式是最经济的模式。

◇专用PC机作打印服务器+高性能激光打印机+有水平的网管员，这种模式是最便于发挥管理水平的模式。

这3种模式是最基本的打印模式，其他打印模式都是在其基础上改进的，下面是2种增强模式：

◇专用微机作打印服务器+高性能激光打印机+专业的网络打印管理系统软件+比较有水平的网管员，这实际上是将上面第3种模式中高级网管员的经验与技术程序化和商业化。

◇终端共享打印模式，这种方式可能是最早的打印方式，在PC机以前的计算机多采用这种模式。

1.办公室组建网络打印

对于一个办公室来说，人员一般不会太多，这种情况下最适合使用外置打印服务器来实现网络打印，几台通过局域网连接的计算机可以共享一台普通的低端激光打印机。

2.研究设计单位组建网络打印

对于研究、设计院来说，一般都会有若干个部门，而且分布较分散。因此，局域网按部门组建，每组微机数量由人员数量决定。网络打印机配置方案是：多数部门配置应用级的A3幅面的内置网卡的激光打印机；资料室配备一台A3幅面的打印复印一体机（使用外置打印服务器连接）外，另配一台A3彩色网络激光打印机；工程设计室除配一台网络激光打印机外，另配A0+大幅面的彩色喷墨打印机一台，使用一台安装Windows服务器版操作系统的PC机作为打印服务器，这样基本上可以满足打印需求。

3.政府部门及教育机构组建网络打印

这些单位中，有些部门需要制作大量的带持证者个人照片的证件，且对证件质量要求高，因此一般配置一台彩色激光打印机。另外，有一些处室要处理大量的文件，可以为这些处室配置一台彩色喷墨打印机。

4.银行、小型印刷单位组建网络打印

这些单位的打印量大，需要速度在100页/min以上的高速打印输出。100页/min的高速打印机价格非常昂贵，因此一般采用打印速度为40~50页/min的多台网络激光打印机组成集群打印的方式，即可以较小的投入满足打印要求。

## 二、实现网络共享打印服务

1.局域网中实现网络共享打印

在局域网中建立网络打印，一般步骤如下：

①建立局域网；

②根据业务情况估算打印需求；

③根据财力和人力（网络管理能力）选择打印机和服务器配置方式；

④采购并安装调试。

对于①、②、③在相关的模块或系列教材中已经讲过，在此不再重复，下面重点介绍软件方面的安装配置。要实现共享打印，在软件安装上主要有以下两个步骤：

①服务器上安装本地打印机（网络中以任意一台计算机作服务器）并实现共享；

②在工作站上安装网络打印机。

安装本地打印机

【做一做】

请看“安装本地打印机”操作视频或教师的操作演示，完成下面的任务（以Windows 10系统为例）。在操作过程中，记录安装本地打印机的关键步骤。

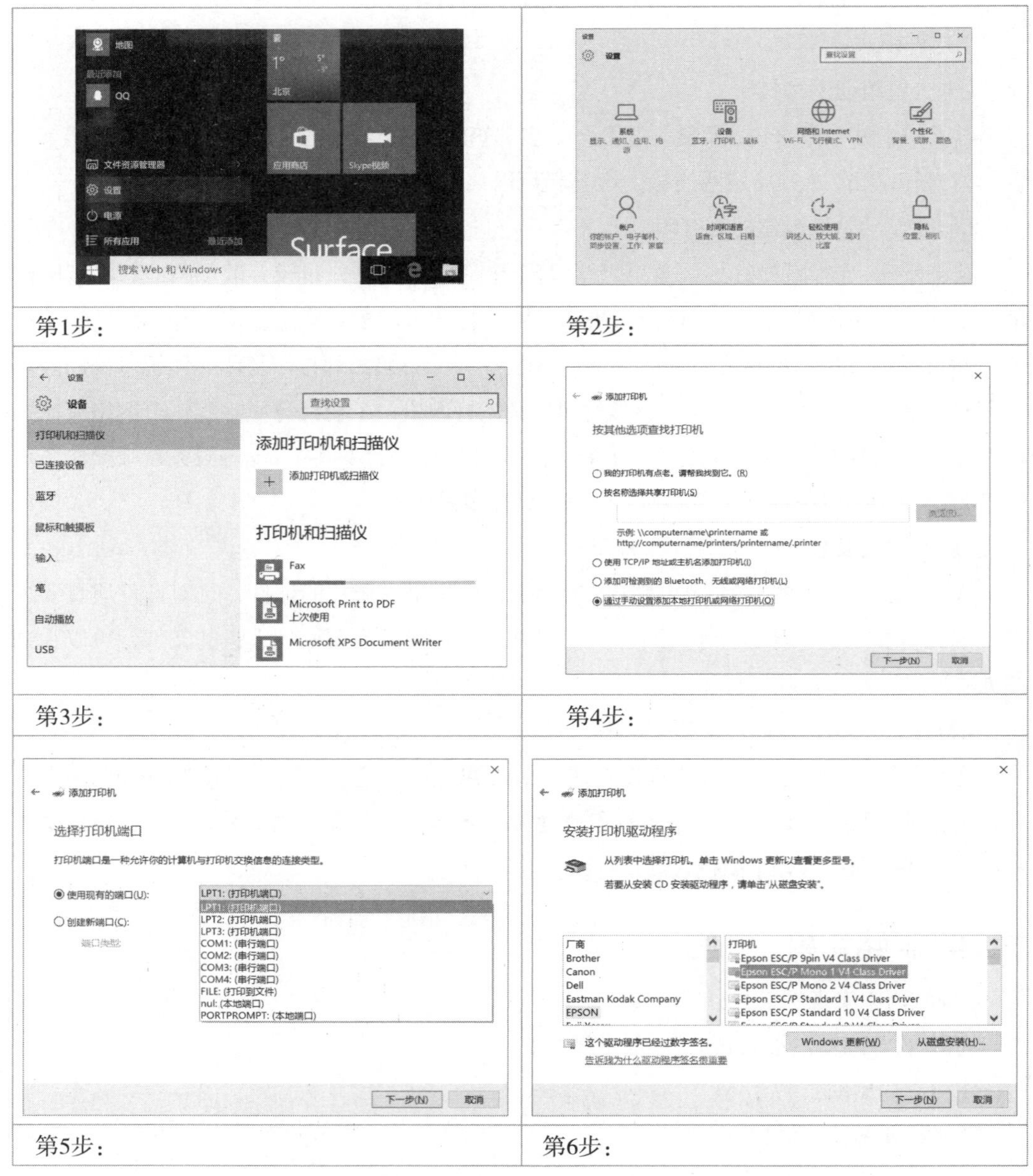

| | |
|---|---|
| 添加打印机<br>键入打印机名称<br>打印机名称(P): Epson ESC/P Mono 1 V4 Class Driver<br>该打印机将安装 Epson ESC/P Mono 1 V4 Class Driver 驱动程序。<br>下一步(N) 取消 | 添加打印机<br>打印机共享<br>如果要共享这台打印机，你必须提供共享名。你可以使用建议的名称或键入一个新名称。其他网络用户可以看见该共享名。<br>○ 不共享这台打印机(O)<br>◉ 共享此打印机以便网络中的其他用户可以找到并使用它(S)<br>共享名称(H): Epson ESCP Mono 1 V4 Class Driver<br>位置(L):<br>注释(C):<br>下一步(N) 取消 |
| 第7步： | 第8步： |
| 添加打印机<br>你已经成功添加 Epson ESC/P Mono 2 V4 Class Driver<br>☑ 设置为默认打印机(D)<br>若要检查打印机是否正常工作，或者要查看打印机的疑难解答信息，请打印一张测试页。<br>打印测试页(P)<br>完成(F) 取消 | |
| 第9步： | |

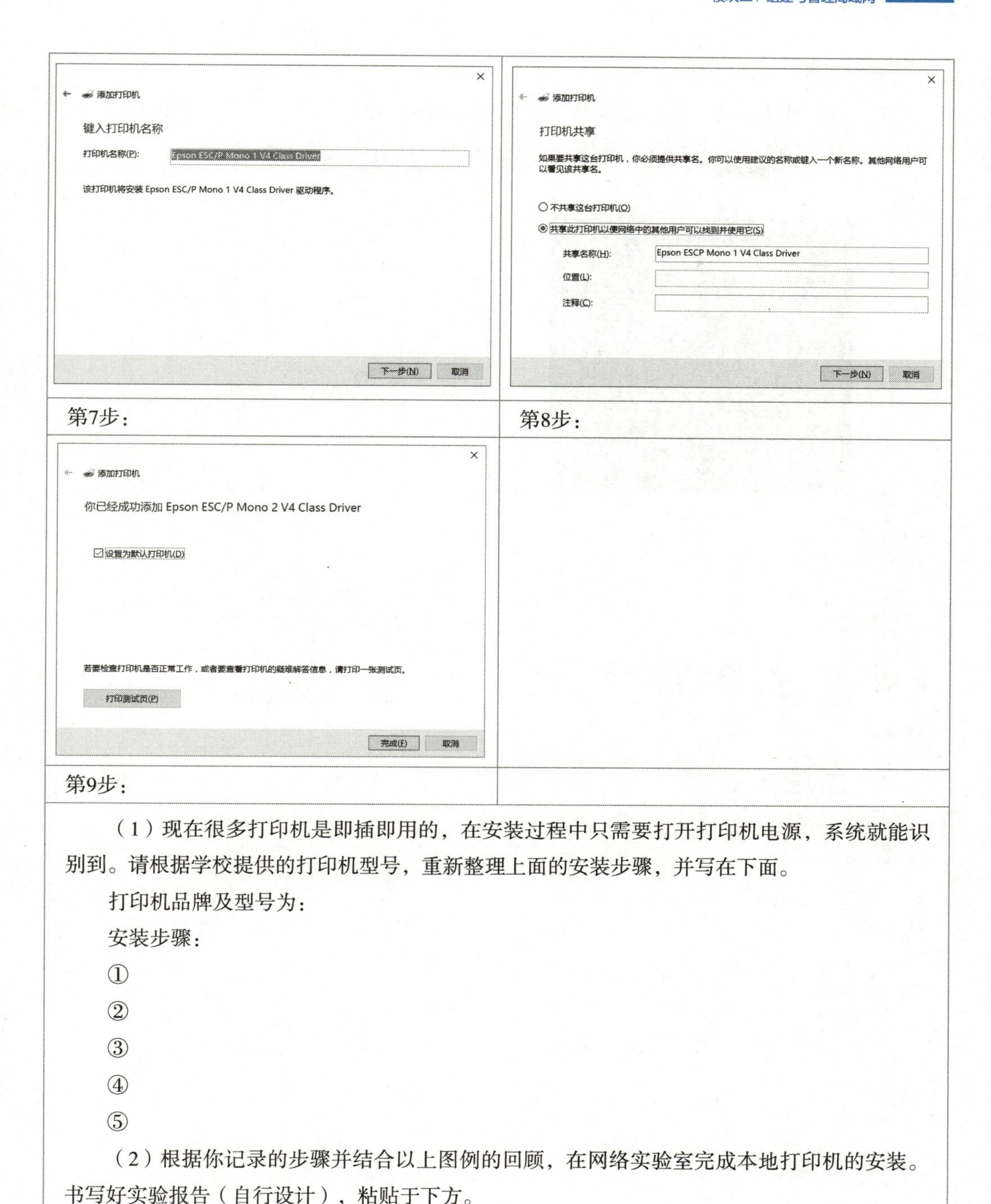

（1）现在很多打印机是即插即用的，在安装过程中只需要打开打印机电源，系统就能识别到。请根据学校提供的打印机型号，重新整理上面的安装步骤，并写在下面。

打印机品牌及型号为：

安装步骤：

①

②

③

④

⑤

（2）根据你记录的步骤并结合以上图例的回顾，在网络实验室完成本地打印机的安装。书写好实验报告（自行设计），粘贴于下方。

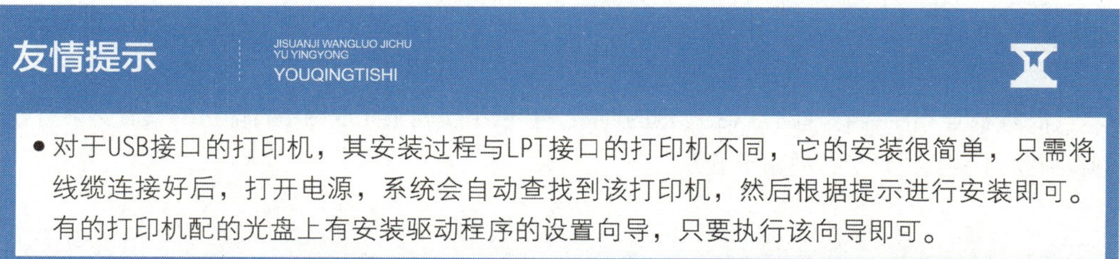

友情提示 JISUANJI WANGLUO JICHU YU YINGYONG YOUQINGTISHI

- 对于USB接口的打印机，其安装过程与LPT接口的打印机不同，它的安装很简单，只需将线缆连接好后，打开电源，系统会自动查找到该打印机，然后根据提示进行安装即可。有的打印机配的光盘上有安装驱动程序的设置向导，只要执行该向导即可。

设置网络共享打印机

**【做一做】**

请看“设置网络共享打印机”操作视频或教师的操作演示，完成下面的任务（以Windows 10系统为例）。在操作过程中，记录下设置网络打印机的关键步骤。

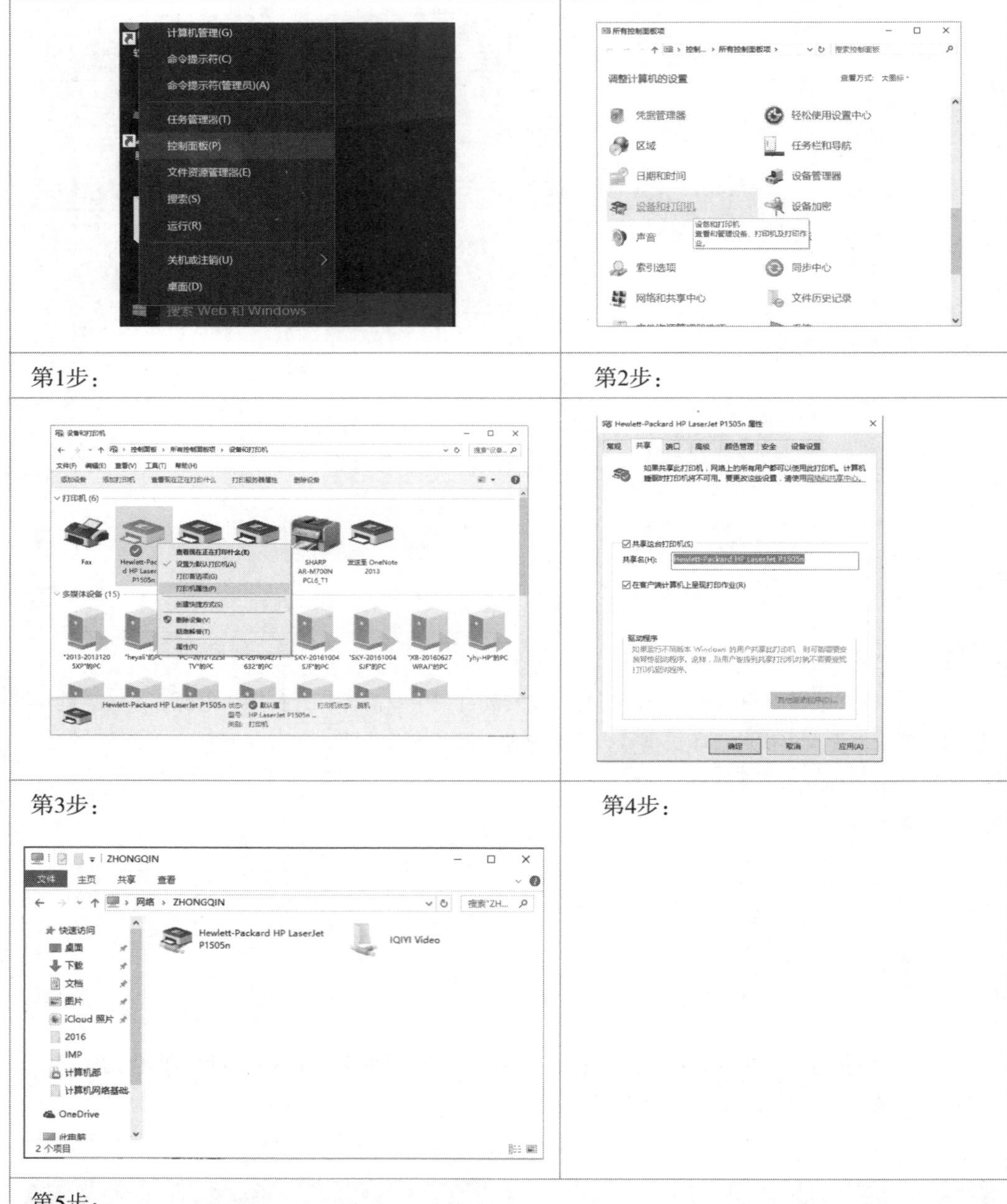

| | |
|---|---|
| | |
| 第1步： | 第2步： |
| | |
| 第3步： | 第4步： |
| | |
| 第5步： | |
| 根据你记录的步骤并结合以上图例的回顾，在网络实验室完成网络打印机的设置。书写好实验报告（自行设计），粘贴于下方。 | |

2.在Internet实现共享打印

在Internet上建立网络打印，一般都用在打印量比较小、客户机使用打印机比较少而且两台计算机不方便组成一个局域网的情况下，可采用如下的步骤实现：

①让要实现共享打印的两台计算机上网；

②采购并安装调试。

对于①在相关的模块已讲解，在此不再重复，下面重点介绍软件方面的安装配置。要实现共享打印，在软件安装上主要有以下3个部分：

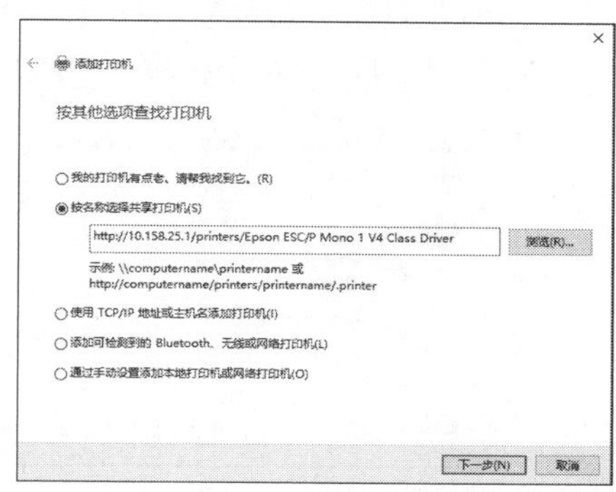


◇服务器上安装本地打印机并实现共享；

◇在服务器上安装并配置IIS；

◇在工作站上安装网络打印机。

对于在服务器上安装本地打印机并实现共享与前面所讲的步骤相同；在服务器上安装并配置IIS将在以后的章节中讲到。

需要连接Internet打印服务器完成打印任务的用户计算机，安装网络打印的过程和配置类似于局域网的网络打印的安装和配置，只需要在“指定打印机”窗口中选定“连接到Internet、家庭或办公网络上的打印机（○）”，然后输入该打印机的域名和共享名，即可按安装向导完成打印机的安装。

## 三、使用网络共享打印机

各工作站安装了网络打印机后，使用网络打印机就像使用一台连接到自己机器上的打印机一样。在打印文档时，选择“文件”→“打印”命令，在“打印”对话框的下拉式列表中选取该网络打印机的名称，然后根据需要进行设定，便可打印文档。

下面介绍使用打印机的常见操作。

1.将网络打印机设置为默认打印机

打开打印机文件夹，右击网络打印机图标，在快捷菜单中选择“设置为默认打印机（A）”选项。

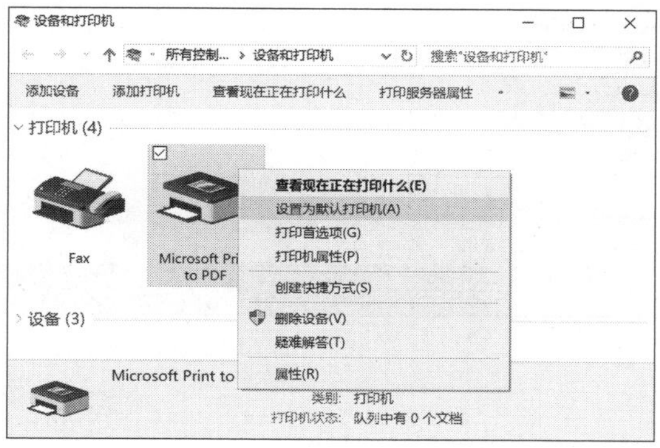

2.设置网络打印机属性

右击网络打印机图标，在快捷键菜单中选择“属性（R）”选项进行设置即可。

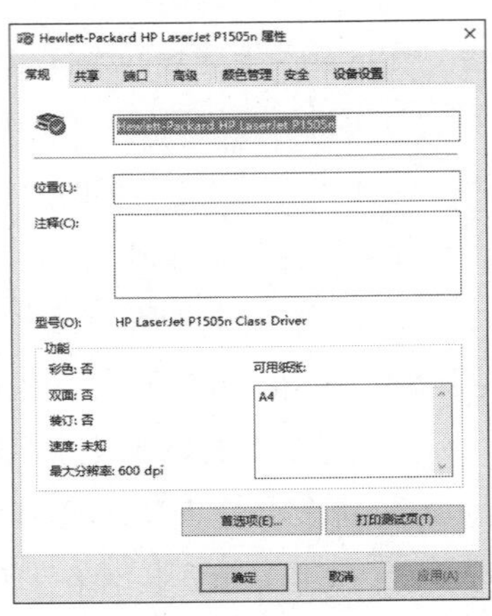


3.网络打印机打印队列的管理

在服务器所在的PC机上打开打印机文件夹，然后从打印机菜单中选择选项来控制打印队列。

◇暂停打印一个文档，方法是：右击要暂停打印的文档，在快捷菜单中选择“暂停（A）”选项。

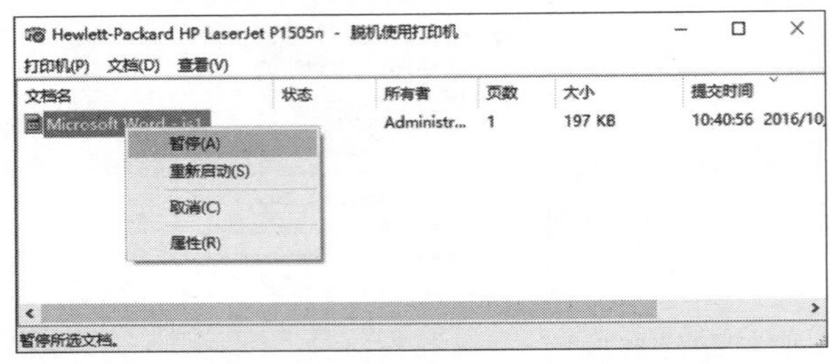


◇取消打印一个文档，方法是：右击要取消打印的文档，在弹出的菜单中选择“取消（C）”选项。

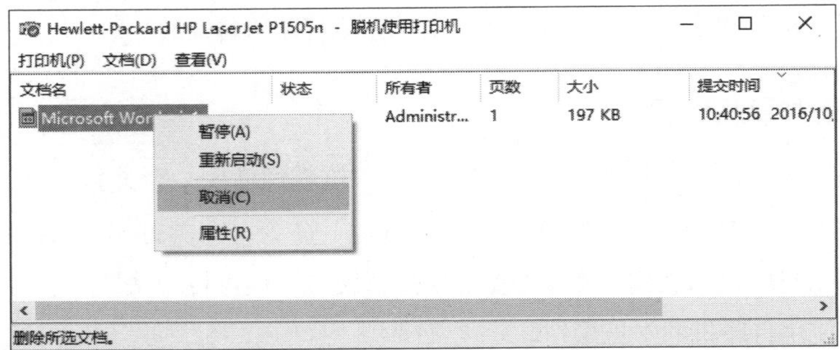


◇暂停所有打印作业，方法是：选择“打印机”→“暂停打印（A）”选项。

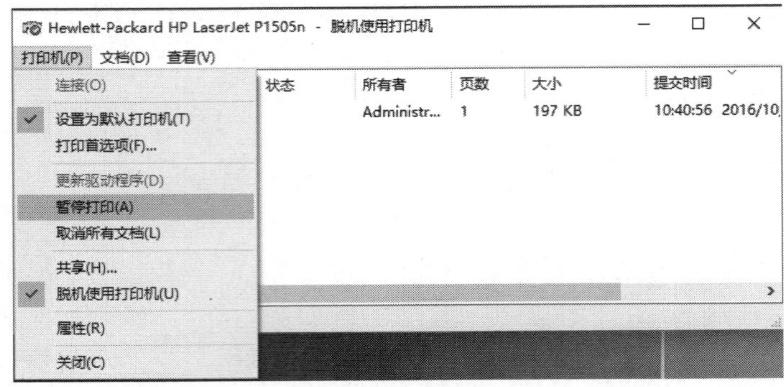

◇取消所有打印作业，方法是：选择“打印机”→“取消所有文档（L）”选项。

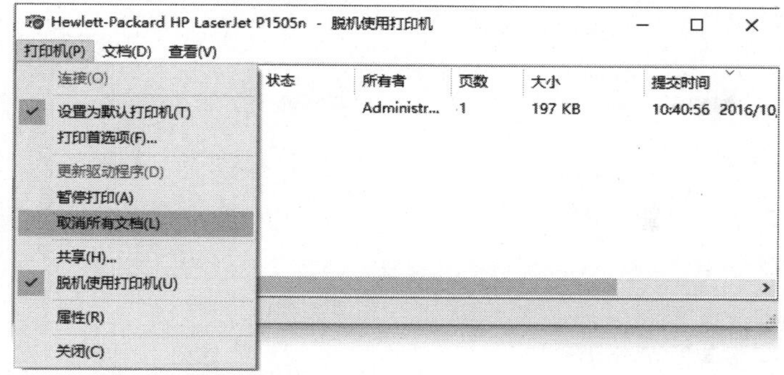


**【做一做】**

以两人为一小组，互相建立一个网络打印环境，互相实验一下相应的操作，然后回答以下问题。

（1）管理自己的打印作业与管理别人的打印作业有何异同？

相同点：

不同点：

（2）在工作站上能不能取消自己发送到打印服务器上的打印作业？

□能　　□不能

（3）在打印服务器上能不能取消工作站发送来的打印作业？

□能　　□不能

（4）在设置打印机属性的时候，针对使用的打印机填写下列内容。

打印机的品牌及型号：____________是本地打印还是网络打印机：____________

设置页面有：________页，分别是：________________________

（5）你认为在管理和设置打印机时最有用的是什么？

# ▶ 自我测试

## 一、填空题

1.交换机的连接方式有两种方式，即＿＿＿＿＿和＿＿＿＿＿。

2.所谓服务器网络是指＿＿＿＿＿＿＿＿＿＿＿＿＿＿＿。

3.服务器网络的局限性有＿＿＿＿＿、＿＿＿＿＿和＿＿＿＿＿等。

4.在服务器网络中服务器可分为＿＿＿＿＿、＿＿＿＿＿和＿＿＿＿＿3种。

5.打印服务器的作用是＿＿＿＿＿＿＿＿＿＿。

6.网络打印是指＿＿＿＿＿＿＿＿＿＿。

7.打印环境包括3个部分，即＿＿＿＿＿、＿＿＿＿＿和＿＿＿＿＿。

8.打印队列是指＿＿＿＿＿＿＿＿＿＿。

9.局域网的传输介质可分为＿＿＿＿＿和＿＿＿＿＿。

10.按制作工艺，同轴电缆可分为＿＿＿＿＿和＿＿＿＿＿两类。

11.同轴电缆的传输接头有＿＿＿＿＿和＿＿＿＿＿。

12.网卡的作用是＿＿＿＿＿＿＿＿＿＿。

13.交换机又称为＿＿＿＿＿，按照扩展方式分类可分为＿＿＿＿＿和＿＿＿＿＿。

14.布线系统的准备工作涉及＿＿＿＿＿、＿＿＿＿＿和＿＿＿＿＿3个方面。

## 二、选择题

1.下列哪项是对等网不可能达到的?（　　）

A.具有更大的容错性　　B.容易实现

C.对用户的集中管理　　D.资金使用少

2.下列不是对等网局限性的是（　　）。

A.工作站可以访问所有网络资源　　B.安全性比较差

C.网络的安全性与技术最差的工作站一致　　D.网络的可扩展性较差

3.下列哪项是服务器网络不具有的优势?（　　）

A.用户账号和口令的集中管理与配置

B.服务器网络的扩展性很强

C.网络中的工作站可随意访问网络资源，方便了用户对网络资源的访问

D.改善了网络计算机提供的性能

4.网络打印按其技术特点可分为3类，下列哪项不属于网络打印?（　　）

A.工作站作服务器实现网络打印　　B.内置打印服务器实现网络打印

C.外置打印服务器实现网络打印　　D.文件服务器实现网络打印

5.要实现网络打印，下列哪项并不重要?（　　）

A.具有相应能力的打印机　　B.打印环境的建立

C.网络打印服务器　　D.网络打印管理软件

6.下列不是局域网中有线传输介质的是（　　）。

A.光纤　　B.同轴电缆　　C.传输数字电缆　　D.双绞线

7.下列哪个是非屏蔽双绞线标准？（　　）

A.10Base-5　　B.10Base-2　　C.10Base-T　　D.FDDI

8.同轴电缆按阻抗可分为（　　）Ω。

A.50，75，95　　B.50，93，95　　C.50，75，93　　D.75，93，95

9.在同轴电缆的制作和安装过程中，没有必要的器材是（　　）。

A.RJ-45接头　　B.RG-58A/U同轴电缆

C.T形接头　　D.BNC接头

10.网卡按总线可分为（　　）。

A.ISA，VESA，EISA，PCI　　B.ISA，JPG，EISA，PCI

C.ISA，VESA，AGP，PCI　　D.ISA，JPG，AGP，PCI

## 三、判断题

1.对等网中各计算机是平等的，它们既可是服务器也可是工作站。（　　）

2.应用程序服务器主要提供给用户应用程序。（　　）

3.工作站登录到Windows 2000服务器时，协议应选择NetBEUI。（　　）

4.无论登录到哪种服务器，工作站首先应确保网卡正常工作。（　　）

5.外置打印服务器+任何标准并口打印机+网络打印管理软件，这种模式是速度最快的模式。（　　）

6.网络打印机是指任意一台能工作于网络打印状态的打印机。（　　）

7.对于服务器网络打印来说，在1台工作站上只能安装1台网络打印机。（　　）

8.对于服务器网络来说，若1台计算机作为了网络打印服务器，它就不能再作客户机使用。（　　）

9.同轴电缆在局域网中应用最广，也是最好的。（　　）

10.只有5类线以上的双绞线组成的局域网传输速度才能达100Base–TX标准。（　　）

11.在现阶段，以光纤作传输介质的局域网是最好的。（　　）

12.在网络中，交换机可以代替集线器，因为它与集线器具有相同的功能。（　　）

13.路由器的作用是连接两个不同类型的网络，具有路由选择功能。（　　）

14.在进行综合化布线时，我们应主要考虑干线设计，而其他方面都不是重要的。（　　）

## 四、简答题

1.对等网中计算机网卡是怎么安装的?

2.有两台交换机要连接起来，该怎么做?

3.怎么组建一个实用的对等网?

4.怎样在局域网中建立网络打印?

5.某用户家里有两台计算机，他想使这两台计算机能相互访问对方的Word文件，请你帮此用户实现这个功能。

6.某网吧拥有30台计算机，想让一台性能好的计算机作服务器，并将所有软件放到该服务器上。请为此网吧做一个组网方案。

## ▶ 能力评价表

班级：＿＿＿＿＿＿＿＿　　　　姓名：＿＿＿＿＿＿＿＿　　　　年　月　日

| 评价内容 | | 自评 | 小组评价 | 教师评价 |
|---|---|---|---|---|
| | | 优☆　良△　中○　差× | | |
| 思政与素养 | 1.能坚持理论与实践结合，态度积极主动 | | | |
| | 2.保持对优秀国产品牌产品的信心 | | | |
| | 3.遵循施工实训流程，网络施工规范，技术文本标准、规范 | | | |
| | 4.网络施工中主动佩戴安全防护物品，无安全事故 | | | |
| | 5.施工布线中注重节约耗材，环保和保洁意识强 | | | |
| 知识与技能 | 1.能准确描述网络传输介质的分类、使用环境、技术标准和接头类型 | | | |
| | 2.能正确描述各传输介质的工艺及工业技术标准 | | | |
| | 3.能根据网络类型及要求正确选择传输介质及接头 | | | |
| | 4.能熟知各种网络设备及配件的类型、分类、品牌、技术标准及使用环境 | | | |
| | 5.能根据网络需求选择适合的网络设备及配件 | | | |
| | 6.能准确描述网络结构化布线中各子系统的分布、功能及规范 | | | |
| | 7.能进行简单的楼宇结构化布线设计并写出方案 | | | |
| | 8.能使用超级终端或配置页面登录网络设备，对设备进行简单配置 | | | |
| | 9.能根据场地的实际情况进行网络布线设计，准确预算器材及设备数量 | | | |
| | 10.能熟练描述双绞线制作中两个标准的线序 | | | |
| | 11.能按标准要求熟练制作双绞线 | | | |
| | 12.能准确完成信息模块、配线架的制作与安装 | | | |
| | 13.能准确连接各类网络设备 | | | |
| | 14.能组建、管理、使用简单对等网 | | | |
| | 15.能组建、管理、使用服务器网络 | | | |
| | 16.能实现网络共享打印，并熟练管理网络打印服务 | | | |

# 模块三 / 实施Windows Server 2012 R2基础管理

## 模块概述

Windows Server 2012 R2是微软为中型企业和大型企业提供的高性能、高可靠性和高安全性的企业级网络操作系统，它提供增强的内存支持，支持更多的处理器和群集技术，具有良好的系统伸缩性和可用性，可以帮助企业IT部门构建功能强大的企业网站、应用程序服务器和高度虚拟化的云应用环境。Windows Server 2012 R2 拥有强大的管理功能和安全措施，简化了系统管理，改善了资源的可用性，减少信息化成本，并能有效保护企业应用程序和数据，为企业用户提供了更好的信息化体验。

本模块为你介绍Windows Server 2012 R2服务器操作系统日常管理的基本知识和技能，其中包括基本安全控制、配置网络连接、管理用户和组、共享服务器文件以及加密文件技术。

## 学习目标：

+ 能熟练正确登录和关闭Windows Server 2012 R2；
+ 能熟练配置Windows Server 2012 R2的网络连接；
+ 能熟练创建并管理用户和用户组；
+ 能设置服务器文件系统权限；
+ 能熟练设置和管理共享文件夹；
+ 能加密文件和文件夹。

## 思政目标：

+ 培养学生对技能技术的钻研探索精神；
+ 培养学生的网络安全意识和信息保密意识；
+ 增强学生团队协作、沟通协调的能力。

[ 任务一 ] NO.1

# 实现Windows Server 2012 R2基本安全控制

一个组织或企业的服务器，存储和管理着大量重要的业务数据，未经授权的人员是禁止进入服务器系统进行操作的。Windows Server 2012 R2提供的身份验证保证了系统不被未经授权的人员非法进入系统。本任务要求你拥有一个合法的系统管理员用户名和正确的密码来完成：

（1）登录Windows Server 2012 R2系统；

（2）锁定服务器控制台；

（3）关闭系统。

## 一、登录Windows Server 2012 R2

**【做一做】**

观看教师登录到Windows Server 2012 R2的操作并结合下面的图示，体验Windows Server 2012 R2服务器系统的登录操作，然后回答表中提出的问题。

| | |
|---|---|
| 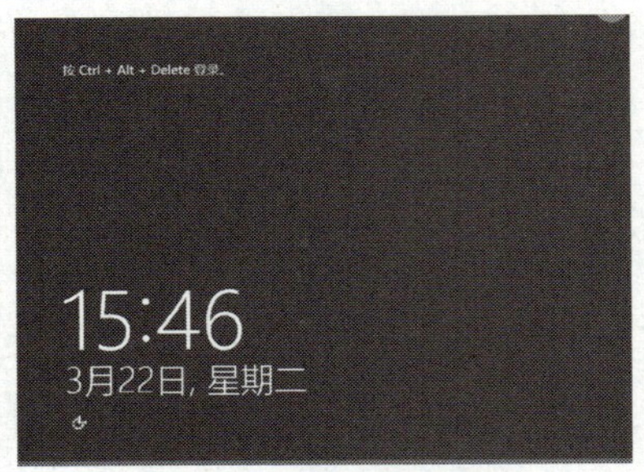 | 按下“Ctrl+Alt+Del”打开系统登录界面。 |
| 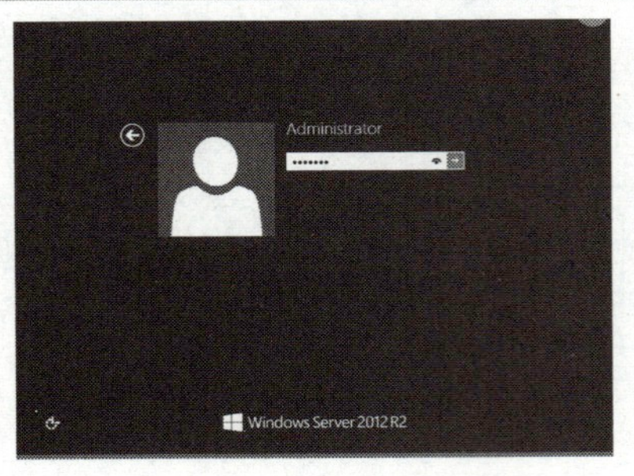 | 选择用户名，然后输入对应的账户密码，按“回车”键，通过认证后登录系统，显示桌面。 |
| （1）你是怎样打开“系统登录”对话框的？<br><br>（2）请你分析有哪些因素会导致登录失败。 | |

**友情提示** JISUANJI WANGLUO JICHU YU YINGYONG YOUQINGTISHI 

- 身份验证是Windows Server 2012 R2提供的最基本的安全措施，你必须拥有合法的系统账号才能登录系统，然后进行系统的维护操作与管理。在输入用户名和密码时要注意字母的大小写和全半角之分，用户名和密码任意一个出错都不能进入系统。

## 二、锁定Windows Server 2012 R2服务器控制台

当暂时离开办公室时，你可以锁定服务器控制台，使计算机键盘不可用，以阻止未授权的用户访问你的计算机。

**【做一做】**

请观看教师的操作，然后给下面的图示注明操作提示，并回答表中提出的问题。

<table>
<tr><td colspan="2">锁定计算机</td></tr>
<tr><td></td><td>按“Win”键，切换传统桌面到“开始”屏幕，单击代表用户的人形图标，选择“锁屏”。</td></tr>
<tr><td></td><td>系统处于锁定状态。</td></tr>
<tr><td colspan="2">（1）哪些人员可以解除计算机控制台的锁定？<br><br>（2）描述你是怎样解除计算机控制台的锁定的。<br><br>（3）利用屏幕保护可以锁定计算机控制台吗？请你做实验，并描述你的实验结果。</td></tr>
</table>

## 三、注销用户

当需要换其他管理员进行系统管理或你下班了，都要注销当前已登录的用户。注销操作将关闭当前用户打开的所有程序，在注销前你应保存好你的所有数据。

**【做一做】**

请你在一台运行Windows Server 2012 R2的计算机上执行注销用户操作，并记录下你的操作步骤和你认为应当注意的问题。

| 注销用户 |
| --- |
| 操作步骤： |
| （1）有哪些措施可防止未授权人员操作Windows Server 2012 R2系统？<br><br>（2）请你评价锁定计算机和注销用户两种安全措施的特性和适用情况。 |

**友情提示** JISUANJI WANGLUO JICHU YU YINGYONG YOUQINGTISHI

- 注销操作将关闭当前用户打开的所有程序和文件返回到登录界面，需要重新登录才能管理系统。
- 锁定只是禁用控制台，防止他人非法操作，只有管理员和锁定计算机的用户才能解除锁定。
- 屏幕保护也能实现系统安全，在启用屏幕保护时勾选“密码保护”即可。

## 四、安全关闭Windows Server 2012 R2

作为运行企业业务的服务器，通常需要保证7 × 24 h不间断运行，如遇到需要关机时，切记不可直接关闭服务器主机电源。因为Windows Server 2012 R2服务器中有很多数据还存于计算机的缓冲存储器中，并没有真正写入磁盘中，直接关闭服务器主机电源可能使系统文件不完整或损坏，从而导致服务器不能正常工作。

**【做一做】**

请你观看教师演示正确的关机操作，然后回答表中提出的问题。

<table>
<tr><td colspan="2">关闭计算机系统</td></tr>
<tr><td>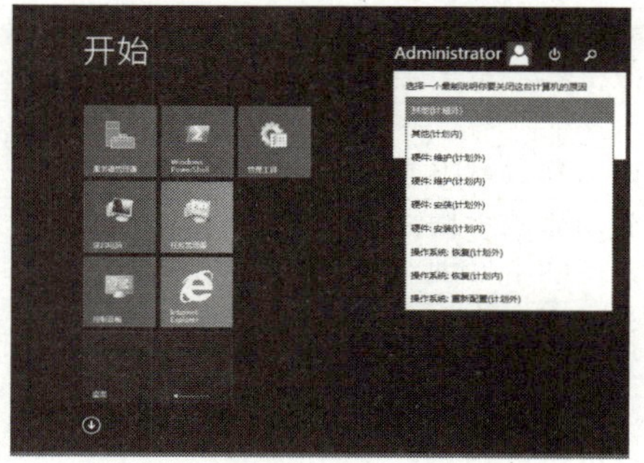</td><td>在“开始”屏幕右上角，单击“电源”按钮，选择关机原因，单击“继续”按钮，系统执行关机操作。</td></tr>
<tr><td colspan="2">（1）计算机在关机时进行了什么操作？<br><br>（2）请你分析直接切断计算机电源可能造成的危害，可采取什么措施防止计算机意外断电？</td></tr>
</table>

## 友情提示

JISUANJI WANGLUO JICHU YU YINGYONG YOUQINGTISHI

- 一般情况下，服务器是不关机的，但当对服务器的软硬件系统进行维护、升级等处理后需要进行关机，这时应按正确的规程执行关机操作。在关机过程，系统将把缓存在内存中的重要数据写入磁盘中，切不可直接关闭电源，那样会导致系统软件不完整，严重时将使系统崩溃。

## 知识窗

JISUANJI WANGLUO JICHU YU YINGYONG ZHISHICHUANG

- Windows Server 2012 R2网络操作系统简介

◇Windows Server 2012 R2重新设计了服务器管理器，采用了Windows 8一样的界面，简化服务器管理。PowerShell有超过2 300条命令开关，且部分命令可以自动完成。拥有全新的任务管理器，在“进程”选项卡中，以色调来区分资源利用。可以在服务器核心和图形界面之间随意切换。默认推荐服务器核心模式。通过IP地址管理器发现、监控、审计和管理在企业网络上使用的IP地址空间，DHCP和DNS进行管理和监控。

◇Active Directory安装向导已经出现在服务器管理器中，并且增加了Active Directory的回收站。Active Directory支持虚拟化技术，虚拟化的服务器可以安全地进行克隆。

◇全新设计的Hyper-V，可以访问多达64个处理器，1 TB的内存和64 TB的虚拟磁盘空间，最多可以同时管理1 024个虚拟主机以及8 000个故障转移群集。

◇Windows Server 2012 R2存储相关的功能和特性也有较大更新，涉及弹性文件系统（ReFS）、存储虚拟化、全新的SMB3.0协议支持、iSCSI Target Server等。

| 版本 | 应用环境 | 差异 | 客户数量支持 |
| --- | --- | --- | --- |
| Datacenter | 完全虚拟化的云计算环境 | 完整功能；<br>虚拟机器数量无限制 | 根据购买的客户端访问授权数量而定 |
| Standard | 无虚拟化或低虚拟化需求的环境 | 完整功能；<br>虚拟机器数量限于2个 | 根据购买的客户端访问授权数量而定 |
| Essentials | 小型企业应用 | 部分功能不支持；<br>仅支持两个处理器；<br>不支持虚拟化 | 25个用户账户 |
| Foundation | 一般用作环境 | 部分功能不支持；<br>仅支持一个处理器；<br>不支持虚拟化 | 15个用户账户 |

- Windows Server 2012 R2的最低配置要求：1.4 GHz的64位处理器，512 MB的内存，32 GB硬盘空间。Windows Server 2012 R2支持多达64个物理处理器，640个逻辑处理器，4 TB内存，64个故障转移群集节点。

[ 任务二 ] NO.2

# 配置Windows Server 2012 R2网络连接

为了使运行Windows Server 2012 R2 的计算机连接到网络，管理员要为计算机安装和配置合适的网络通信协议。为此，你要以管理员身份登录到计算机中并完成：

（1）考察Windows Server 2012 R2网络连接所需的组件；

（2）安装TCP/IP协议；

（3）配置服务器静态IP地址；

（4）测试TCP/IP的配置状况。

## 一、考察Windows Server 2012 R2网络连接的组件

运行Windows Server 2012 R2的计算机利用4个组件连接到Windows Server 2012 R2网络或其他网络中，作为管理员，你必须理解在建立网络连接时这些组件之间的相互作用。它们是：

◇网络通信协议（Communication Protocol） 网络通信协议就是网络硬件和软件系统通信所必须遵守的一组规则和约定，这组规则和约定可以理解为一种彼此都能听得懂

的公用语言。该协议用于管理系统之间进行数据交换的格式、时间、顺序和差错控制等信息。目前，在计算机网络中广泛使用的协议是TCP/IP。

◇网络服务（Network Service） 网络服务是网络上的计算机向其他计算机提供的访问共享资源或其他服务的网络功能。通过网络服务，运行相同协议的计算机可以连接到其他计算机的共享文件夹和打印机。网络服务由一组软件组成，它们是Windows Server 2012 R2的组成部分，在Windows Server 2012 R2中也可安装由第三方提供的网络服务软件。

◇网络适配器（Network Adapter） 网络适配器又称网卡，计算机通过它连接到网络电缆或其他网络传输介质，从而使计算机接入网络，实现在网络上收发数据。

◇绑定（Binding） 绑定就是建立网络各组件间的链接，使它们之间能够进行通信。在配置网络连接中，你必须把网络通信协议和网络服务绑定到网络适配器上。

**知识窗** JISUANJI WANGLUO JICHU YU YINGYONG ZHISHICHUANG

- Windows Server 2012 R2的网络架构

◇工作组网络（也称为对等网络） 由一组计算机通过网络连接而成，每台计算机的文件、打印机等资源都可以共享给网内的其他用户访问，网络中的资源和管理分散在各个计算机上。网络中不需要服务器级的计算机，每台计算机都有一个本地安全账户数据库（Security Accounts Manager database，SAM）。一个用户要访问网络上每台计算机的资源时，就必须在每台计算机的SAM中创建该用户的账户，如果该账户有修改，也必须在每台复读机上进行相应的修改。工作组网络采用分布式管理模式，账户与权限的管理比较麻烦，适用于部门内少量计算机的组网形式。

◇域架构的网络（客户/服务器网络） 由一组通过网络连接的计算机组成，域内的所有计算机共享一个集中式的目录数据库（活动目录AD，它包含整个域内用户账户和安全数据）。存储管理目录数据库的计算机必须是服务器级的计算机，称之为域控制器。每个域内可以有多个域控制器，它们各自保持一份相同的AD。域控制器负责目录数据库的添加、删除、修改与查询、审核登录用户的身份工作。域中的其他服务器称为成员服务，其他计算机必须加入域中。

**【做一做】**

请观察网络中一台已安装网络连接组件的计算机，并参考下表中的图示，完成表中提出的要求。

考察Windows Server 2012 R2的网络连接组件

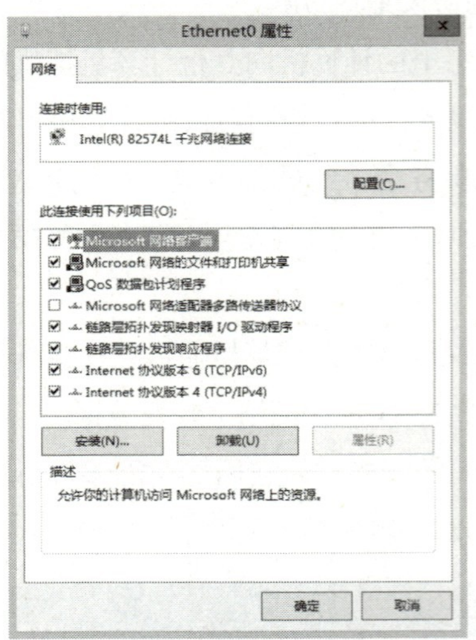


在“控制面板”中打开“网络连接”的属性对话框，标注出网络连接所需的4个组件。

（1）请根据你的观察填写下表。

| 网络组件 | 具体内容 |
|---|---|
| 通信协议 | |
| 网络服务 | |
| 网络适配器 | |
| 绑定 | |

（2）在对话框中，“此连接使用下列项目”列表下的列表项前面的“复选框”有什么作用吗？

**友情提示** JISUANJI WANGLUO JICHU YU YINGYONG YOUQINGTISHI

- 网络连接组件决定了计算机在网络中的各项能力。“客户”组件，如“Microsoft网络客户端”使计算机能访问Windows网络；“服务”组件，如“Microsoft网络的文件和打印共享”使计算机共享网络资源和打印服务。
- 勾选某网络组件，表示该网络组件与网络适配器进行了绑定；去掉网络连接组件前的对勾，将暂时禁用该项功能。

## 二、安装网络组件

你必须先正确安装网卡和它的驱动程序，这样在“网络和Internet”的“网络连接”管理窗口中才会有以网卡命名的网络连接一项。但你必须以具备管理员特权的用户账号登录系统，才能顺利安装网络组件。

**【做一做】**

请你参考下列图示，为网络中计算机安装需要的网络组件，然后描述安装网络组件的操作要点。

安装网络组件

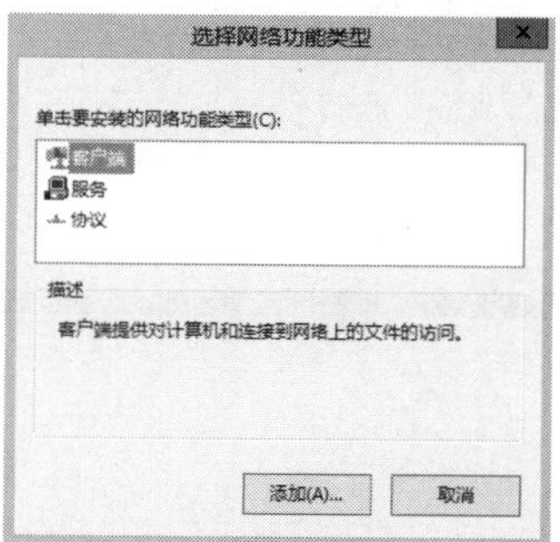


在“网络连接属性”对话中单击“安装”按钮。

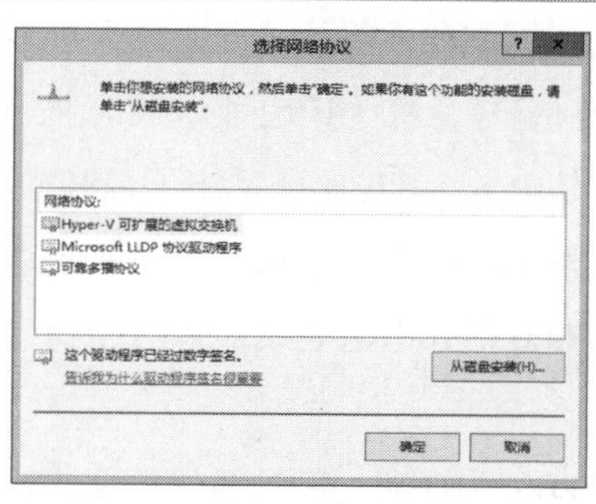


选择要安装的组件，如果系统没有自带，则需要选择“从磁盘安装”。

（1）怎样把安装到系统中的网络协议和服务绑定到网络适配器上？

（2）在局域网中，我们常用NetBEUI协议来实现计算机之间的通信，它有着比TCP/IP协议更高的效率。请你为计算机安装NetBEUI协议，并绑定到网卡上。

（3）请你描述安装网络客户和网络服务的方法。

（4）在可安装的网络组件中有“客户端”“服务”“协议”3种类型，请你列出Windows Server 2012 R2默认对它们支持的具体内容。

| 类型 | 具体内容 |
|---|---|
| 客户端 | |
| 服务 | |
| 协议 | |

（5）如果在实际应用中你所需要的“客户端”“服务”和“协议”不在Windows Server 2012 R2的默认支持内，你该如何处理？

友情提示 JISUANJI WANGLUO JICHU YU YINGYONG YOUQINGTISHI 

- 安装Windows Server 2012 R2时，TCP/IP协议、Microsoft网络客户端和Microsoft网络的文件和打印机共享网络服务功能是自动安装的，其他网络协议和网络服务才需要手动安装。
- 如果计算机只有一块网卡，则安装的网络连接组件将自动绑定到该网卡上。
- 不在Windows Server 2012 R2的默认支持列表中的协议，你要选择“从磁盘安装”，然后把存放协议的磁盘或光盘放入相应的驱动器中。
- 连接图标上的红叉表示网络电缆已断开。

## 三、配置服务器静态IP地址

TCP/IP通信协议是目前最完整、使用最为广泛的通信协议，它能实现不同网络结构、不同操作系统的计算机通过网络进行通信。在使用TCP/IP协议的网络上，每台计算机被认为是一台“主机”。每台主机都分配有一个唯一的二进制编号，称为IP地址。目前使用的版本是IPv4，其IP地址是32位的二制数编号（下一个版本是IPv6，其IP地址采用了128位的二进制编号）。IPv4的IP地址按8位一组分节转换成十进制数并用小数点分隔，这种表示法称为“点分十进制数”表示法，如10101100 00010000 00000000 01100101表示成点分十进制数为172.16.0.101。

IP地址前面的若干位表示主机所在的网络编号（NetworkID），剩下部分表示主机在网络中的主机编号（HostID）。IPV4的IP地址是分级的，共分为ABCDE 5类，它们支持的网络数和网络中的主机数是不同的，其中ABC类用于主机IP地址。

| 类级 | 网络ID | 主机ID | 网络范围 |
|---|---|---|---|
| A | 0 ×××××××× | ××××××××.××××××××.×××××××× | 1~126 |
| B | 10 ××××××.×××××××× | ××××××××.××××××××. | 128~191 |
| C | 110 ×××××.××××××××.×××××××× | ×××××××× | 192~223 |

网络号为127的IP地址不能指派给主机，它被保留用于环路测试。

每个网络的第1个IP地址表示网络本身，如197.17.1.0；最后一个IP地址代表广播地址，如197.17.1.255，这两地址不能分配给网内的主机。

子网掩码是形如IP地址的二进制编号，从左至右为连续的1，然后跟连续的0组成的32位编号。使用子网掩码从IP地址中获得主机所在网络的网络编号，IP地址中与子网掩码1对应的位就是网络编号。A、B、C类IP地址默认的子网掩码分别是：255.0.0.0、255.255.0.0和255.255.255.0。

当两个主机的网络ID不同时，说明它们不在同一个网络内，不能直接通信，必须通过路由器进行转发。在配置IP地址时，要指定“默认网关”（与本地网络相连的路由器的端口）的IP地址。

在A、B、C类IP地址中划分了一部分IP地址仅能在局域网内部使用，它们被称为专用IP地址或私有IP地址。当一个单位出于安全原因不希望连接到互联网，但又想利用TCP/IP方便有效的通信技术，就可以选用下表中所列的IP地址来构建单位内部网络。

| IP地址类别 | 可使用地址范围 |
|---|---|
| A | 10.0.0.1~10.255.255.254 |
| B | 172.16.0.1~172.31.255.254 |
| C | 192.168.0.1~192.168.255.254 |

友情提示 JISUANJI WANGLUO JICHU YU YINGYONG YOUQINGTISHI

- 具体IP地址的静态配置方法参考模块一的相关内容。

## 四、测试TCP/IP配置

测试的目的是检测TCP/IP协议配置的正确性，确保计算机间能正常通信。Windows Server 2012 R2提供了ipconfig和ping命令来确认和测试TCP/IP协议配置情况。这两个命令运行在命令行窗口环境下，ipconfig用于查看TCP/IP协议配置信息，ping用于测试两个计算机间TCP/IP协议的连通性。

**【做一做】**

请你观看教师的操作演示，然后描述下面这些测试的图示中所传递的信息，并回答表中提出的问题。

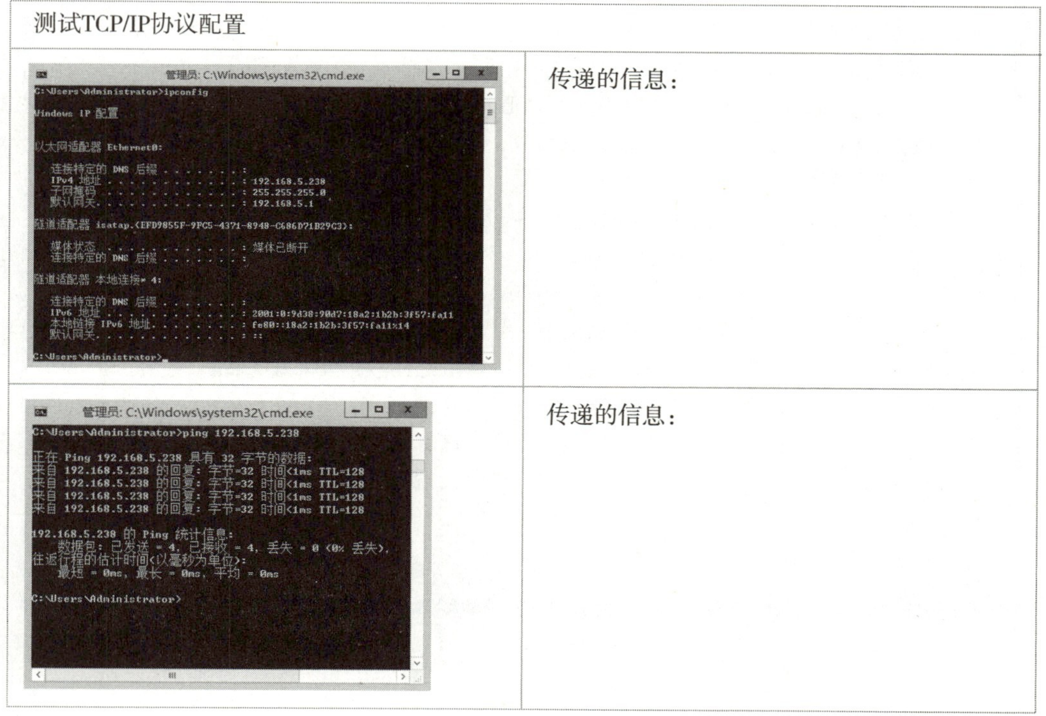


| 测试TCP/IP协议配置 | |
|---|---|
| [ipconfig截图] | 传递的信息： |
| [ping截图] | 传递的信息： |

<table>
<tr><td>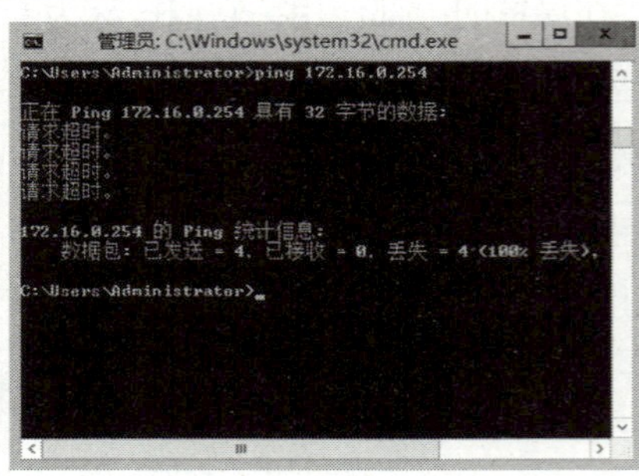
</td><td>传递的信息：</td></tr>
<tr><td colspan="2">（1）请分析TCP/IP连接失败的原因。<br><br>（2）请归纳命令ipconfig和ping的作用和使用格式。</td></tr>
</table>

## 知识窗 JISUANJI WANGLUO JICHU YU YINGYONG ZHISHICHUANG

● TCP/IP测试工具

◇ping命令　ping命令用于测试的连通性和分析网络的速度。

（1）使用格式

ping [-t] [-a] [-n count] [-l length] [-w timeout] <IP地址 | 主机名>

（2）使用参数

-t：连续向目标主机发送测试数据包，直到按“Ctrl+C”组合键结束；

-a：把主机名解析成对应的IP地址；

-n：指定发送count个测试数据包，默认值为4；

-l：指定发送length字节的测试数据包，默认值为32；

-w：指定超时时间间隔为timeout毫秒（ms）。

（3）常见返回信息

Request Timed Out：请求超时，可能是对方主机拒绝接收（关机了，安装了防火墙）或IP地址不存在。

Destination Host Unreachable：目的主机不可达，可能是对方主机与自己不在同一网段且又没设置默认网关，也可能是网络线路故障。

Bad IP address：错误的IP地址，可能是IP地址不存在或未连接到DNS服务器。

Unknow host：不知名的主机，未连接到DNS而不能解析主机名。

◇ipconfig命令　ipconfig命令用于显示TCP/IP协议配置信息，如适配器的IP地址、子网掩码、默认网关等，刷新DHCP（动态主机配置协议）和DNS（域名系统）的设置。

（1）使用格式

ipconfig [/all]　[/renew]　[/release]

（2）使用参数

all：显示所有适配器的完整 TCP/IP 配置信息，除基本信息外，还包括网卡的MAC地址、DHCP和DNS服务器的IP地址以及DHCP自动分配的IP地址使用期限等；

renew：更新所有适配器的 DHCP 配置；

release：释放所有适配器的 DHCP 配置。

友情提示 JISUANJI WANGLUO JICHU YU YINGYONG YOUQINGTISHI

- 只有安装了TCP/IP协议后才能使用命令ping和ipconfig。
- IP地址127.0.0.1被称为环路地址，计算机利用该地址识别其自身。ping 127.0.0.1用于测试本机网卡和TCP/IP协议安装是否正确。
- 如果网络适配器没有与有效通信线路连接，ipconfig命令将不能显示该适配器的配置信息。
- 使用参数时，要在参数名前缀以/或-并与命令单词至少间隔一个空格。执行ping /?或ipconfig /?可得到命令的详细使用帮助。

NO.3 [ 任务三 ]

# 管理Windows Server 2012 R2 用户和用户组

网络管理员必须能使一个组织或企业的员工能够访问网络中他们所需要的各种网络资源。通过Windows Server 2012 R2提供的用户账号，用户可以登录和访问本地计算机或域的资源。本任务要求你：

（1）为使用网络资源的人员建立用户账号；

（2）根据使用管理要求配置用户账号；

（3）为简化授权管理建立和配置用户组。

## 一、考察Windows Server 2012 R2用户账户

用户账号包含用户唯一的身份标识，这种身份标识是可以被鉴定和授权的，从而使用户可以登录Windows Server 2012 R2网络以访问资源。作为管理员，你必须理解不同用户账号类型和创建用户账号的操作要点。

1.用户账号的类型

**【做一做】**

请阅读下表并讨论不同用户账号的访问权限。

Windows Server 2012 R2的用户账号类型

| 用户账号类型 | 用户账号说明 |
| --- | --- |
| 本地用户账号 | 本地用户账号使用户可以登录到特定的计算机中，以便访问这台计算机上的资源。本地用户账号信息保存在该计算机的安全账号管理数据库（Security Account Manager SAM）中 |
| 域用户账号 | 使用域用户账号，用户可以从网络上的任何一台计算机登录到特定的域，以访问网络资源。域用户账号数据保存在域控制器的活动目录数据库（Active Directory，AD）中 |
| 内置用户账号 | 在安装Windows Server 2012 R2时，系统自动建立用户账号，用户使用内置用户账号可以执行日常的管理工作和临时访问网络资源。有两个特别的内置用户账号Administrator（管理员）和Guest（客人），前者用于系统管理，后者用于临时访问网络资源，它们不能被删除 |

友情提示 JISUANJI WANGLUO JICHU YU YINGYONG YOUQINGTISHI

- 域是在Windows Server 2012 R2网络中，由若干个连网的计算机构成的逻辑单位。在同一个域中的计算机共用一个公共的安全数据库，它实现了网络的安全性和资源的集中管理。域的规模可大可小，小至几台，大到数千台计算机组成。
- 本地用户账号数据存储在各计算机中的安全账号管理数据库（SAM）中，域用户账号数据安全策略集中保存在域的活动目录数据库（AD）中，AD位于域控制器（运行AD的Windows Server 2012 R2服务器计算机）中，域控制器中不用SAM。
- 关于配置域控制器的方法可以查阅相关资料。

2.创建用户账号的要点

这是你在为用户创建账号时要遵守的一些约定和规范。在创建用户账号时，你需要提供的用户主要信息是登录名、用户全名和登录密码。

（1）命名约定

◇用户登录名和命名在本地计算机或域中必须是唯一的。

◇用户登录名由最多20个字符组成，用户登录名中不能出现下列字符：\ / " [ ] : | < > + = ；，？ * @ 。

◇用户登录名要能反映实际用户的特征（用户的姓名、工作岗位等）

（2）密码要求

◇“管理员”账号必须指定密码。

◇密码最长为256个字符组成，Window Server 2012 R2的默认安全策略要求密码符合复杂性要求，即密码不能包含账户名，密码必须包含英文字母、数字和特殊字符。在设置管理员密码时，建议密码长度不少于8个字符。

◇密码应该具有一定的复杂度，难以让人猜到。应避免使用带明显联想色彩的密码字，如姓名、生日、身份证号等，推荐采用由大小写字母、数字和其他非字母数字字符混合组成的密码字。

**【做一做】**

根据你对用户账号和密码的理解，完成下表提出的任务。

| （1）请你为某公司财务部的王乐佳和周静宜规划设计他们的用户账号名，并向同伴描述你设计的理由。<br><br>（2）请你评价下列密码的安全性。<br>12345678　administrator　x3t*H9O（6&y　19870725　P&g<br><br>（3）请你设计几个有较高安全性的密码，并阐明设计理由。<br><br>（4）请你归纳设计高安全性账户密码应该遵守的原则是什么？ |
|---|

## 二、创建新用户账号

某公司财务部主管王乐佳要求你为她创建一个用户账号，她要自己修改并管理她的账号密码，她的账号登录名是：Acnt_Wanglj，初始密码为：11111111。要完成这项工作，你应以“管理员”身份登录到计算机。

**【做一做】**

按“Win”键切换到“开始”屏幕，单击“管理工具”，然后在打开的窗口中选择执行“计算机管理”，并按下面的图示创建新用户账号，最后回答表中提出的问题。

| 创建本地用户账号 | |
|---|---|
| 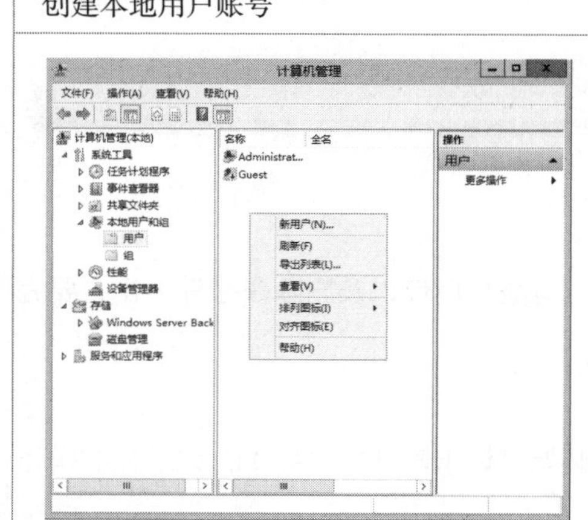 | 右击“用户列表”空白处，在快捷菜单中选择“新用户”选项。 |

<table>
<tr><td>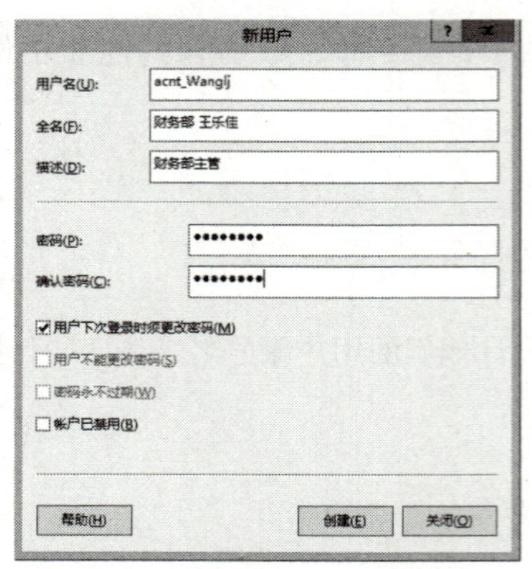</td><td>①在“新用户”对话框中输入账号需要的信息，如用户名、密码等，并选择需要的账号选项；<br>②单击“创建”按钮建立新账号。</td></tr>
<tr><td colspan="2">（1）请你描述以下选项的作用。<br>★用户下次登录时须更改密码：____________________<br>★用户不能更改密码：____________________<br>★密码永不过期：____________________<br>★账户已停用：____________________<br>（2）你认为在建立用户账户过程中应注意什么问题？<br><br>（3）试一试，什么样的用户才有建立或修改账户的权限？</td></tr>
</table>

**友情提示** JISUANJI WANGLUO JICHU YU YINGYONG YOUQINGTISHI

- 用户账号的密码可以由管理员控制，这时要勾选“用户不能更改密码”；若用户密码由用户本人控制，这时要勾选“用户下次登录时必须更改密码”。
- 你可以为即将到来的新员工创建账号，勾选“账号已停用”项，可防止使用该账号，待新员工正式到岗时就可立即启用。
- 账号图标上的红叉图示表示该账号是停用的。

## 三、管理用户账号

用户账号管理包括设置账号密码、重命名、设置账号属性以及删除账号等工作，要完成账号管理必须以“管理员”身份登录到计算机。

**【做一做】**

请你根据表中的要求对用户账号进行管理（必要时请求教师的指导），记录你的操作要点并回答表中提出的问题。

（1）更改账号密码

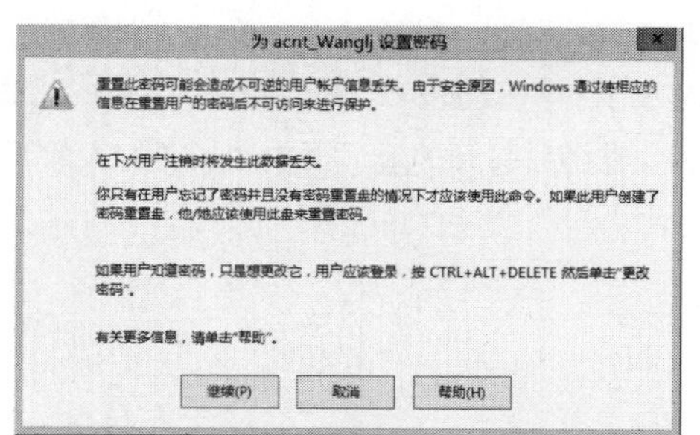


①右击“账户名”，在弹出快捷菜单中选择“设置密码”选项；

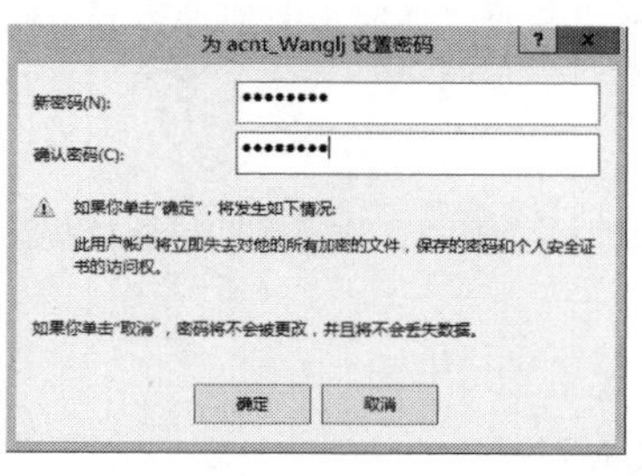


②在“设置密码”对话框中输入新密码。

（2）修改账号密码条件选项

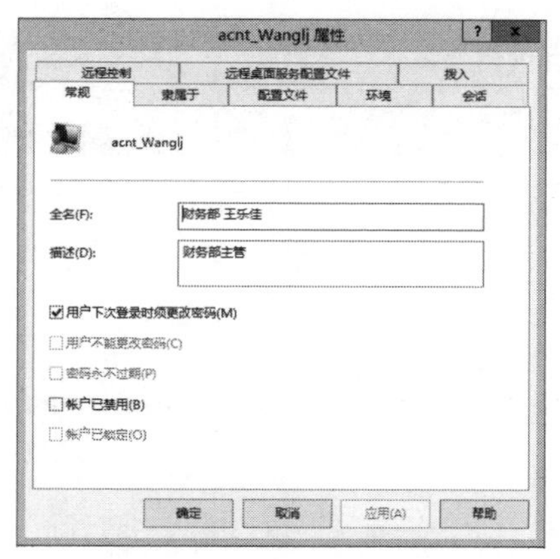


①右击要修改的账号，在弹出的快捷菜单中选择“属性”选项；

②在“属性”对话框的“常规”选项卡设置页中完成设置。

密码条件选项说明表

| 选　项 | 选项描述 |
| --- | --- |
| 用户下次登录时必须更改密码 | 确保用户是唯一知道密码的人 |
| 用户不能更改密码 | 账号由多个用户使用，只有管理员才能控制密码 |
| 密码永不过期 | 系统不会定期提示用户修改密码 |
| 账号已禁用 | 禁止用该账号登录 |
| 账户已锁定 | 暂时禁用该账户登录 |

（3）设置账号所属的组

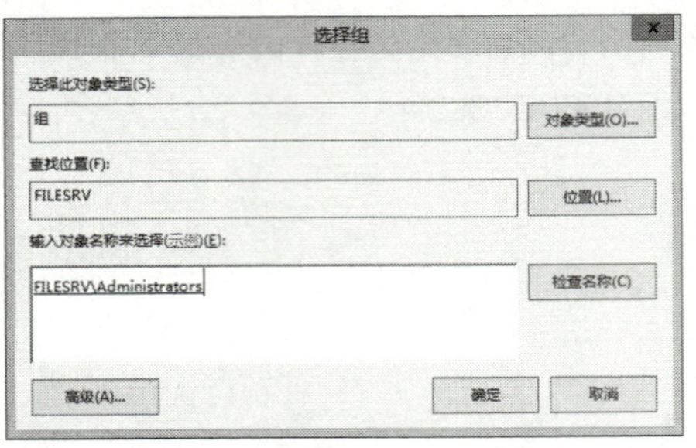


在“账号属性”对话框中，单击“隶属于”选项卡打开设置页，然后单击“添加”按钮，在随后打开的对话框中选择要加入的用户组。

①某公司业务部的4个业务员共用一个账号访问网络资源，你应采取何种账号密码管理策略？

②请你参与讨论，账号管理与系统安全的关系。在账号管理中，你有哪些措施能提高系统安全性？

③更改管理员的用户账号名对系统安全有没有积极意义？

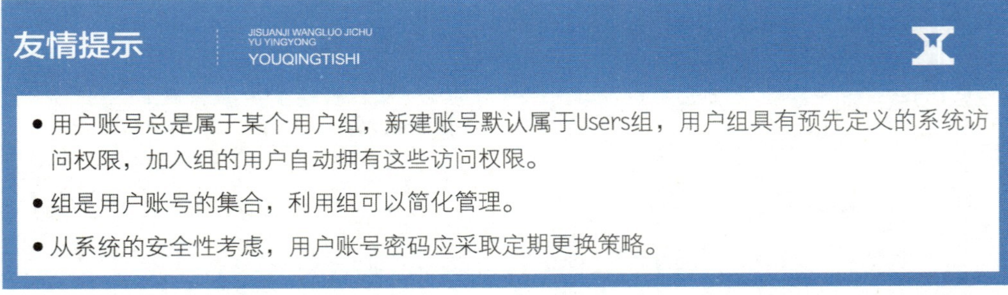

友情提示 JISUANJI WANGLUO JICHU YU YINGYONG YOUQINGTISHI

- 用户账号总是属于某个用户组，新建账号默认属于Users组，用户组具有预先定义的系统访问权限，加入组的用户自动拥有这些访问权限。
- 组是用户账号的集合，利用组可以简化管理。
- 从系统的安全性考虑，用户账号密码应采取定期更换策略。

## 四、考察用户组

利用组可以简化对用户和计算机访问网络资源的管理，提高管理工作的效率。作为系统管理员，你必须知道Windows Server 2012 R2为不同任务提供的各种类型的组和它们的特征。

1.组的用途和工作方式

组是用户账号的集合，利用组可以方便地管理用户对共享资源的访问。可以将对共享资源的访问权限一次授权给组，而不必多次授权给每一个用户，组中的用户将自动获得授予给组的访问权限，从而简化了对访问网络资源的授权管理。

2.用户组的分类

◇本地组（工作组中的组） 在运行Windows Server 2012 R2非域控制器或其他Windows操作系统的计算机上创建的组账户，被称为本地组。它们驻留在安全账号管理数据库（SAM）中，只有在创建该组的计算机上才能利用它们授予访问本地计算机内的资源和执行系统任务的权力。

◇域中的组 在域控制器上创建的组账户，驻留在活动目录AD中。在它所在的域中，可利用它们授予的访问资源的权限和执行系统任务的权力。

**【做一做】**

考察运行Windows Server 2012 R2的计算机中自动创建的用户组，完成下表。

| 考察Windows Server 2012 R2的内置用户组 | |
|---|---|
| 内置用户组名称 | 用户组权限描述 |
| Administrators（管理员组） | |
| Backup Operators（备份操作员组） | |
| Guests（访客组） | |
| Network Configuration Operators（网络配置操作员组） | |
| Performance Monitor Users（性能监视用户组） | |
| Power Users（特权用户组） | |
| Remote Desktop Users（远程桌面用户组） | |
| Users（一般用户组） | |
| 几个特殊组（任何用户不能是组内的成员） | |
| Everyone（任何人用户组） | |
| Authenticated Users（认证用户组） | |
| Interactive（交互用户组） | |
| Network（网络用户组） | |
| Dialup（拨号用户组） | |
| Anonymous Logon（匿名登录用户组） | |

友情提示 JISUANJI WANGLUO JICHU YU YINGYONG YOUQINGTISHI

- 内置的组有一组预先设定的权限，决定了用户可执行的系统任务。可以向内置的组添加用户账号，使用户具有组所规定的管理系统的权力。不能删除内置的组。
- 本地组的成员只能是来自于本组所在计算机上的本地用户账号，本地组成员不能成为其他组的成员。
- Administrators组和Power Users组的成员具有管理用户的权限。
- 运行Windows Server 2012 R2的计算机上都有本地组，但不应该在域计算机上使用它们；否则，会妨碍你对域资源的集中管理，应该用域组来控制对网络资源的访问。

## 五、创建用户组

不论是在工作组中还是在域中，如果有多个用户对资源有相同的访问要求或执行相同的系统任务，你就应该利用用户组来控制他们的访问授权，以简化系统管理。

**【做一做】**

请你参考下面的图示并上机操作，描述创建用户组和向组添加用户账户的操作步骤和注意事项，然后回答表中提出的问题。

创建用户组

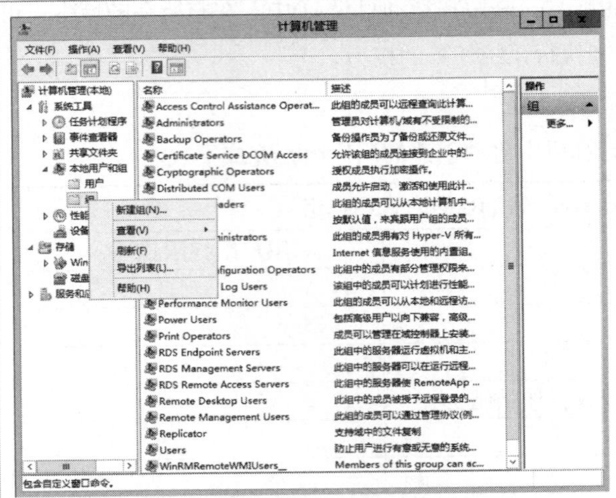


在“计算机管理”窗口右窗格树形列表中的“本地用户和组”下的“组”上右击，然后在快捷菜单中选择“新建组”选项。

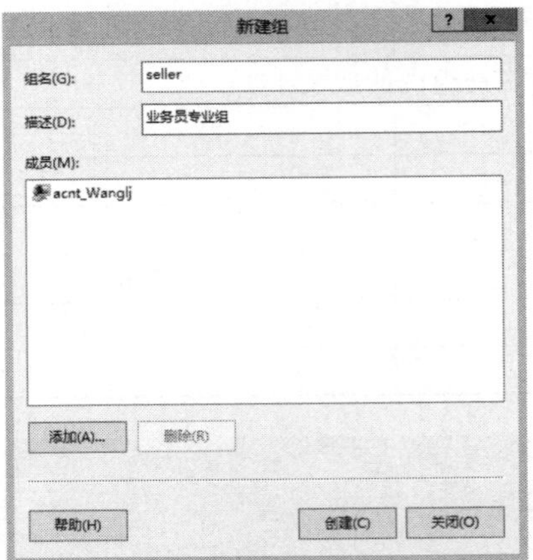


在“新建组”对话框中输入用户组名和相关的描述文字，然后单击“创建”按钮建立用户组。

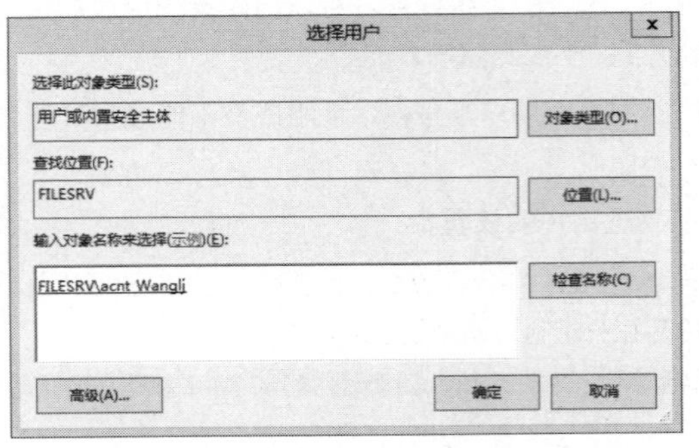


打开用户组的“属性”对话框，单击“添加”按钮向用户组中添加账户。

（1）从用户组删除用户账号，该用户账号也删除了吗？删除用户组会删除该组成员用户账号吗？

（2）请你评价用户组在管理网络资源访问控制中的作用。

**友情提示** JISUANJI WANGLUO JICHU YU YINGYONG YOUQINGTISHI

- 当你决定用组来管理资源访问授权后，你就不应当对组内的用户单独授权，而是为相应的组授权。
- 使用组的授权策略：将账号放置在组中，将权限授予给组。
- 如果能够把用户账号放置在某个内置组来给用户授权，就不应当创建新的用户组来实现管理要求。
- 组名称是组的唯一标识符，它的命名规则与用户名相同，组名不能与用户名重名，组名最多可包含256个字符。

NO.4 [ 任务四 ]

# 管理文件系统权限

在信息社会中，数据是一种宝贵的资源。服务器的文件系统中存储着一个单位或组织的重要的业务数据，保护这些数据的安全是系统管理员的重要职责。Windows Server 2012 R2的身份验证能有效阻止组织外的人员进入系统，同时系统中的一些敏感数据也不能对系统中所有用户都开放，要根据单位对数据的管理策略实施文件权限管理，让用户能顺利访问他该访问的数据。为此，你必须：

（1）理解NTFS文件系统的权限；

（2）将NTFS权限授予给用户账号或用户组。

## 一、考察NTFS文件系统的权限

NTFS文件系统除具备FAT文件系统的基本功能外，还具有支持文件权限管理、文件加密、文件压缩、磁盘配额管理等特性，有更高的安全性。Windows Server 2012 R2只有用NTFS格式进行格式化的磁盘才能获得NTFS文件系统带来的安全性。NTFS权限分为NTFS文件夹权限和NTFS文件权限，为了管理NTFS文件系统的权限，你必须要知道它们的确切含义。

1. NTFS文件夹权限

**【做一做】**

在“资源管理器”中，右击文件夹，在快捷菜单中选择“属性”选项，在弹出的“属性”对话框中，单击“安全”选项卡，出现下面的图例。上机操作，查看文件夹的NTFS权限。

<table>
<tr><td colspan="2">文件夹的NTFS权限</td></tr>
<tr><td>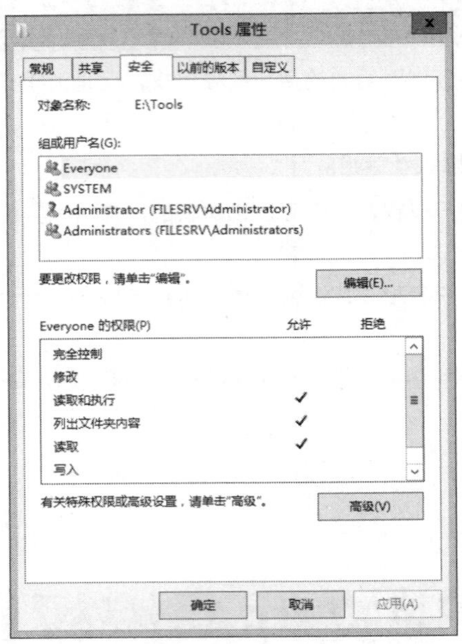
</td><td>在“组或用户名”列表中选择欲查看的用户或组，在其下的权限列表中显示该用户或组拥有的文件夹访问权限。</td></tr>
<tr><td colspan="2">请你仔细阅读下表中关于NTFS文件夹权限及相应允许访问的权力的描述。</td></tr>
</table>

| NTFS文件夹权限类型 | 允许的访问权力 |
|---|---|
| 完全控制 | 改变权限，成为拥有者，删除文件夹和文件以及执行其他NTFS文件夹权限允许执行的操作 |
| 修改 | 删除文件夹和执行“写”权限、“读取及运行”权限所允许的操作 |
| 读取及运行 | 浏览文件夹和执行“读”权限、“列出文件夹目录” 权限所允许的操作 |
| 列出文件夹目录 | 查看文件夹中的文件和子文件夹的名称 |
| 读取 | 查看文件夹中的文件和子文件夹，以及文件夹的属性、拥有者和权限 |
| 写入 | 在文件夹中创建新的文件和子文件夹，修改文件夹属性，查看文件夹的拥有者和权限 |

2. NTFS文件权限

**【做一做】**

在“资源管理器”中，右击要文件，在快捷菜单中选择“属性”选项，在弹出的“属性”对话框中，单击“安全”选项卡，出现下面的图例。上机操作，查看文件的NTFS权限。

文件的NTFS权限

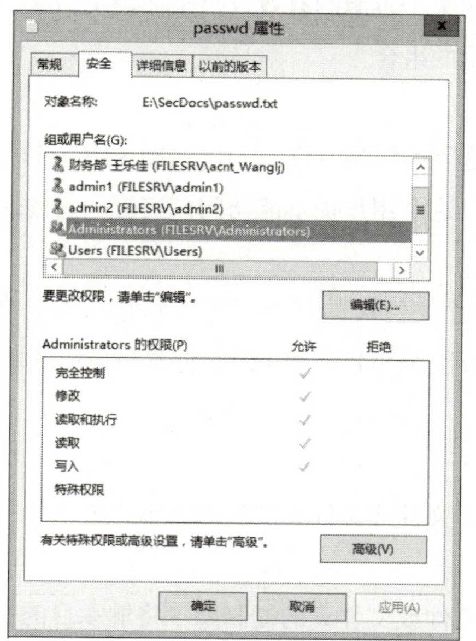


在“组或用户名”列表中选择欲查看的用户或组，在其下的权限列表中显示该用户或组拥有的文件访问权限。

请你仔细阅读下表中关于NTFS文件权限及相应允许访问的权力的描述。

| NTFS文件权限类型 | 允许的访问权力 |
| --- | --- |
| 完全控制 | 改变权限，成为拥有者，执行所有其他NTFS文件权限允许执行的操作 |
| 修改 | 修改和删除文件和执行“写”权限、“读取及运行”权限所允许的操作 |
| 读取及运行 | 运行应用程序和执行由“读”权限所允许的操作 |
| 读取 | 读文件和查看文件属性、拥有者和权限 |
| 写入 | 覆盖写入文件，修改文件属性，查看文件的拥有者和权限 |

## 友情提示

JISUANJI WANGLUO JICHU YU YINGYONG

YOUQINGTISHI

- 文件系统是在操作系统命名、存储、组织文件的综合结构。NTFS、FAT 和 FAT32 都是文件系统类型。NTFS是用于 Windows Server 2012 R2 操作系统的高级文件系统，NTFS权限不能用于FAT和FAT32文件系统格式化的磁盘分区。
- 强烈推荐用NTFS格式化磁盘分区，以实现对用户访问资源级别的控制。
- 在文件夹或文件的“属性”对话框的“安全”页单击“添加”按钮可为文件夹或文件指定用户或用户组；单击“高级”按钮可为用户设置特别权限。

3．NTFS权限应用要点

①NTFS权限授予具有累积性，即一个用户对某个资源的有效权限是你授予给这一账号的NTFS权限与你授予给它所在用户组的NTFS权限的组合。

②文件权限超越文件夹的权限。

③拒绝权限超越其他权限。这是指将“拒绝”访问某一资源的权限授予给一个用户账号后，即使它所在的组具有访问该资源的权限，这个用户仍不能访问该资源，它的所有其他权限均被收回。

④NTFS权限具有继承性。这是指授予对某个文件夹的权限可传递到它的子文件夹和文件（包括以后新建的文件和文件夹）。NTFS权限继承性是默认的，但你可以阻止权限的继承。

⑤复制文件和文件夹对NTFS权限的影响：

◇在单个NTFS磁盘分区内进行复制操作时，文件或文件夹的复制副本将继承目的文件夹的权限。

◇在NTFS磁盘分区之间进行复制操作时，文件或文件夹的复制副本将继承目的文件夹的权限。

◇将文件或文件夹复制到非NTFS磁盘分区，文件或文件夹的复制副本将丢失原有的权限。

⑥移动文件和文件夹对NTFS权限的影响：

◇在单个NTFS磁盘分区内进行移动操作时，文件或文件夹将保留它原来的权限。

◇在NTFS磁盘分区之间进行移动操作时，文件或文件夹将继承目的文件夹的权限。

◇将文件或文件夹移动到非NTFS磁盘分区，文件或文件夹将丢失原有的权限。

**友情提示** JISUANJI WANGLUO JICHU YU YINGYONG YOUQINGTISHI

- 在进行复制操作时，你对目的文件夹必须有“写”的权限，对源文件夹应有“读”的权限。
- 在进行移动操作时，你对目的文件夹必须有“写”的权限，对源文件夹应有“修改”的权限。

**【做一做】**

请你分析下表案例中kelly对文件夹或文件的访问权限。

kelly是users组和seller组的一名成员，文件夹folder1有文件file1和子文件夹folder2，folder2有文件file2，如下图所示。

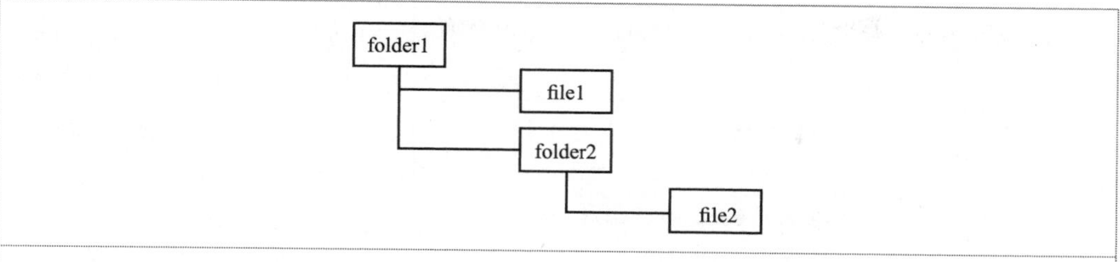


（1）users组对folder1文件夹有“写”权限，seller组对folder1文件夹有“读”权限，kelly对folder1文件夹有什么权限？

（2）users组对folder1文件夹有“读”权限，seller组对folder1文件夹有“写”权限，kelly对文件file2有什么权限？

（3）users组对folder1文件夹有“修改”权限，seller组对file2文件只有“读”权限，怎样才能保证kelly对文件file2只有“读”权限？

## 二、为用户或用户组授予NTFS权限

为了保护NTFS磁盘分区上的文件和文件夹，又能让用户可以顺利访问他们工作所需要的资源，应该把文件和文件夹合适的NTFS权限授予给用户或用户组。管理员和文件或文件夹的拥有者，以及具有“完全控制”权限的用户才能把相应文件或文件夹的权限授予给用户或用户组。

**【做一做】**

请你观看“为用户或用户组授予NTFS权限”操作视频或教师的操作示范，参考下表中的图示并上机验证，然后描述把文件夹或文件的NTFS权限授给用户或用户组的操作步骤和要点，并回答表中提出的问题。

为用户或用户组授予NTFS权限

| 为用户或用户组授予NTFS权限 | |
|---|---|
| 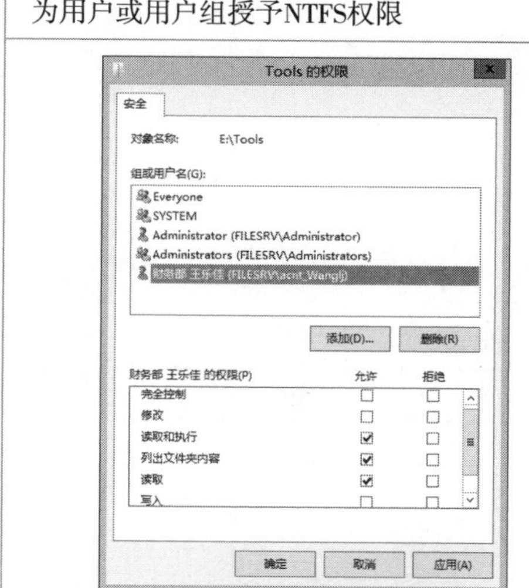 | ①在文件或文件夹“属性”对话框的“安全”设置页中单击“编辑”按钮；<br>②单击“添加”按钮，按提示添加要授予访问权限的用户账户或组；<br>③在权限列表中需要授予权限后的“允许”或“拒绝”对应的复选框中打钩。 |

<table>
<tr><td>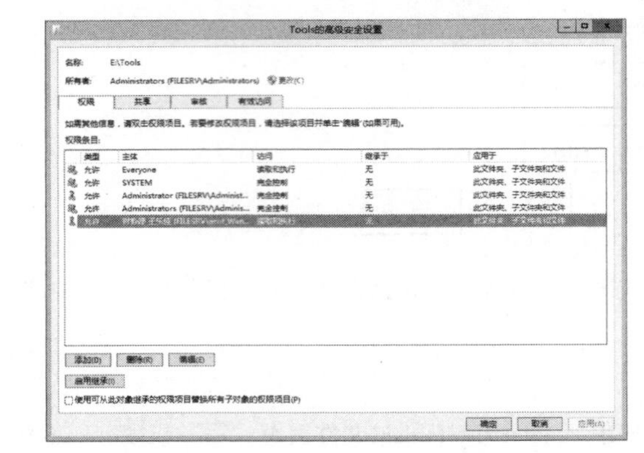
</td><td>在文件或文件夹“属性”对话框的“安全”设置页中单击“高级”按钮，打开文件或文件夹的“高级安全设置”对话框。</td></tr>
<tr><td>
</td><td>在“高级安全设置”对话框中选择用户或用户组，单击“编辑”按钮，然后在弹出的“权限项目设置”对话框中设置对文件或文件夹的访问权限。</td></tr>
<tr><td>阻止权限传播</td><td></td></tr>
<tr><td>
</td><td>在文件或文件夹的“高级安全设置”对话框中单击“禁用继承”按钮，弹出“阻止继承”对话框，根据需要进行选择。</td></tr>
<tr><td colspan="2">

“阻止继承”对话框的选择

| 选择链接 | 功能描述 |
|---|---|
| 将已继承的权限转换为此对象的显式权限 | |
| 从此对象中删除所有已继承的权限 | |

</td></tr>
</table>

（1）为了防止数据和应用程序文件被意外删除或破坏，针对应用程序文件夹应为用户或组授予何种权限？

（2）对于数据文件夹，要让用户有查看和修改其他用户建立的文件的能力，应该怎样为用户或组授予权限？要让拥有者能查看、修改和删除他们自己建立的文件或文件夹又应该怎样为他们授权？

**友情提示** JISUANJI WANGLUO JICHU YU YINGYONG YOUQINGTISHI

- 不要为Everyone组授予对根文件夹“完全控制”的权限，否则将会给文件系统管理带来安全隐患。建议针对某一文件或文件夹删除对Everyone组的授权，把权限明确指定给应该拥有权限的用户或组。
- 应避免授予“拒绝”权限，应该巧妙地设计组和组织文件夹中的资源，使用各种“允许”权限来满足权限管理要求。
- 尽可能为组而不是为用户授权，这样可简化管理且能提高系统性能。为此，你应该按照组成员对资源的要求的访问方式创建组。
- 用户的NTFS权限是该用户账号的权限和所属组权限的组合。
- 文件的权限超越文件夹的权限；拒绝权限超越其他权限。

NO.5 [ 任务五 ]

# 通过网络访问服务器文件系统

虽然可以登录Windows Server 2012 R2服务器本地计算机来访问服务器中的文件或文件夹，但这种情况一般只适用于系统管理员。应该让网络系统中的其他用户也能通过网络来访问与他们工作相关的文件夹和其他网络资源。为了使用户能通过网络访问服务器中的文件夹，你需要：

（1）在服务器计算机中建立共享文件夹；

（2）为增强安全性，你要设置共享文件夹的权限；

（3）指导用户连接到共享文件夹。

## 一、建立共享文件夹

作为管理员，你应当认真规划系统中需要供组织或企业员工共同访问的文件夹，你可以建立公共的应用程序文件夹来集中进行日常管理工作，建立公共的数据文件夹为用户提供访问公共文件的中心场所。

**【做一做】**

建立共享文件夹

请你仔细观看“建立共享文件夹”操作视频或教师的操作示范，结合图示完成下表提出的问题。

<table>
<tr><td colspan="2">建立共享文件夹</td></tr>
<tr><td>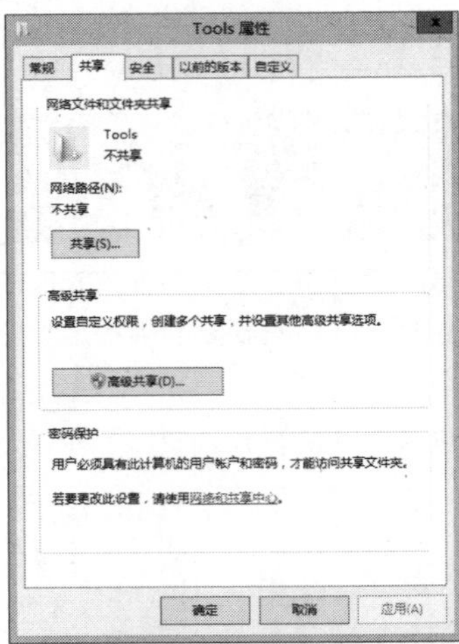
</td><td>右击要共享的文件夹，在快捷菜单中选择“属性”选项，在弹出的“属性”对话框中选择“共享”设置页。</td></tr>
<tr><td>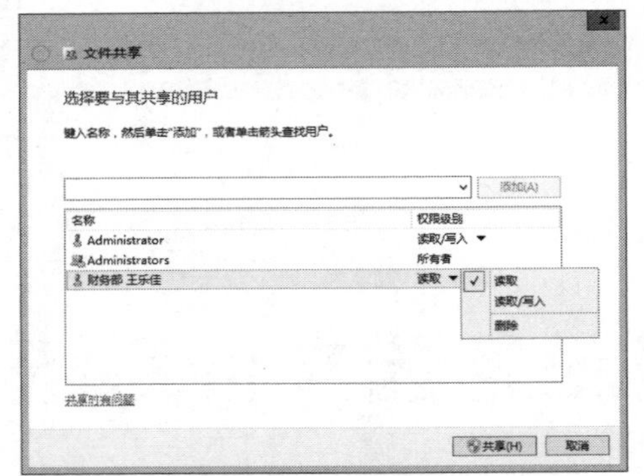
</td><td>选择或添加共享用户或用户组，并设置共享权限，单击“共享”按钮完成文件夹共享。</td></tr>
<tr><td colspan="2">设置用户数量限制和文件缓存脱机使用</td></tr>
<tr><td>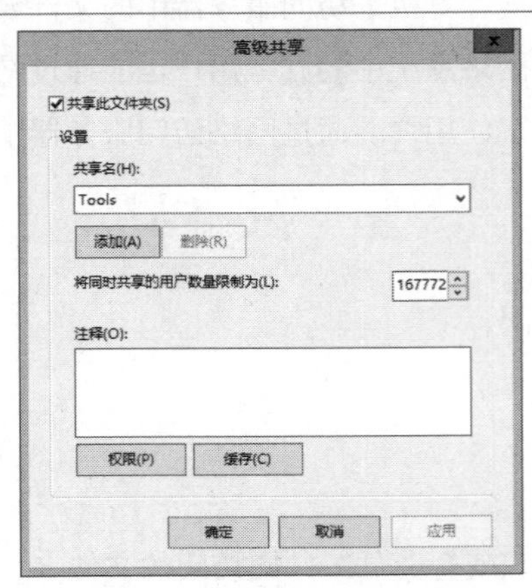
</td><td>在“将同时共享的用户数量限制为”后的编辑框中输入限制同时访问共享文件夹的用户人数。</td></tr>
</table>

<table>
<tr>
<td>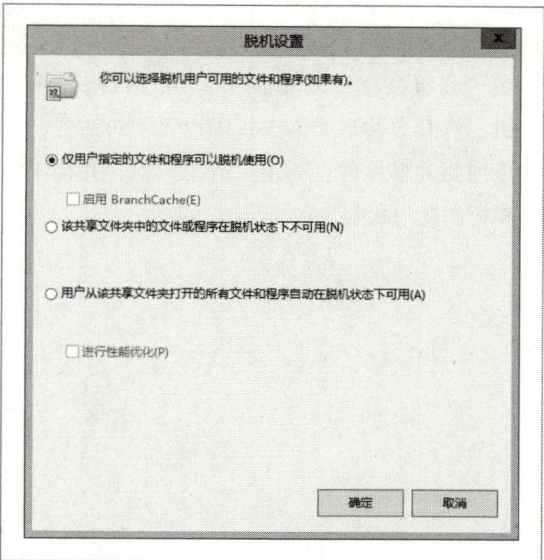
</td>
<td>在文件夹的“共享”设置页中单击“高级共享”按钮，然后在“高级共享”对话框中单击“缓存”按钮，实现共享文件脱机使用。</td>
</tr>
<tr>
<td colspan="2">（1）请你描述共享名的作用，它可以修改吗？　　○可以　　○不可以<br><br>（2）用户数限制起什么作用？<br><br>（3）可以为一个共享文件夹设置多个共享名吗？<br><br>（4）共享文件夹的资源地址的一般格式是什么？</td>
</tr>
</table>

**友情提示** JISUANJI WANGLUO JICHU YU YINGYONG YOUQINGTISHI

- 在共享文件时，默认的“共享名”是被共享文件夹的名称，你可以另取一个更友好的名称。
- “备注”虽然不是必需的，但利用备注可描述该共享文件夹的作用，它将和共享名一起出现在用户的资源管理器中，让用户了解共享文件夹的内容。
- 指定“用户限制数”可以限制访问共享文件夹的用户数目，从而控制对共享文件夹的访问。
- Administrators组、Server Operators组和Power Users组的成员才有权力共享文件夹。

## 二、设置共享文件夹的访问权限

为了增强文件系统的安全性，你应该只为用户授予其访问级别所要求的权限。如果共享文件夹位于NTFS磁盘分区上，用户还需要足够的NTFS权限才能访问共享文件。

**【做一做】**

请仔细观察教师“设置共享文件夹的访问权限”的操作示范，结合图示完成表中提出的问题。

设置共享权限

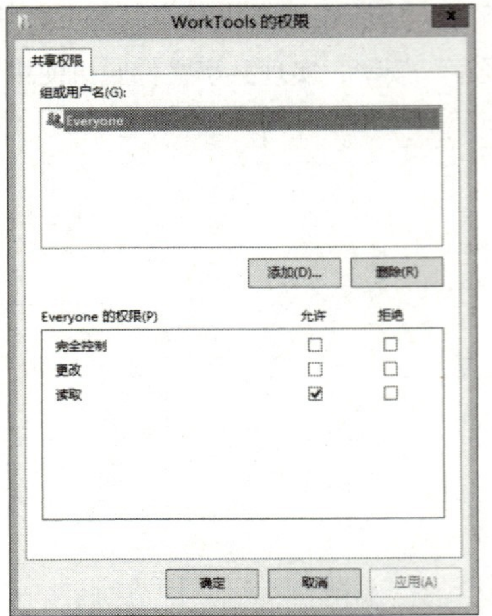


在“高级共享”对话框中单击“权限”按钮，打开“共享文件夹权限设置”对话框，添加要共享文件夹的用户或用户组，并授予需要的访问权限。

“安全”对话框上按钮的作用

| 按钮 | 功能描述 |
|---|---|
| 添加 | |
| 删除 | |

“共享权限”的访问权限

| 共享权限 | 实现的访问控制 |
|---|---|
| 完全控制 | |
| 更改 | |
| 读取 | |

（1）用户对文件夹tools拥有“完全控制”的NTFS权限，而对该文件夹的共享权限为“读取”权限，当通过网络访问tools文件夹时，它具有怎样的访问权力？

（2）你未曾对用户Vengars授予对共享文件夹vland的任何共享权限，Vengars能拥有访问该文件夹的权限吗？

## 友情提示

JISUANJI WANGLUO JICHU YU YINGYONG
YOUQINGTISHI

- 要访问NTFS磁盘分区上的共享文件夹，用户除了需要有该共享文件夹的权限外，还需要针对各个文件夹和文件的合适的NTFS权限。用户对共享文件夹的访问权限由授予的共享权限和NTFS权限决定。
- 不要对Everyone组授予“完全控制”权限，如果要明确指定授权的用户或组，你应该从共享权限中删除Everyone组；否则，所有用户都将具有对该文件夹的“完全控制”权限。如果授予Everyone组“拒绝”权限，则所有的用户（包括你想授权访问的用户）都将被拒绝访问。
- 在选择用户或组时，单击“高级”按钮，然后在弹出的对话框中单击“立即查找”按钮，可以实现快速选择要授权的用户组或用户。

## 三、访问共享文件夹

**【做一做】**

请观看“访问共享文件夹”操作视频或教师的操作演示，结合下表中的图例，完成表中提出的问题。

访问共享文件夹

| 访问共享文件夹 | |
|---|---|
|  | 在资源管理器的地址栏中输入共享文件夹的资源地址\\filesrv\tools后回车，然后输入共享用户名和密码。 |
| 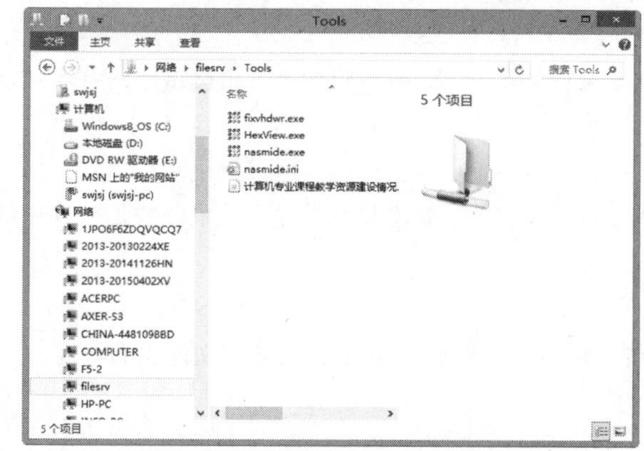 | 对打开的共享文件夹，可以像在本地一样进行操作。 |
| 映射网络驱动器 | |
| 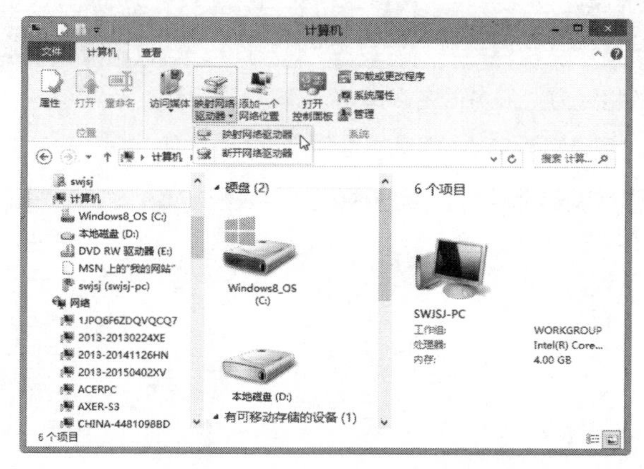 | 在“计算机”窗口中，按“Ctrl+F1”组合键展开常用工具按钮，在“映射网络驱动器”中选择“映射网络驱动器”。 |

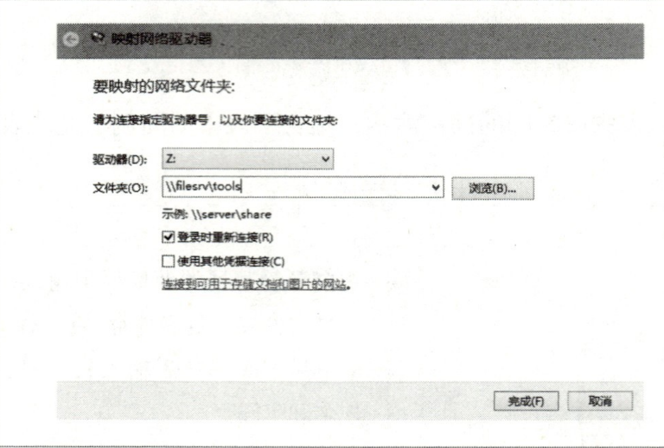


选择驱动器盘符，输入共享资源地址或单击“浏览”按钮选择共享文件，然后单击“完成”按钮。

（1）请你描述有哪些途径可以访问网络中的共享文件夹?

（2）访问共享文件夹时，需要在共享文件夹所在的计算机拥有账号吗?

○需要　　　　○不需要

（3）要让访问共享文件夹如同访问本地驱动器一样，你要进行何种操作?如果你不想每次访问共享文件夹都重复进行这一操作，应该怎样设置?

（4）记录在映射网络驱动器时共享文件夹的路径，请你归纳出表示网络上的共享文件夹位置的一般格式。

（5）请你评价共享文件夹与本机文件夹的区别，描述共享文件夹在单位数据管理中的应用。

（6）请你描述通过“网上邻居”和“映射网络驱动器”功能访问共享文件夹的特性。

## 友情提示

JISUANJI WANGLUO JICHU YU YINGYONG

YOUQINGTISHI

- 网络中的共享资源定位描述符的一般格式为: \\服务器名\共享名。
- 共享文件夹映射网络驱动器时，勾选“登录时重新连接”可带给你使用上的方便。

NO.6

[ 任务六 ]

# 加密文件系统

存储在网络中的敏感数据（商业机密、专利技术资料等）的安全性倍受用户关注，作为管理员，除了通过设置权限来实现访问控制外，还需要运用加密技术来保障这类数据的安全访问。要实现文件夹及文件的加解密，你要理解NTFS文件系统中EFS的工作特性以完成：

（1）加密文件夹或文件；

（2）解密文件夹或文件。

## 一、考察加密文件系统

加密文件系统提供文件加密和解密功能，文件加密后，只有将其加密的用户或授权的用户能够读取，即使系统管理员在没有授权的情况下也不能读取。因此，加密文件系统提高了敏感数据文件的安全性。请阅读下述对加密文件系统的描述。

| |
|---|
| ①加密文件系统（Encrypt File System， EFS）内置于NTFS文件系统中，它提供文件级的加密。<br>②EFS易于管理，用户加密文件后，该文件一直以加密格式存储在磁盘上，从而保证文件的机密性。<br>③只有被授权的用户才能访问加密的文件，EFS在用户读写加密文件的过程中自动完成文件的解密和加密操作。<br>④当加密文件的用户不可用时，EFS恢复代理（一般是一个管理员）利用EFS恢复代理证书来解密文件。 |

## 二、加密文件夹或文件

【做一做】

观看教师的操作演示，描述加密操作的方法，并回答表中提出的问题。

<table>
<tr><td colspan="2">加密文件夹或文件</td></tr>
<tr><td>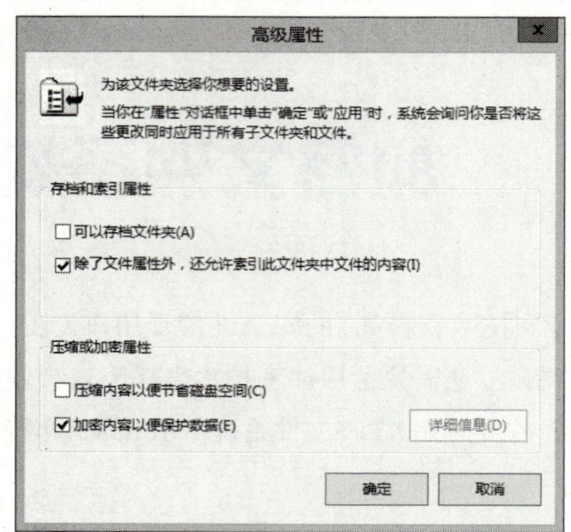
</td><td>①在文件夹“属性”对话框的“常规”设置页中单击“高级”按钮；<br>②勾选“加密内容以便保护数据”；<br>③单击“确定”按钮。</td></tr>
<tr><td>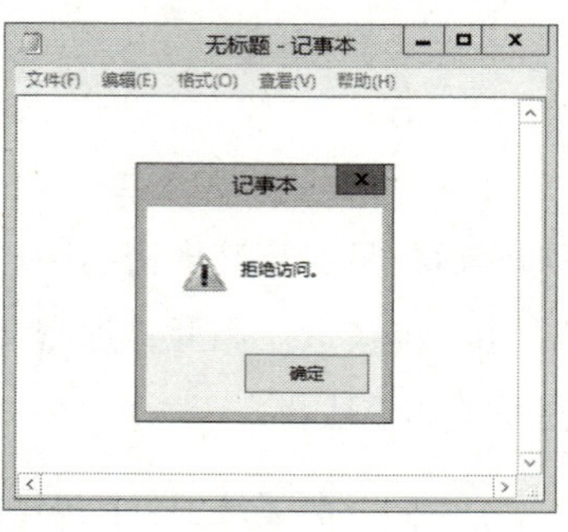
</td><td>非加密用户或非数据恢复代理能查看到加密后的文件名，但不能打开加密文件。</td></tr>
<tr><td colspan="2">（1）加密后的文件夹或文件可以共享吗？<br>○可以　　　○不可以<br>（2）把一个文件移动到加密文件夹后，该文件是否被加密？<br>○会被加密　　○不会被加密</td></tr>
</table>

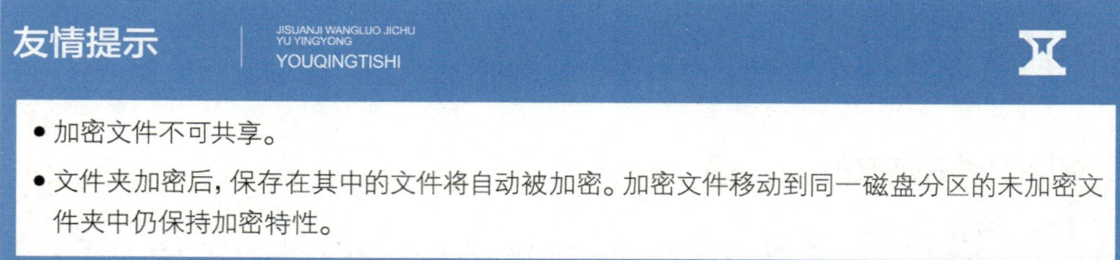

友情提示
JISUANJI WANGLUO JICHU
YU YINGYONG
YOUQINGTISHI
● 加密文件不可共享。
● 文件夹加密后，保存在其中的文件将自动被加密。加密文件移动到同一磁盘分区的未加密文件夹中仍保持加密特性。


## 三、解密文件或文件夹

EFS对加密文件的解密是自动在后台完成的，只要你是该文件夹或文件的拥有者或是恢复代理，在读取时系统将对文件实施解密操作。

## 四、添加数据恢复代理

数据恢复代理可以在加密文件的账户丢失密码或账户被删除的情况下，恢复被加密的文件。一般把系统管理员设置为数据恢复代理。

**【做一做】**

观看“添加数据恢复代理”操作视频或教师的操作演示，描述添加数据恢复代理操作的方法，并回答表中提出的问题。

添加数据恢复代理

<table>
<tr>
<td>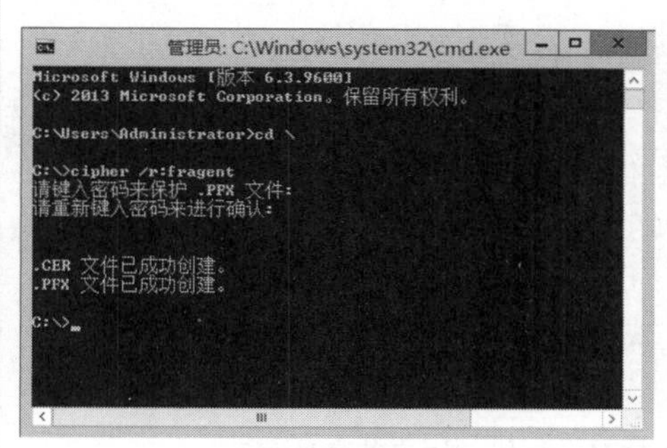<br></td>
<td>用管理员账号登录系统，按“Win+R”组合键打开“运行”对话框，输入cmd打开“命令”窗口。输入命令cipher /r:fragent后回车，按提示输入保护密码，在当前文件夹中生成两个名为fragent证书文件扩展名cer和pfx。</td>
</tr>
<tr>
<td>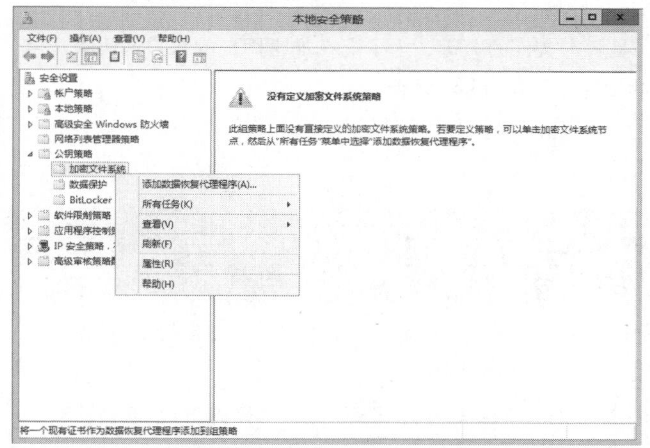<br></td>
<td>按“Win+R”组合键打开“运行”对话框，输入secpol.msc打开“本地安全策略”窗口。展开“公钥策略”，右击“加密文件系统”，在弹出的快捷菜单中选择“添加数据恢复代理程序”选项。</td>
</tr>
<tr>
<td>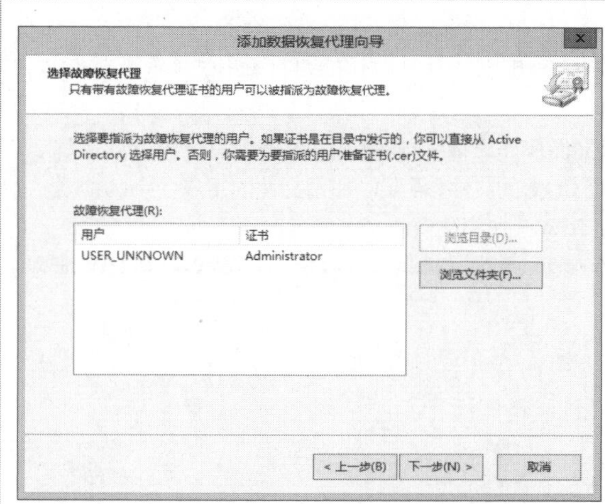<br></td>
<td>单击“浏览文件夹”按钮，选择用命令cipher生成的证书fragent.cer，单击“下一步”按钮，按提示完成“数据恢复代理”的添加。</td>
</tr>
</table>

| | |
|---|---|
| 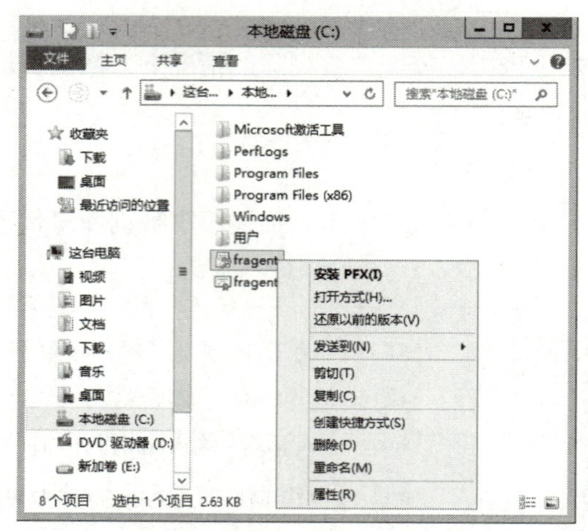 | 在资源管理器中定位到用cipher生成的保存有恢复代理用户的私钥的数字证书fragent.pfx，右击文件名，在快捷菜单中选择“安装PFX”选项，根据向导提示把证书导入到系统中，以实现对其他用户加密文件的解密操作。 |

（1）在用cipher命令生成用户数字证书文件时，命令拒绝执行，应该如何处理？

（2）一个用户加密的文件可不可以让另一个非数据恢复代理用户共享访问？

（3）加密文件用户的数字证书是解密文件的关键，为了能在加密用户的账户密码丢失或账户被删除的情况下也能恢复加密的文件，最好的办法是什么？

## 友情提示

JISUANJI WANGLUO JICHU YU YINGYONG YOUQINGTISHI

- 用户执行文件加密操作后，系统会自动为用户生成数字证书。建议用户使用证书管理工具certmgr.msc及时导出证书，并保存在移动存储设备中。
- 加密文件可以被另一个执行过加密操作的用户共享访问，在文件或文件夹的“高级属性”对话框中，单击“详细信息”按钮，在随后的对话框中把需要共享访问的文件的账号添加到“可访问此文件的用户”列表中。
- 添加了“数据恢复代理”后，切记要导入该存有用户私有密钥的数字证书，这样才能解密其他用户加密的文件。
- 添加“数据恢复代理”应在其他用户加密文件操作之前完成；否则“数据恢复代理”用户只能解密其后加密的文件。如果要能解密之前已加密的文件，需要以加密文件的用户登录，并执行cipher /u命令把数据代理用户的信息重新写入已加密文件中。

# ▶ 自我测试

## 一、填空题

1.启动Windows Server 2012 R2，按____________组合键开启“系统登录”对话框。当你临时离开服务器控制台时，你选择的最佳安全措施是____________。

2.运行Windows Server 2012 R2的计算机通过____________、____________、____________、____________4个网络组件建立到网络的连接。

3.如果计算机只在本地同一个局域网，配置TCP/IP协议时，只需要指定TCP/IP协议的____________和____________。如果要跨网访问，还需要设置____________。

4.为了查看TCP/IP协议的配置情况，你会用____________命令；要测试本地计算机TCP/IP协议安装是否正确以及与其他计算机的连接性，你将用____________命令。

5.ping 127.0.01的作用是________________________。

6.Windows Server2012 R2采用的基本安全措施是____________，它通过____________和 ____________来标识一个合法的用户。

7.本地用户账号信息保存在____________中，域用户账号信息保存在________________________中。

8.用户账号登录名和完全名必须____________，用户登录名最多包含____________个字符，账号密码最长可达____________个字符。

9.用户组是____________的集合。利用组可____________网络中资源的管理。

10.NTFS文件夹权限有________________________。

11.除管理员组外，____________组对根文件夹拥有“完全控制”权限。

12.____________、____________、____________组的账号才有共享文件夹的权限。

13.在共享文件夹时，默认共享名是____________，通过____________可使共享文件夹的访问像访问本地驱动器一样方便。

14.在NTFS文件系统中，启用文件夹或文件加密功能后，文件夹及文件的加密和解密操作是____________进行的。

## 二、判断题

1.利用屏保程序可以防止非授权访问。（ ）

2.如果计算机只与同一个子网内的其他计算机通信，可以不配置默认网关。（ ）

3.原则上，我们可用所有IP地址范围的IP地址配置局域网内的计算机。（ ）

4.ping命令用于查看TCP/IP的配置信息。（ ）

5.本地用户账号只用于访问本机的资源。（ ）

6.用户账号密码最好全部采用数字字符。（ ）

7.组成员自动拥有授予该组的访问权限。（ ）

8.管理员可以删除Windows Server 2012 R2内建的用户组。（ ）

9.访问共享文件不需要进行用户身份验证。（ ）

10.一个用户对在NTFS分区的共享文件夹有“完全控制”的共享权限，他一定能在该文件夹中进行所有操作。（ ）

11.用户可共享加密文件夹和文件。（ ）

12.把一个文件移动到加密文件夹后，该文件会自动被加密。（ ）

13.默认情况下，任何用户对共享文件夹都有“完全控制”权限。（ ）

14.不能为在FAT32或FAT16分区上的共享文件夹设置访问权限。（ ）

15.授予文件的权限将传递到该文件夹的子文件夹和文件上。（ ）

**三、选择题**

1.你是一名管理员，你要外出办事，为系统安全考虑，你应（ ）。

A.关机 B.注销 C.锁定计算机 D.关闭显示器

2.下列关于TCP/IP协议配置的说法，不正确的是（ ）。

A.局域网中的计算机可以不设置IP地址

B.局域网中的计算机最好采用专用IP地址进行配置

C.只要不访问外网，局域网中的计算机可采用任何IP地址

D.一块网卡可以设置多个IP地址

3.下列关于用户账号的描述，正确的是（ ）。

A.用户登录名必须唯一，完全名可以不唯一

B.登录名要区分字母的大小写

C.密码最小长度要达到8个字符

D.登录名不可用汉字

4.要让用户能在文件夹中建立并修改文件，但不允许删除文件，应授予用户对该文件夹的最小权限是（ ）。

A.完全控制 B.读和执行 C.写 D.修改

5.共享文件夹可建立在（ ）。

A.只能是NTFS分区 B.只能是FAT32分区

C.只能是FAT16分区 D.以上都可以

# ▶ 能力评价表

班级：______ 姓名：______ 年 月 日

<table>
<tr><td colspan="2" rowspan="2">评价内容</td><td>自评</td><td>小组评价</td><td>教师评价</td></tr>
<tr><td colspan="3">优☆ 良△ 中○ 差×</td></tr>
<tr><td rowspan="4">思政与素养</td><td>1.能主动思考、认真解决实训中遇到的困难和难题</td><td></td><td></td><td></td></tr>
<tr><td>2.会主动对重要文件进行加密，不在社交软件上传输重要文件，能主动对共享文件设置访问权限</td><td></td><td></td><td></td></tr>
<tr><td>3.遵守与网络安全相关的法律法规</td><td></td><td></td><td></td></tr>
<tr><td>4.遇到问题会主动与同伴沟通，能与团队一道解决遇到的技术问题</td><td></td><td></td><td></td></tr>
<tr><td rowspan="9">知识与技能</td><td>1.能熟练登录、注销、锁定和关闭Windows Server 2012 R2</td><td></td><td></td><td></td></tr>
<tr><td>2.能准确描述网络连接组件</td><td></td><td></td><td></td></tr>
<tr><td>3.能熟练安装网络组件，配置服务器IP地址，测试网络连通性</td><td></td><td></td><td></td></tr>
<tr><td>4.能准确描述Windows Server 2012 R2的用户及用户组类型</td><td></td><td></td><td></td></tr>
<tr><td>5.能在Windows Server 2012 R2中熟练创建、管理用户及用户组</td><td></td><td></td><td></td></tr>
<tr><td>6.能准确描述NTFS文件系统的权限</td><td></td><td></td><td></td></tr>
<tr><td>7.能为用户及用户组授予NTFS权限</td><td></td><td></td><td></td></tr>
<tr><td>8.能熟练设置、管理和访问共享文件夹</td><td></td><td></td><td></td></tr>
<tr><td>9.能熟知文件系统的加、解密方法</td><td></td><td></td><td></td></tr>
</table>

# 模块四/配置Windows Server 2012 R2基础网络服务

**模块概述**

Windows Server 2012 R2 提供了丰富的网络服务器组件，它极大地方便了网络管理员构建网络的功能。本模块为你描述了Windows Server 2012 R2服务器中常用服务器组件的安装、配置和管理的基本知识和技能。

**学习目标：**

+ 能安装和配置DHCP服务器；
+ 能安装和配置DNS服务器；
+ 能安装和配置NAT服务器。

**思政目标：**

+ 培养学生对技能技术的钻研探索精神；
+ 培养学生的网络安全意识，增强保护国家信息安全的责任感；
+ 培养学生正确使用网络、遵守国家相关法律法规的意识。

[ 任务一 ]

NO.1

# 安装配置DHCP服务器

DHCP（Dynamic Host Configuration Protocol，动态主机配置协议）服务器在网络中实现动态IP地址分发服务。当你正确安装配置了DHCP服务器以后，你不再需要为网络中的每台客户计算机配置静态的IP地址，它们会自动从DHCP服务器租用IP地址以实现网络通信。为了实现客户机动态获取IP地址的能力，你必须完成：

（1）在网络中安装DHCP服务器；

（2）正确配置DHCP服务器；

（3）启用客户计算机的自动获取IP地址功能。

## 一、安装DHCP服务器

DHCP服务器组件集成在Windows Server 2012 R2中，只需要使用“服务器管理器”仪表板上的“添加角色和功能”来完成DHCP服务器的安装工作。

安装DHCP服务器

**【做一做】**

下面图示了DHCP服务器的安装过程，结合“安装DHCP服务器”操作视频或教师的操作演示，学习DHCP服务器的安装方法和相关的技术要求。

| | |
|---|---|
| 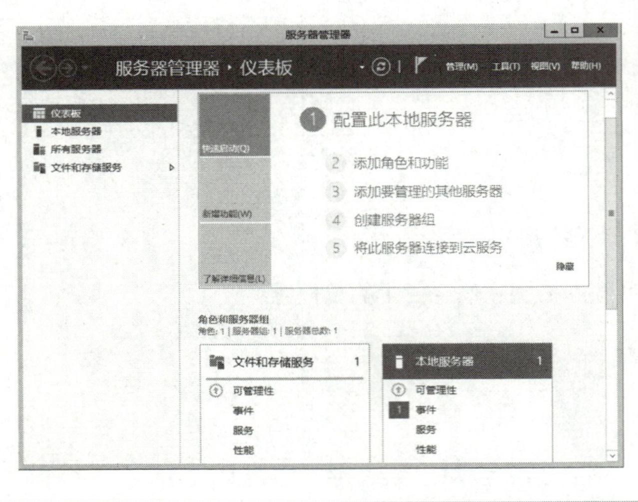 | 单击任务栏上“服务器”图标启动“服务器管理器”，然后在“仪表板”上单击“添加角色和功能”。 |

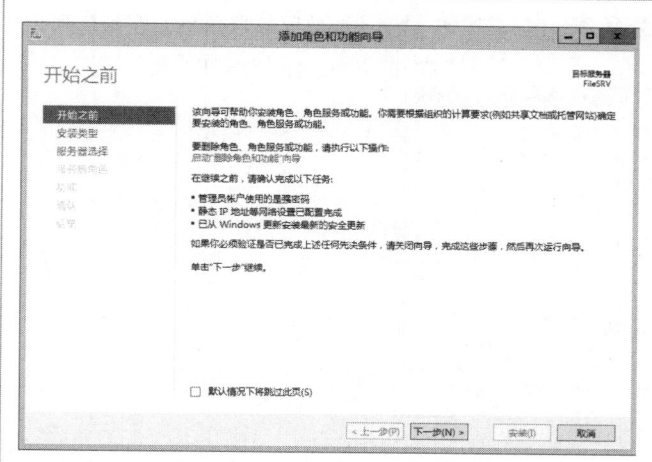


单击“下一步”按钮即可。但是如果要卸载已经安装了的服务器角色和功能，则可以单击启动“删除角色和功能”向导链接。

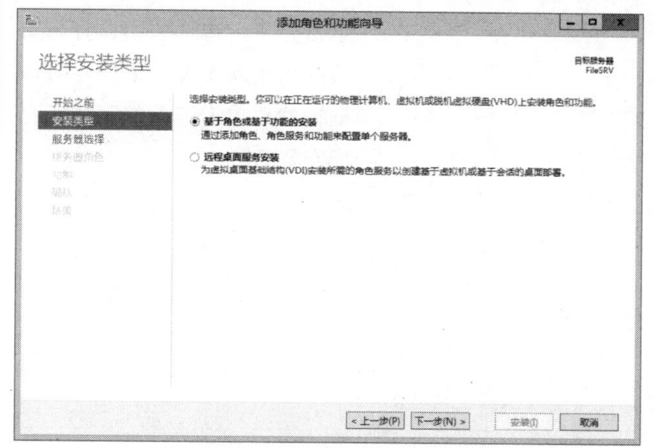


选择“安装类型”。有支持物理机、虚拟机等多种目标安装类型，这里选择“基于角色或基于功能的安装”，然后单击“下一步”按钮。

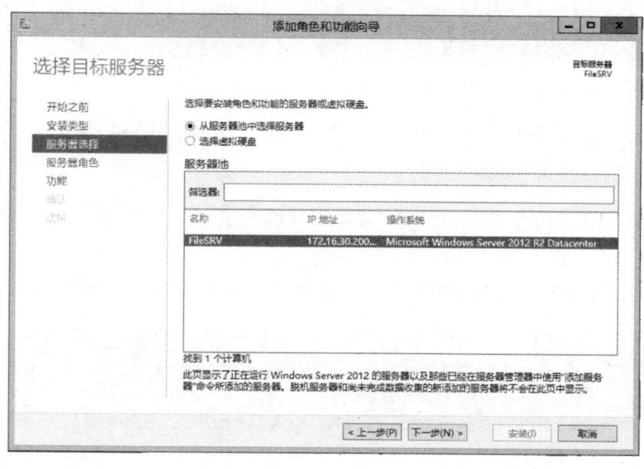


选择安装DHCP服务器的目标服务器。

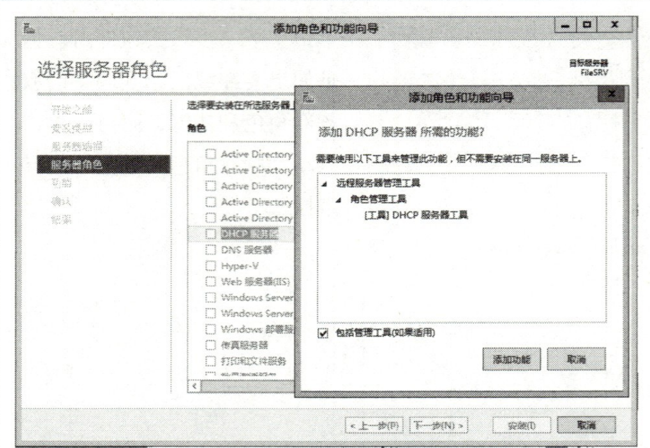


选择服务器角色。在角色列表中选择“DHCP”服务器。

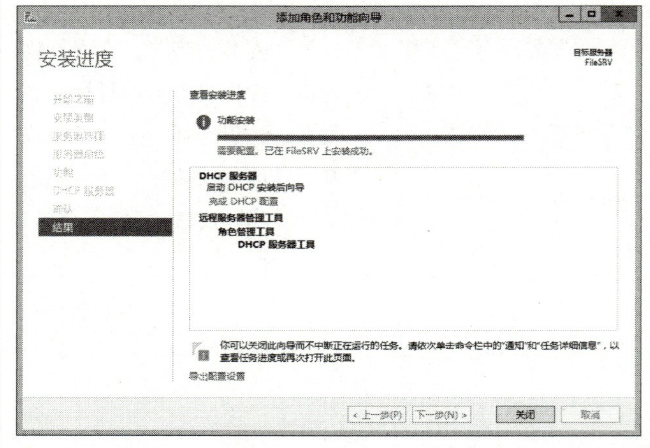


在随后的安装向导对话框中，单击“下一步”按钮，直到安装结束出现安装结果摘要对话框，然后单击“关闭”按钮完成安装工作。

## 友情提示

JISUANJI WANGLUO JICHU YU YINGYONG

YOUQINGTISHI

- 只有系统管理员才有权限在服务器上安装服务器角色和功能。
- 在安装DHCP服务器之前，必须为服务器网卡配置静态IP地址，并规划完成由DHCP服务器分发的IP地址范围和其他需要由DHCP服务器分发的网络参数。
- 通过服务器管理器安装角色服务时，内置的Windows防火墙会自动开放与该服务相关的网络数据流量。

## 知识窗

JISUANJI WANGLUO JICHU YU YINGYONG

ZHISHICHUANG

- DHCP服务器利用租约生成过程为客户计算机分配在指定时间段内有效的IP地址，从而使IP地址的分配和管理自动化。IP地址租约是临时的，DHCP客户机必须通过DHCP服务器周期性地深度更新它们的租约。
- 当DHCP客户机启动时，它向DHCP服务器发送请求IP地址信息，DHCP服务器接收到该请求时，它从可分配的地址范围中选择一个IP地址租借给该计算机，IP地址租约的默认持续时间为8

天。DHCP服务器发送给客户机的IP寻址信息包括一个IP地址、一个子网掩码以及可选的默认网关地址、DNS的IP地址等。

DHCP服务器IP地址租约生成过程有4个步骤:

第1步　请求IP租约。

客户机首次启动或初始化TCP/IP时，它向所在的网络发送一个IP寻址的广播数据包（DHCPDISCOVER），该数据包的源地址为0.0.0.0，目的地址为255.255.255.255，其中还包含有客户机的网卡MAC地址和计算机名称，DHCP服务器据此确定发送请求信息的客户机。

第2步　提供IP租约。

网络中任何一个收到IP寻址信息的DHCP服务器都回应一个响应消息数据包（DHCPOFFER），内容包括客户机的MAC地址、提供的IP地址、子网掩码、租约时间长度、DHCP服务器的IP地址。DHCP客户机在发出IP寻址后等待1秒时间，如果没有收到提供的IP地址，它将把IP寻址信息重新广播4次，间隔时间分别为2，4，8，16秒。如果4次请求后仍不能接收到IP地址，它将从保留的自动私有IP地址范围169.254.0.1~169.254.255.254中选择一个IP地址来配置TCP/IP协议，以使位于网络中而没有接收到DHCP服务的计算机彼此间能够通信。但每隔5分钟该DHCP客户机会尝试去发现一个DHCP服务器。

第3步　选择租约。

DHCP客户机在接收到第一个提供的IP地址之后，立即广播一个包含提供IP地址的DHCP服务器的IP地址的信息（DHCPREQUEST），其他DHCP服务器将收回它们提供的IP地址供别的IP租约请求使用。

第4步　确认IP租约。

DHCP服务器广播一个DHCP确认消息（DHCPACK），其中包括IP地址的合法租约及其他配置信息，用于确定这一租约成功。DHCP客户机接收到这一确认信息后，TCP/IP随即利用DHCP服务器提供的信息进行初始化，以便客户机能在网络中进行通信。

当DHCP客户机的IP租约时间过半时，它将尝试更新租约，此时它将直接向提供租约的DHCP服务器发送请求信息，如果DHCP服务器可用，它即更新租约，否则客户机仍使用当前的租约配置参数。当租约时间过去87.5%时，客户机将广播一个IP租约请求信息来更新租约，这时它能接收任何DHCP服务器发出的租约响应。如果租约已到期，客户机必须立即停止使用当前的IP地址，重新开始DHCP租约的生成过程。

使用命令ipconfig /renew可以立即开始DHCP租约更新过程。

**【做一做】**

技佳职业学院计划在60间教室安装多媒体教学系统，每间教室的计算机需要访问网络中心服务器上的教学资源。请你比较两种IP地址分配方案的优缺点，然后为这些计算机规划IP地址分配方案，并说明你这样确定的理由。

| IP地址分配方案 | 优　点 | 缺　点 |
| --- | --- | --- |
| 静态分配IP地址 | | |
| 动态分配IP地址 | | |
| 你选择的IP地址分配方案及理由： | | |

## 二、配置DHCP服务器

安装DHCP服务器后，它还不能提供IP地址分发的能力，你需要建立和设置DHCP的作用域及选项。作用域是一个合法的IP地址范围，作用域选项用于向计算机提供IP地址外的附加信息，如网关IP地址、DNS服务器IP地址等。

1.建立DHCP作用域

**【做一做】**

配置DHCP服务器

请观看“配置DHCP服务器”操作视频或教师的操作演示，了解DHCP作用域的建立流程和操作要领，并回答表中出提出的问题。

| | |
|---|---|
| 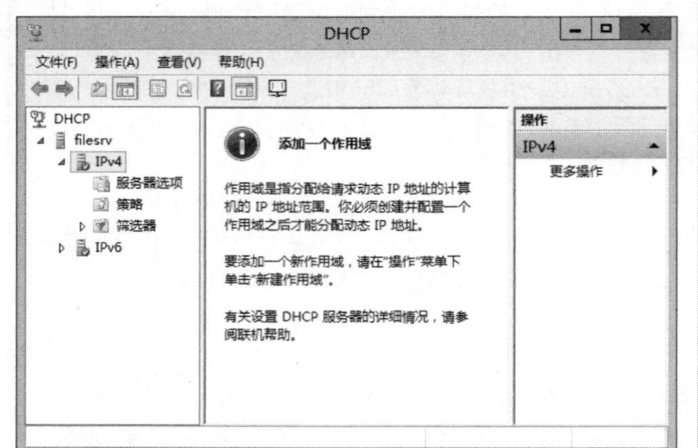 | 在“服务器管理器”的仪表板上单击“工具”，然后在弹出的菜单中选择“DHCP”，打开DHCP服务器的管理控制台。 |
| 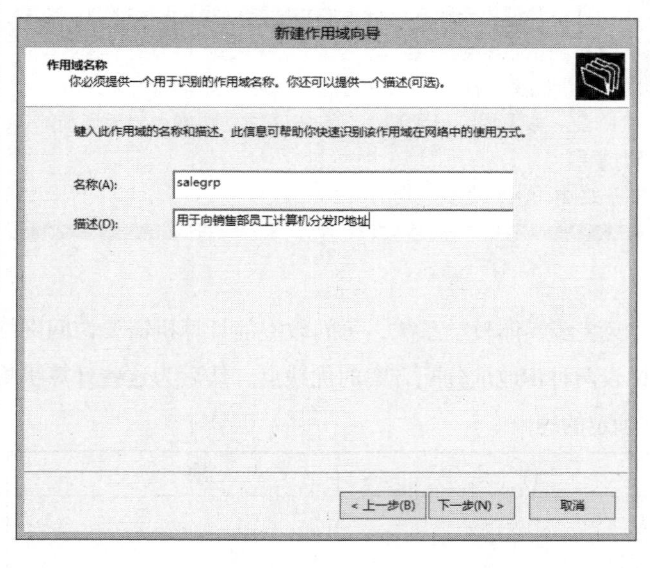 | ①在DHCP服务器的管理控制台中，单击展开服务器filesrv，右击其下的IPv4，在弹出的快捷菜单中选择“新建作用域”选项启，动新建作用域向导。<br>②为作用域输入名称和描述信息。 |

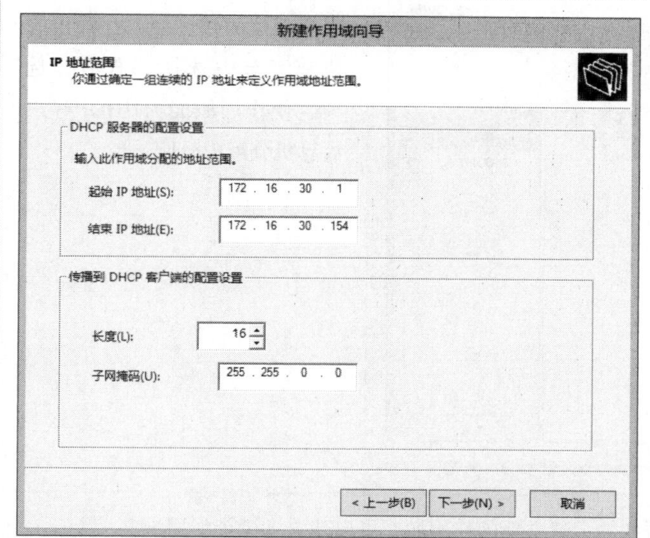


指定IP地址范围和子网络掩码。起始IP地址的主机号比结束IP地址主机号小。子网掩码可以用IP地址形式给出，也可以通过指定IP地址中用作网络号的二进制位长度来指定。

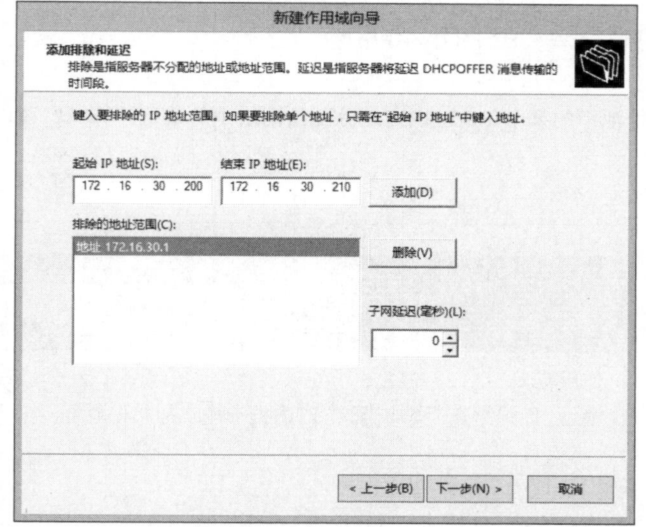


指定在IP地址范围中不用于分发的IP地址及范围，如果要排除单个地址，只需要输入到起始IP地址即可。

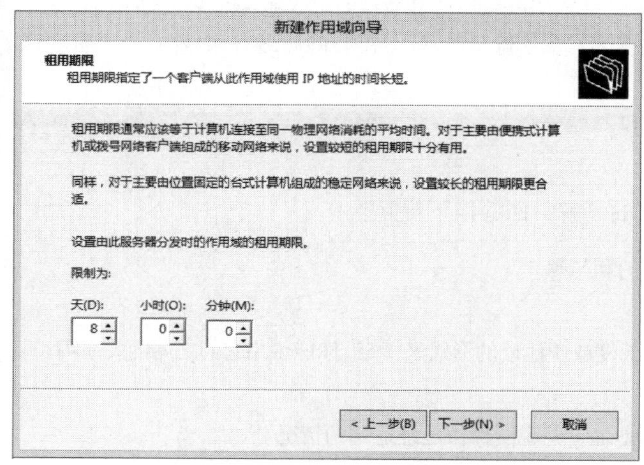


设定IP地址租用期限，默认是8天。可以保持默认设置，单击"下一步"按钮，根据向导提示完成作用域的建立。

<table>
<tr><td>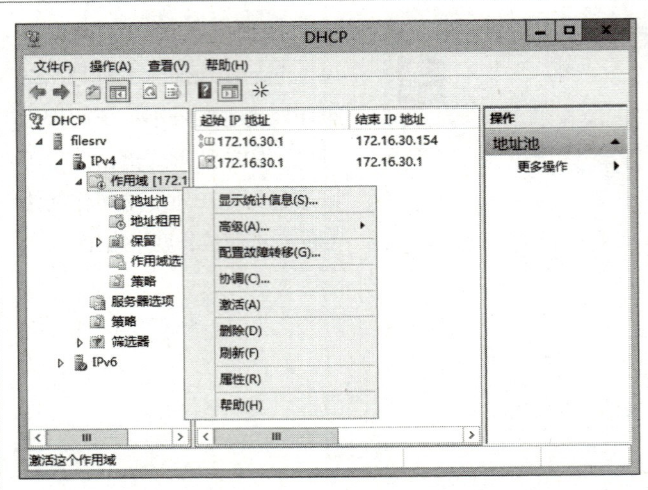
</td><td>右击新建的作用域，在弹出的快捷菜单中选择“激活”选项，使作用域能为DHCP客户计算机分配IP地址。</td></tr>
<tr><td colspan="2">（1）请你描述怎样在DHCP服务器上建立新的作用域？可以建立多少个作用域？<br><br>（2）一个DHCP作用域包含了哪些内容？它们有什么作用？<br><br>（3）试一试，可不可以把地址池中的某个IP地址固定地分配给网络中的某台计算机？请描述你的配置操作。</td></tr>
</table>

## 友情提示

JISUANJI WANGLUO JICHU YU YINGYONG

YOUQINGTISHI

- 在一个DHCP服务器中可以建立多个作用域。
- 如果要禁止分发作用域中的某一个地址，你只需在“添加排除”对话框中输入起始IP地址，结束IP地址留空。
- 一旦创建了作用域后，你将不能修改作用域的子网掩码。
- DHCP服务器只分发处于激活状态的作用域的IP地址给请求IP地址的计算机。
- 作用域下的“保留”可为客户机分配固定的IP地址，在建立保留时要提供客户机的MAC地址。
- 几乎所有的配置操作都能从相应配置项的右键菜单开始，在Windows操作系统中，使用右键菜单能提高工作效率。

**【做一做】**

依据你对DHCP服务器及IP地址的了解，回答以下提问。

| （1）请你分析IP地址租约时间长短的利与弊。<br><br>（2）作用域的子网掩码可用二进制长度或IP地址的形式来指定，你能说出它们之间的关系吗？<br><br>（3）在新的作用域中建立一个保留地址，并说明保留地址适用的情况。 |
|---|

2.配置作用域选项

**【做一做】**

通过配置作用域选项来为DHCP客户机指定网关和DNS服务器的IP地址，请观看操作视频或教师的操作演示并结合下面图示，学习DHCP服务器自动为客户机配置网关和DNS服务器地址，回答表中提出的问题。

| | |
|---|---|
| 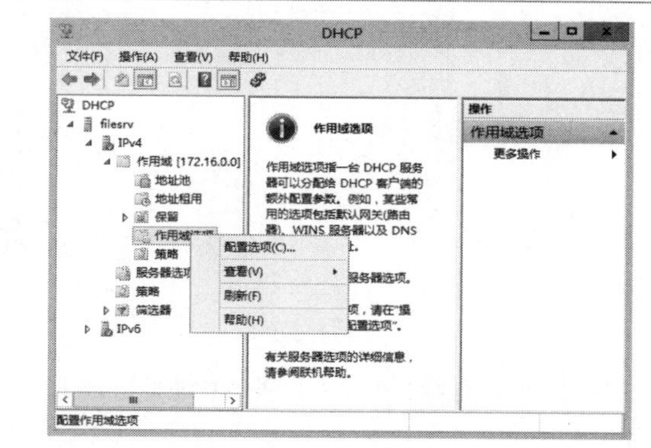 | 在DHCP控制台中，展开服务器下IPv4分支的作用域，然后右击“作用域选项”，在弹出的快捷键菜单中选择“配置选项”选项。 |
| 配置作用域网关选项 | |
| 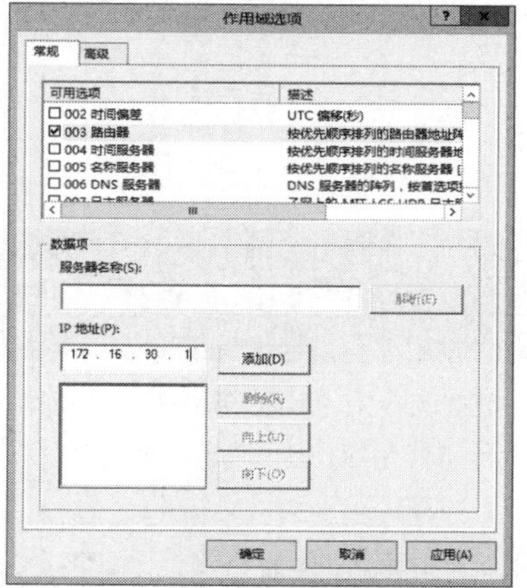 | 设置网关IP地址。选择“003路由器”项，然后输入作为网关的路由器端口的IP地址，单击“添加”按钮。 |
| 配置作用域DNS服务器选项 | |
| 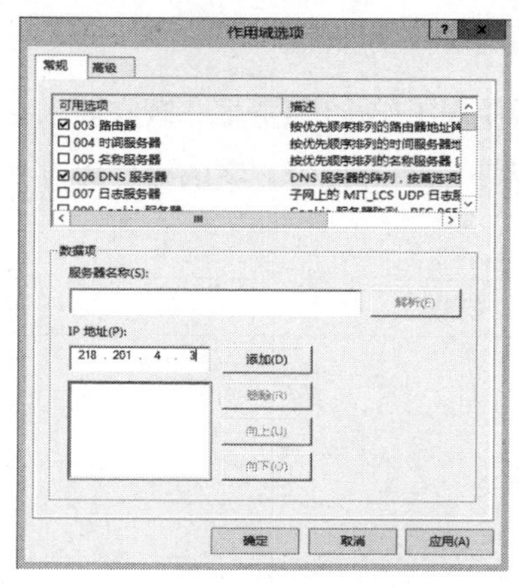 | 设置DNS服务器的IP地址。选择“006 DNS服务器”，接着输入DNS服务器计算机的IP地址，然后单击“添加”按钮。 |

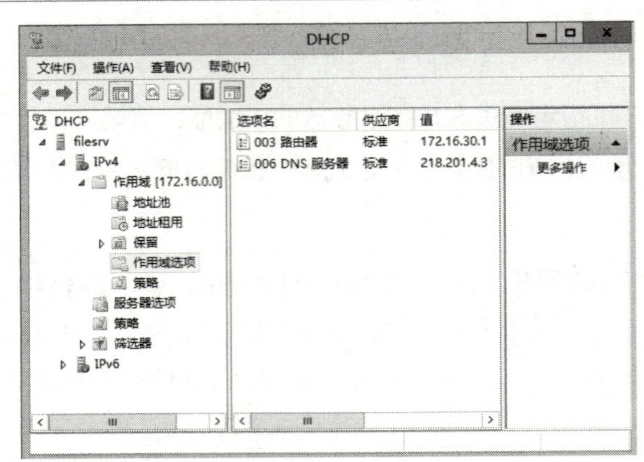


配置完成的作用域选项。

（1）你知道网关是什么吗？它有什么作用？

（2）网关的IP地址与使用该网关的客户机的IP地址有什么关系？网关的IP地址适合于采用动态分配还是静态分配？

（3）DHCP服务器选项和作用域选项都有相同的配置项，它们之间有什么关系？请讨论后谈谈你的看法。

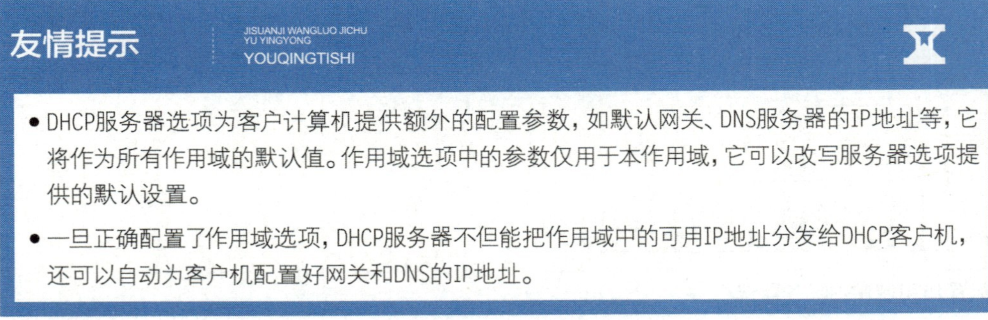

友情提示

JISUANJI WANGLUO JICHU YU YINGYONG

YOUQINGTISHI

- DHCP服务器选项为客户计算机提供额外的配置参数，如默认网关、DNS服务器的IP地址等，它将作为所有作用域的默认值。作用域选项中的参数仅用于本作用域，它可以改写服务器选项提供的默认设置。
- 一旦正确配置了作用域选项，DHCP服务器不但能把作用域中的可用IP地址分发给DHCP客户机，还可以自动为客户机配置好网关和DNS的IP地址。

**【做一做】**

某单位的一台Windows Server 2012 R2文件服务器使用了DHCP服务器，现在要求它使用某个固定的IP地址以方便用户访问它的资源。请描述下面两种配置方案的操作要点并对两种方案进行评估，然后作出你的选择。

| 方案一：使用静态IP地址配置 |
| --- |
| 操作要点： |

| 方案二：使用DHCP服务器的保留IP地址功能 |
| --- |
| 操作要点： |

## 三、配置客户计算机

必须对客户计算机的TCP/IP进行相应的配置后，客户机才能从网络中的DHCP服务器获得IP地址。

**【做一做】**

（1）请你按下图所示配置客户计算机的TCP/IP协议，并确定表中TCP/IP配置的可行性。

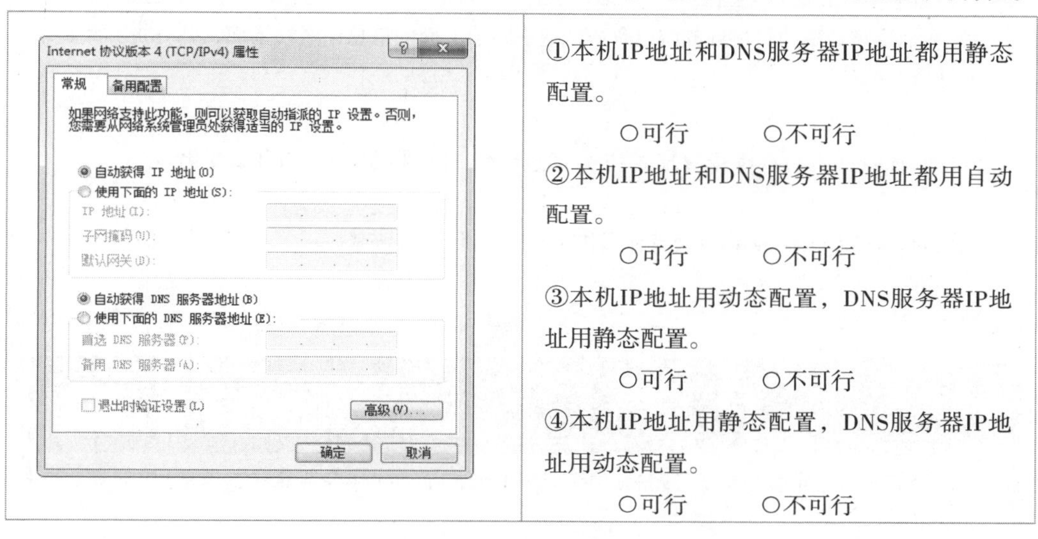

<table>
<tr>
<td>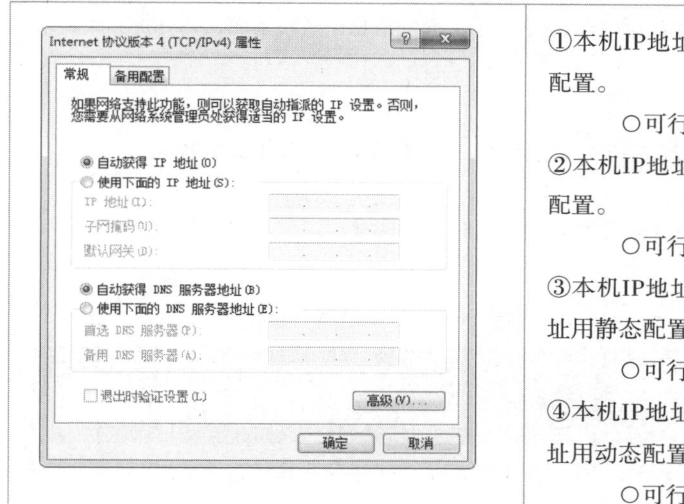
</td>
<td>①本机IP地址和DNS服务器IP地址都用静态配置。<br>○可行　　○不可行<br>②本机IP地址和DNS服务器IP地址都用自动配置。<br>○可行　　○不可行<br>③本机IP地址用动态配置，DNS服务器IP地址用静态配置。<br>○可行　　○不可行<br>④本机IP地址用静态配置，DNS服务器IP地址用动态配置。<br>○可行　　○不可行</td>
</tr>
</table>

（2）请在客户机上查看它从DHCP服务器获得的IP地址（可参考模块三中的测试方法），然后在下图中标出DHCP服务器分发给该客户机的TCP/IP配置信息，回答表中提出的问题。

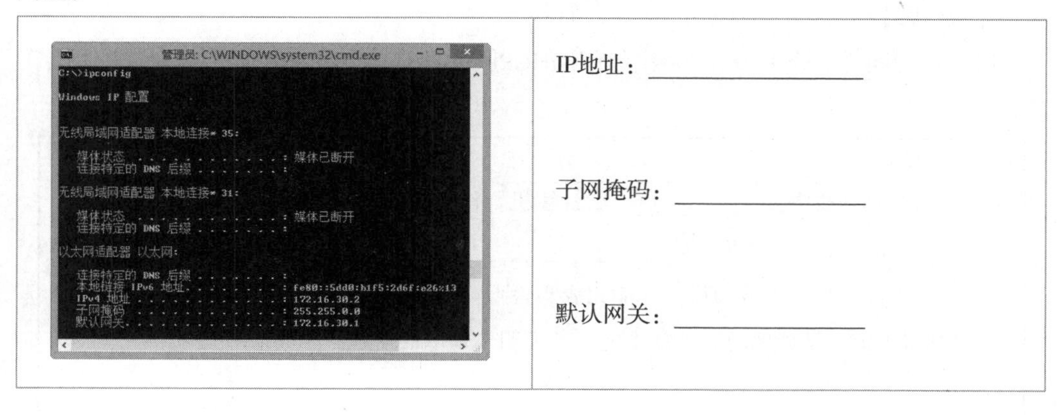

<table>
<tr>
<td>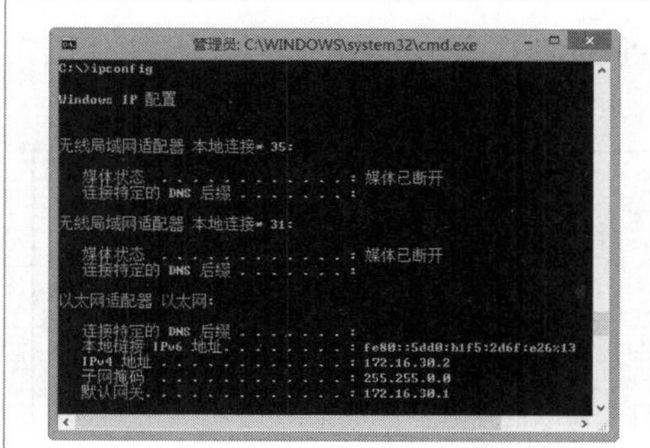
</td>
<td>IP地址：____________<br><br>子网掩码：____________<br><br>默认网关：____________</td>
</tr>
</table>

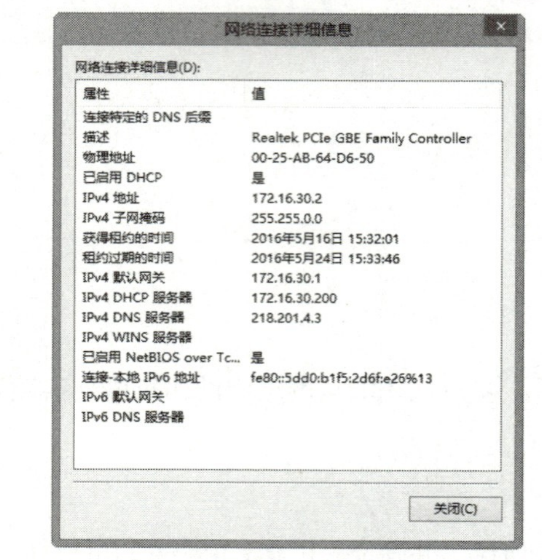


在“控制面板”的“网络连接”窗口中，右击欲查看的网络连接名，在快捷菜单中选择“状态”选项，直接查看网络连接的相关信息。

①在命令窗口中执行ipconfig /all命令，把不同于上面的信息记录在下面，并分析哪些是来自DHCP服务器的？

②执行ipconfig /renew命令后，再用ipconfig查看本机获得的IP地址有什么变化吗？

③执行ipconfig /release命令会有什么作用？试一试。

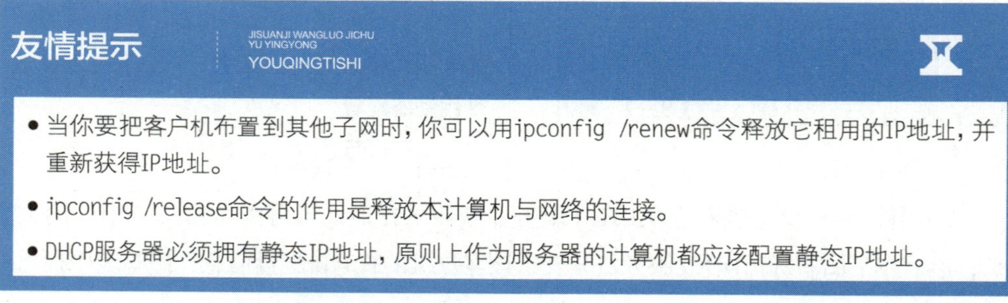

友情提示 JISUANJI WANGLUO JICHU YU YINGYONG YOUQINGTISHI

- 当你要把客户机布置到其他子网时，你可以用ipconfig /renew命令释放它租用的IP地址，并重新获得IP地址。
- ipconfig /release命令的作用是释放本计算机与网络的连接。
- DHCP服务器必须拥有静态IP地址，原则上作为服务器的计算机都应该配置静态IP地址。

**【做一做】**

请与你的同学协作完成在网络中使用DHCP服务器自动分配IP地址的实验，并写出实验报告。

| 实验准备： |
|---|
| （1）你至少需要________台计算机，作为DHCP服务器的计算机安装________操作系统，客户机可安装________________操作系统。<br>（2）没有集线器或交换机你能完成实验吗？ ○能 ○不能<br>如果不能，请说明原因；如果能，请说明你采取的措施。 |

| 撰写实验报告： |
| --- |
| |

NO.2

[ 任务二 ]

# 安装配置DNS服务器

在运行TCP/IP的网络中采用IP地址来标识计算机，但IP地址不易记忆，为了解决IP地址不易记忆问题，人们用域名地址来标识计算机，如www.cctv.com。采用域名地址解决了地址的记忆问题，但计算机之间却只能用IP地址才能通信。DNS服务器就是实现域名地址到IP地址转换的名称解析服务器。要在网络上实现域名地址解析，你需要：

（1）安装DNS服务器；

（2）配置DNS服务器。

## 一、安装DNS服务器

DNS服务器与DHCP服务器组件集成在Windows Server 2012 R2中，安装过程与DHCP服务器的安装相似。

**【做一做】**

请你仿照安装DHCP服务器的方法和步骤，在网络中安装一台DNS服务器。

**知识窗** JISUANJI WANGLUO JICHU YU YINGYONG ZHISHICHUANG

- 在IP网络中使用IP地址来识别主机，IP地址不方便人们记忆，于是使用名称来帮助人们识别网络中的计算机，而IP网络通信用的是IP地址，这要求实现计算机名到对应IP地址之间的转换，这一服务称为名称解析服务。DNS的全称是Domain Name System，它采用客户/服务模式提供IP网络中的名称解析服务。
- IP网络使用域来命名网络中的计算机，域名称空间是层次结构的，根域位于整个域结构的顶层，用一个小数点表示。在根域下面是顶级域，它可以是机构类型，如com、net等；也可以是地理位置，如cn、hk等。在顶级域下可以注册若干级子域，网络中的主机位于某个区域中，它在IP网络中的完全限定名由主机名和区域名组成，如www.sina.com是新浪的一台服务器名称，www是该服务器的主机名，sina.com是服务器所在的域名。

- 在DNS服务器中，区域是DNS名称空间中一个连续的部分，用于存储一个或多个DNS域的名称信息。与区域对应的是区域文件，该文件中存储了将主机名解析为IP地址或将IP地址解析为主机名称的相关信息。DNS可进行两种查找：正向查找和逆向查找。正向查找将主机名称映射到IP地址，逆向查找则是将IP地址映射到名称。
- 当DNS服务器接收到DNS之后，它尝试在本地数据库内查询所请求的信息，如果该请求失败，则必须与其他的DNS服务器通信，这时有两种处理方式：迭代查询和递归查询。在迭代查询方式下，DNS如果不能提供对名称解析精确的匹配信息，它将提供一个指向较低一级名称空间中的有权威的DNS服务器，让客户机向这个权威DNS服务器提出名称解析请求直到获得名称解析结果或遇到错误、超时限制为止。而对递归查询方式，接受名称解析的DNS服务器将承担全部的工作和责任为该查询提供完全的答案，这个名称解析过程中该服务器将代表客户机向其他DNS服务器执行独立的迭代查询。
- 常见的国家或地区域名：

| 域名 | 国家或地区 | 域名 | 国家或地区 |
|---|---|---|---|
| .cn | China（中国） | .jp | Japan（日本） |
| .tw | Taiwan（中国台湾） | .kr | Korea（韩国） |
| .hk | Hongkong（中国香港） | .us | United States（美国） |

- 常见的组织机构域名：

| 域名 | 组织机构 | 域名 | 组织机构 |
|---|---|---|---|
| .com | 商业性的机构或公司 | .org | 非盈利的组织或团体 |
| .net | 从事Internet相关的机构或公司 | .mil | 军事部门 |
| .edu | 教育机构，供高校使用 | .gov | 政府部门 |

## 二、配置DNS服务器

DNS服务器安装完成后，你要创建和配置DNS的名称空间（又称为区域），然后在创建的域上添加需要该DNS服务器解析的主机记录。这样，DNS服务器才可以为网络中的其他计算机提供域名解析服务功能。

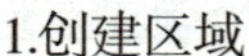

1.创建区域

配置DNS服务器

**【做一做】**

请观看“配置DNS服务器”操作视频或教师的操作演示，为下面配置图示配上操作说明，并回答表中提出的问题。

<table>
<tr><td colspan="2">DNS管理控制台</td></tr>
<tr><td>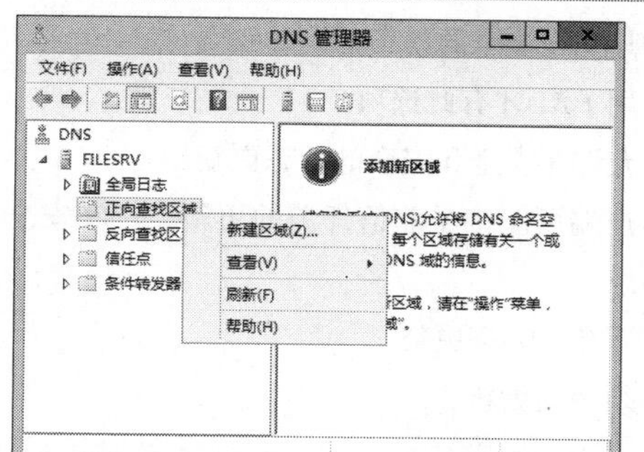
</td><td>右击“正向查找区域”，在快捷键菜单中选择“新建区域”选项。</td></tr>
<tr><td>创建区域</td><td></td></tr>
<tr><td>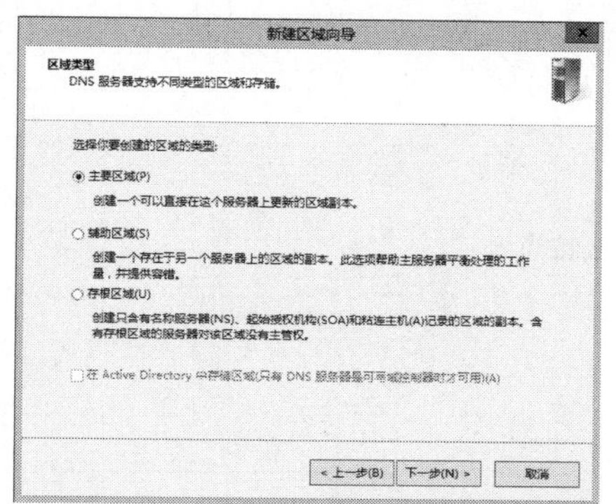
</td><td>选中“主要区域”。</td></tr>
<tr><td>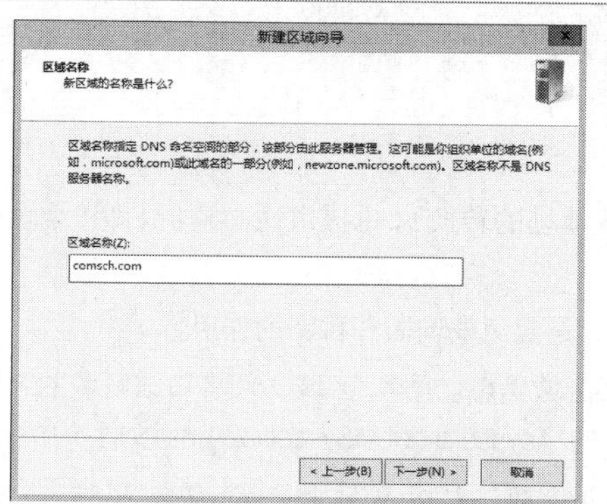
</td><td>输入区域名（简称“域名”）。</td></tr>
<tr><td>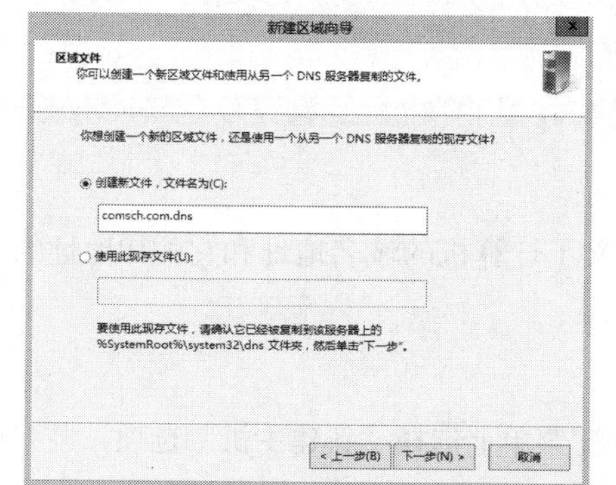
</td><td>输入区域文件名，请遵守默认的命名规范。</td></tr>
</table>

<table>
<tr>
<td>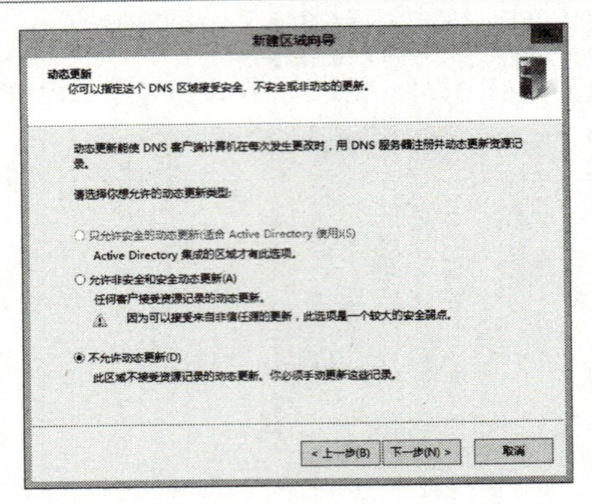
</td>
<td>选择区域更新选项：<br>①只允许安全的动态<br>启用了AD才有此选项。<br>②允许非安全和安全的动态更新<br>客户端可能接受非信任源的更新，存在安全隐患。<br>③不允许动态更新<br>必须手动更新。</td>
</tr>
<tr>
<td colspan="2">（1）在什么情况下应建立辅助区域?<br><br>（2）这里的区域名是我们说的域名吗?<br>○是　○不是<br>（3）区域信息保存在什么文件中？其文件名有什么特点?<br><br>（4）如何确定DNS区域的更新方式?</td>
</tr>
</table>

**友情提示** JISUANJI WANGLUO JICHU YU YINGYONG YOUQINGTISHI 

- 一个DNS服务器上可以创建多个区域。
- DNS服务器可以提供正向解析（即域名地址到IP地址的转换），也提供逆向解析（即IP地址的转换到域名地址）。
- 辅助区域是另一个DNS服务器主要区域的副本，它是起负载均衡和容错的作用。
- 区域文件是存储DNS服务器用来响应查询的DNS区域信息。通常，区域文件名与该区域的名称相同，使用.dns文件扩展名，存储在DNS服务器上的 %systemroot%\System32\Dns 文件夹中。
- 利用主机文件也可以实现域名到IP地址的转换，主机文件是一个文本文件，它位于%systemroot%\system32\drivers\etc文件夹中，文件名为hosts，可用记事本来编辑。它只适用于极小规模的名称解析服务。

2.创建区域的主机记录

主机记录是区域文件中的主要数据，它定义了计算机的域名地址和它的IP地址的映射关系。

**【做一做】**

在新建的区域“comsch.com”上右击，在快捷菜单上选择“新建主机”选项，并参照配置图示，描述创建主机记录的步骤和主机记录的组成。

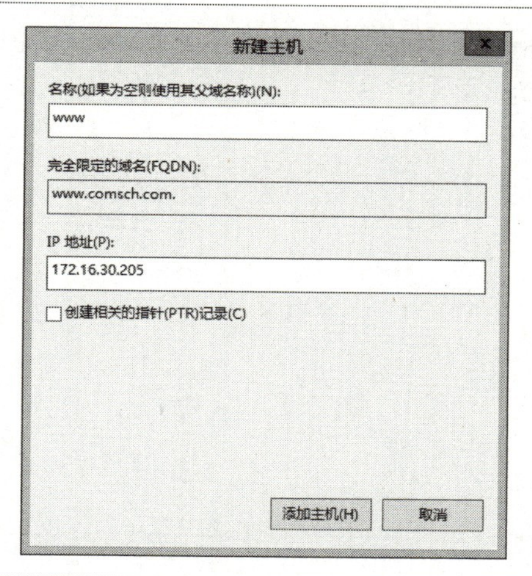

<table>
<tr><td colspan="2">创建主机记录</td></tr>
<tr><td>新建主机<br>名称(如果为空则使用其父域名称)(N):<br>www<br>完全限定的域名(FQDN):<br>www.comsch.com.<br>IP 地址(P):<br>172.16.30.205<br>□ 创建相关的指针(PTR)记录(C)<br>添加主机(H)　取消</td><td>操作步骤：</td></tr>
<tr><td colspan="2">（1）主机记录由哪些内容组成？<br><br>（2）主机名可不可以不同于WWW的名称？</td></tr>
</table>

友情提示 JISUANJI WANGLUO JICHU YU YINGYONG YOUQINGTISHI

- 主机的名称可以任意命名，一般www表示Web服务器，ftp表示文件传输服务器，email表示邮件服务器。
- IP地址就是该主机的实际IP地址。

## 三、测试DNS服务器

设置客户计算机的TCP/IP协议的“首选DNS服务器”的IP地址为运行DNS服务器的计算机的IP地址，然后使用ping命名来进行测试。

**【做一做】**

（1）请按下图所示配置客户计算机的TCP/IP协议，以使用DNS服务，然后回答表中提出的问题。

测试DNS服务器

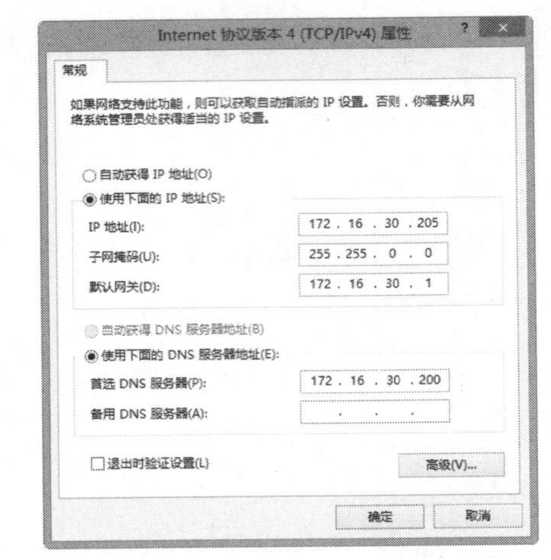


手动配置客户机的TCP/IP协议，包括IP地址、子网掩码、默认网关和DNS服务器的IP地址。

①备用DNS服务器有何作用？

②能为客户机自动配置DNS服务器的IP地址吗？ ○能　　　○不能

如果能，你将用什么提供的服务来实现？

（2）请你测试DNS服务器的工作状态，参照测试图示描述测试结果，然后回答表中提出的问题。

测试DNS服务器

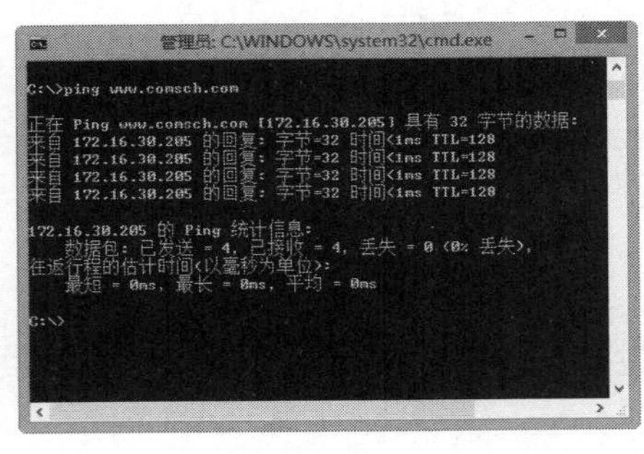


ping www.comsch.com测试服务器的连通性的过程中，DNS负责把域名转换成对应的IP地址。

①这里的ping命令使用方式与模块三中有何不同？

②请写出测试DNS服务器工作状态的ping命令的一般格式。

③在这里，网络中的DNS服务器正常工作了吗？说明你的理由。

○正常　　　○不正常

④如果在测试时，你看到的是4条“Destination host unreachable”信息，但用命令ping <主机IP地址>又能看到连通信息，请你分析可能出现了哪些网络问题？

**友情提示** JISUANJI WANGLUO JICHU YU YINGYONG YOUQINGTISHI

- 使用ping <域名>的形式测试域名所指计算机能否到达，当出现“Destination host unreachable”信息时，说明DNS服务器没有提供正确的域解析。问题可能是你没有为客户机正确配置DNS服务器，也可能是DNS服务器上主机记录不正确。
- 使用DHCP服务器的“服务器选项”或“作用域选项”可方便地为客户机配置DNS服务器的IP地址。

**【做一做】**

请与你的同学合作在实验室网络中安装多台DNS服务器，并使用它们提供的名称解析服务（必要时请实验教师提供帮助），完成提出的任务。

| 实现DNS服务的容错能力和负载平衡 |
|---|
| （1）编写实验计划。<br><br>（2）撰写实验心得。 |
| 分析与讨论 |
| 为客户机正确配置了首选和备用DNS服务器的IP地址，然后关闭首选DNS服务器或停止DNS服务（模拟DNS服务器失效），客户机还能正常使用DNS服务吗？<br>○能　请描述你的实现方法。<br><br>○不能　请分析原因。 |

NO.3　［任务三］

# 配置NAT服务器实现共享Internet

IPv4地址结构的设计缺陷导致互联网上公有IP地址成为一种稀缺资源。因此，一个企业内部的计算机不可能都能分配到一个公有IP地址来连接到互联网。一般在企业内部都使用私有IP地址，但仅限于企业内部使用，不可以在互联网中使用。要让使用私有IP地址的计算机能够连接互联网，需要一台具有NAT（Network Address Translation，网络地址转换）功能的连接设备。Windows Server 2012 R2服务器可以配置成NAT服务器，本任务要求你在Windows Server 2012 R2服务器上安装并配置NAT服务器来实现企业内部计算机共享一个或多个公有IP地址以连接到互联网。为此，你需要：

（1）安装NAT服务器；

（2）配置NAT服务器。

## 一、安装NAT服务器

NAT服务器集成在“远程访问”服务角色中，作为NAT服务器的计算机需要装配两块网卡，一块连接外网，另一块连接内网。

**【做一做】**

请结合下面安装过程中的关键环节图示完成NAT服务器的安装，并回答表中提出的问题。

<table>
<tr>
<td>
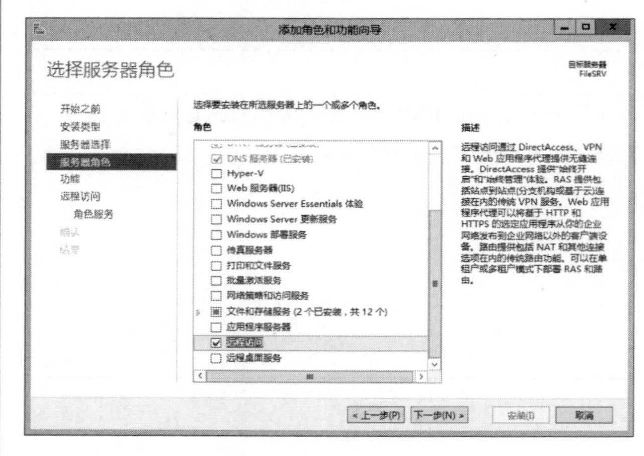

</td>
<td>在“服务器角色”页选择“远程访问”。</td>
</tr>
<tr>
<td>
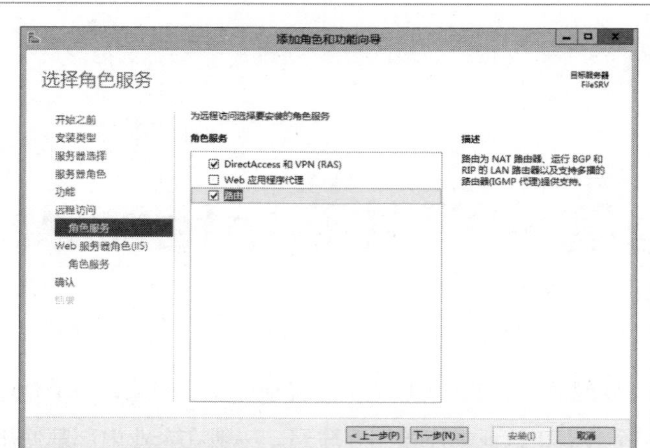

</td>
<td>在“角色服务”页选择“路由”。其余的操作单击“下一步”按钮，直至安装完成。</td>
</tr>
</table>

（1）服务器的外网卡与互联网有哪几种连接方式？

（2）系统中有DHCP服务和没有提供DHCP服务，NAT服务器的安装过程有什么区别？

## 友情提示

JISUANJI WANGLUO JICHU YU YINGYONG YOUQINGTISHI

- 作为NAT服务器的计算机至少需要配置两块网卡，分别用于连接内部网络和互联网。
- 建议在安装NAT服务器之前，完成DHCP服务的安装和调试，保证内部网中的计算机可以有效获得DHCP服务。否则，内部计算机将使用NAT服务器内置的DHCP服务功能，这有可能是网络管理不愿看到的。

## 知识窗

JISUANJI WANGLUO JICHU YU YINGYONG ZHISHICHUANG

- 在IP网络中，支持TCP或UDP协议的服务器使用端口号来代表相关的服务。常用服务的端口号是固定的，如HTTP服务的端口号是80、FTP服务的控制通道端口号是21、数据通道端口号是20、邮件传输服务的端口号是25、邮箱服务的端口号是110，但客户端程序请求服务时使用的端口号是由系统动态生成的。
- NAT服务器就是执行IP地址与端口号的转换工作。NAT服务器至少有两个网络端口，一个用于连接内部网络，配置了私有IP地址；另一个连接互联网，配置由ISP服务商提供的公有IP地址，如下图所示。

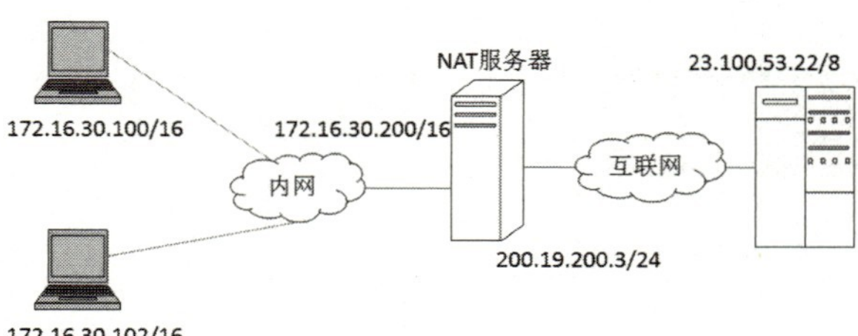


- 当内网中IP地址为172.16.30.100的计算机请求互联网上23.100.53.22服务器上的WWW服务时，它使用系统动态生成的端口号，如20000发出访问请求，NAT服务器收到此请求后，使用自己的公有IP地址200.19.200.3和动态生成的端口号，如11223，代表此台内网的计算机向互联网上23.100.53.22服务器上发出WWW服务请求。然后，NAT服务器在其内部的地址转换表中添加这条地址转换记录，如下表：

| 源IP地址 | 源端口号 | 转换后源IP地址 | 转换后源端口号 |
|---|---|---|---|
| 172.16.30.100 | 20000 | 200.19.200.3 | 11223 |

- 当公网上的服务器返回给NAT服务器之前请求的数据后，NAT服务器查询地址转换表中的记录，把该数据发送给内网中实际发出请求的计算机，这样就实现了内网中使用私有IP的计算机共享NAT服务器外网端口公有IP地址访问互联网的要求。

## 二、配置NAT服务器

**【做一做】**

配置NAT服务器

请观看“配置NAT服务器”操作视频或教师的操作演示，结合下面配置过程中的关键图示，完成NAT服务器的配置，并回答表中提出的问题。

| | |
|---|---|
| 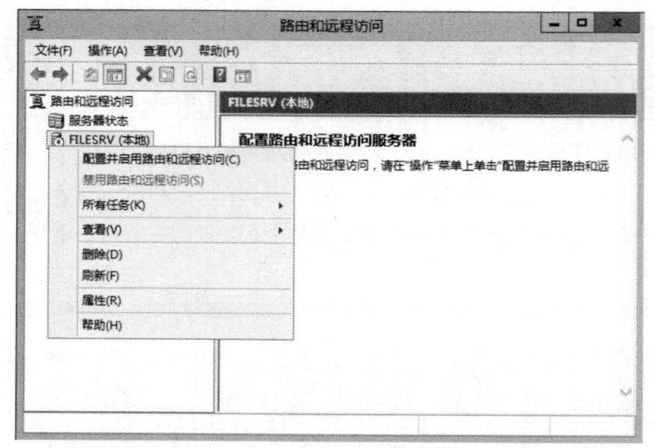 | 在“服务器管理器”中打开“路由和远程访问”控制台，右击服务器，在快捷键菜单中选择“配置并启用路由和远程访问”选项。 |
| 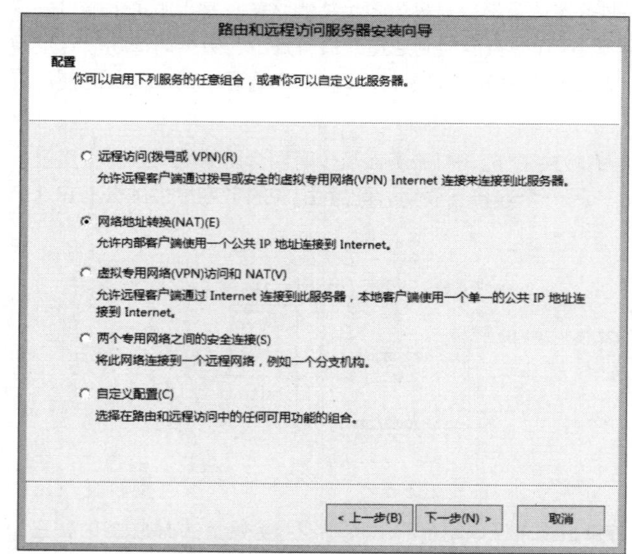 | 选择“网络地址转(NAT)”服务。 |

<table>
<tr><td>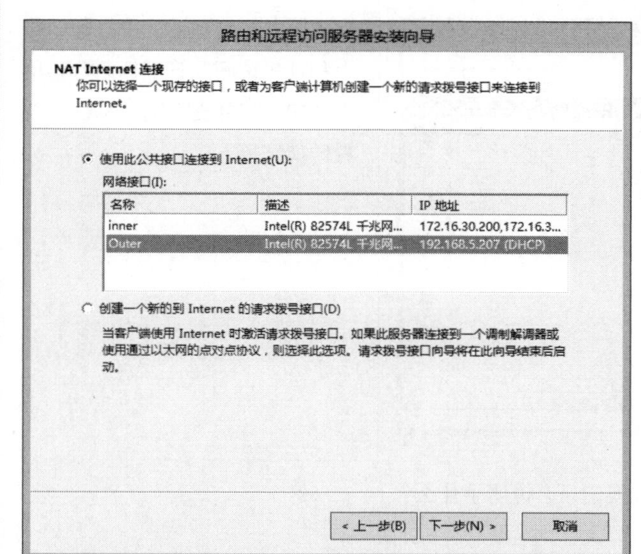
</td><td>选择用于连接公网的网络接口。</td></tr>
<tr><td>
</td><td>在“服务器管理器”中打开“路由和远程访问”管理控制台，单击“IPv4”分支下的“常规”查看配置结果。</td></tr>
<tr><td colspan="2">（1）“路由和远程访问”服务除了能提供NAT服务外，还可以提供哪些服务？<br><br>（2）为了分清楚NAT服务器的网卡分别连接在什么网络上，你有什么好的办法？</td></tr>
</table>

## 三、测试NAT服务器

把客户计算机连接到与NAT服务器内网卡相连的子网中，然后启动浏览器访问互联网上的WWW服务。

**【做一做】**

请按照教师的演示，查看NAT服务器的NAT地址转换工作，并回答表中提出的问题。

<table>
<tr><td>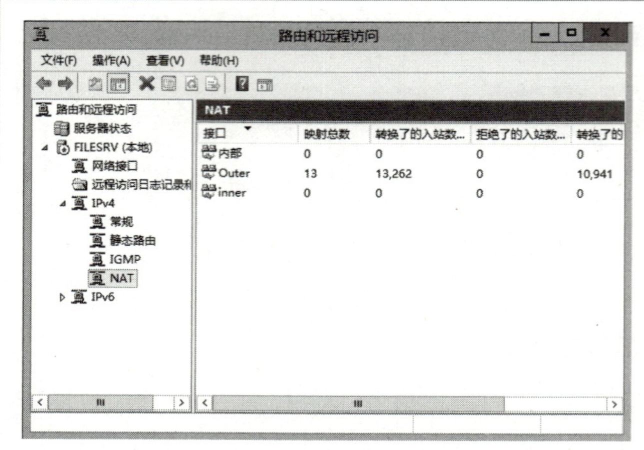</td><td>在“服务器管理器”中打开“路由和远程访问”管理控制台，单击“IPv4”分支下的“NAT”查看转换结果。</td></tr>
<tr><td colspan="2">（1）在Outer接口上可以看到转换记录，说明了什么？<br><br>（2）为什么没有在inner接口看到转换记录？</td></tr>
</table>

# ▶ 自我测试

## 一、填空题

1.DHCP服务器的作用是____________________。

2.设置了自动获得的IP地址的客户计算机启动时以____________为源地址，以____________为目的地址向________广播寻址信息。

3.客户计算机在经过4次请求后，如果没有收到DHCP服务器提供的IP地址时，将临时采用从________到________中的一个IP地址，每隔5分钟，它将尝试请求DHCP服务。

4.DHCP服务器的IP租约时间默认是____天，人工更新租约的命令是__________。

5.DHCP的作用域是______________。DHCP服务器除提供IP地址和子网掩码外，还可以向客户计算机提供________、________等附加信息。

6.如果你查看到计算机的IP地址形如169.254.x.x，那么这台计算机使用的IP地址来自于______________。

7.DNS服务器可以实现______________________________。

8.DNS服务器可提供__________、__________两种类型的地址解析服务。

9.区域用于存储__________________________________________________。

10.NAT是______________________________的缩写。

11.NAT服务器实现了__________________________________________功能。

## 二、判断题

1.DHCP服务器只能给客户计算机分发IP地址及子网掩码。 ( )

2.使用DHCP服务的客户机在未获IP地址前不能进行通信。 ( )

3.DHCP服务能消除TCP/IP配置出错的网络问题。 ( )

4.作为服务器的计算机不能使用DHCP服务。 ( )

5.DNS服务器能实现域名到IP地址的转换，但不能实现IP地址转换到域名。 ( )

6.标准辅助区域可以在网络中平衡域名解析负载。 ( )

7.主机记录是区域文件中的主要数据。 ( )

8.NAT服务器只能实现私有IP地址向公有IP地址的转换。 ( )

9.NAT服务器暂时解决了IPv4公有IP地址不够用的问题。 ( )

10.NAT服务器也能提供自动分配IP地址的服务。 ( )

## 三、选择题

1.DHCP不能向客户机分发（ ）。

A.子网掩码　B.默认网关地址　C.DNS服务器地址　D.MAC地址

2.如果客户机没有找到DHCP服务器，它会自动配置IP地址和子网掩码，其他选择用的IP地址来自于（ ）。

A.IP地范围169.254.0.1~169.254.255.254　子网掩码255.255.0.0

B.IP地范围10.0.0.1~10.255.255.254　子网掩码255.0.0.0

C.IP地范围172.16.0.1~172.31.255.254　子网掩码255.240.0.0

D.IP地范围192.168.0.1~192.168.255.254　子网掩码255.255.0.0

3.下列关于域名解析说法，不正确的是（ ）。

A.DNS服务器的唯一作用是把域名转换到对应的IP地址

B.一个DNS服务器上可以建立多个区域

C.一个网络里可以安装多个DNS服务器，以实现域名解析容错能力和负载平衡

D.主机文件也能实现域名解析

## ▶ 能力评价表

班级：＿＿＿＿＿＿　　姓名：＿＿＿＿＿＿　　年　月　日

| 评价内容 | | 自评 | 小组评价 | 教师评价 |
|---|---|---|---|---|
| | | 优☆　良△　中○　差× | | |
| 思政与素养 | 1.能主动思考、认真解决实训中遇到的困难和难题 | | | |
| | 2.不访问不熟悉的域名或具有安全隐患的网站 | | | |
| | 3.不使用非法的方式访问境外网站 | | | |
| | 4.知晓国家对域名及网络管理的相关法规 | | | |
| 知识与技能 | 1.能准确描述DHCP服务器的功能和作用 | | | |
| | 2.能安装、配置DHCP服务器 | | | |
| | 3.能配置客户计算机 | | | |
| | 4.能准确描述DNS服务器的功能和作用 | | | |
| | 5.能安装、配置和测试DNS服务器 | | | |
| | 6.能准确描述NAT服务器的功能和作用 | | | |
| | 7.能安装、配置和测试NAT服务器 | | | |

# 模块五 / 使用Windows Server 2012 R2网络应用服务

**模块概述**

网络的基本功能是数据通信和资源共享。企业内部网络的一个重要目的是实现高效、快捷的无纸化办公，节约办公成本。在企业内部网络上，WWW服务可用于发布企业信息，文件传输服务功能可实现各种文档的共享和提交。本模块将描述WWW服务和文件传输服务的实现。

**学习目标：**

+ 了解WWW服务的功能；
+ 能安装IIS服务器；
+ 了解FTP服务器的功能；
+ 能安装和配置FTP服务器；
+ 能上传与下载文件。

**思政目标：**

+ 培养学生对技能技术的刻苦钻研精神；
+ 培养学生规范审核信息的意识；
+ 培养学生遵守国家相关法律法规的意识；
+ 培养学生安全存放文件的意识；
+ 培养学生在文件传递中的保密和安全意识。

[ 任务一 ] NO.1

# 实现企业信息发布服务

IIS（Internet Information Services）即Internet信息服务，它是微软公司提供的一套互联网信息发布解决方案，其中内置了Web服务器、新闻组服务器（NNTP虚拟服务器）、FTP服务器等网络服务功能。假若你被要求建立本单位的Web服务器和新闻组服务器，为完成这项工作，你需要：

（1）安装IIS信息服务组件；

（2）建立并配置Web站点。

## 一、安装IIS信息服务组件

**【做一做】**

请参见DHCP服务器的安装步骤，在“服务器角色”列表中选择“Web服务器（IIS）”，展开后选择需要的服务组件，完成IIS信息服务组件的安装。

| IIS提供的服务 | 服务功能描述 |
|---|---|
| 万维网服务 | 使用HTTP协议向TCP/IP网络上的客户端提供Web服务 |
| 文件传输协议（FTP）服务 | 建立FTP服务器实现文件上传与下载 |
| SMTP Service | 邮件传输服务 |
| Internet打印 | 启用Web打印机管理并支持通过HTTP协议实现共享打印 |
| 其他 | |

（1）你选择安装了IIS服务器的所有服务功能吗？　○是　○不是

请说明你选择的理由。

（2）你知道哪些功能是IIS必须安装的？

（3）在上表中写出你感兴趣的其他服务功能。

**知识窗** JISUANJI WANGLUO JICHU YU YINGYONG ZHISHICHUANG

- 万维网服务　使用HTTP协议向TCP/IP网络上的客户端提供的Web服务。
- 文件传输协议（FTP）服务　建立FTP服务器，实现文件上传与下载。
- SMTP Service　提供邮件传输服务。
- Internet打印　启用Web打印机管理并支持通过HTTP协议实现共享打印。

## 二、创建并配置新的Web站点

IIS安装时自动创建了一个默认的Web站点，但我们更愿意建立一个自己的Web站点。站点创建以后要进行必要的配置，然后把设计好的网站文件复制到Web站点的主目录中，Web服务器就可以向浏览者提供访问服务了。

**【做一做】**

请观看“创建并配置新的Web站点”操作视频或教师的操作演示，然后参照下面的图示，描述创建Web站点的主要步骤的操作要点和注意事项。

创建并配置新Web站点

<table>
<tr>
<td>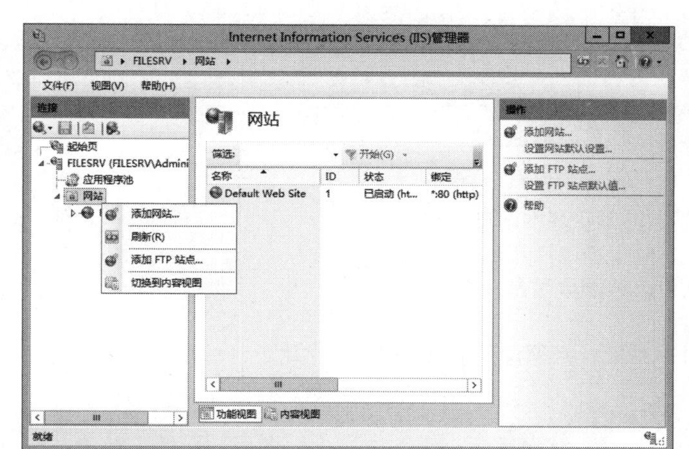
</td>
<td>①在服务器管理器中单击“工具”选择“IIS管理器”；<br>②右击“网站”，在快捷菜单中选择“添加网站”选项。</td>
</tr>
<tr>
<td>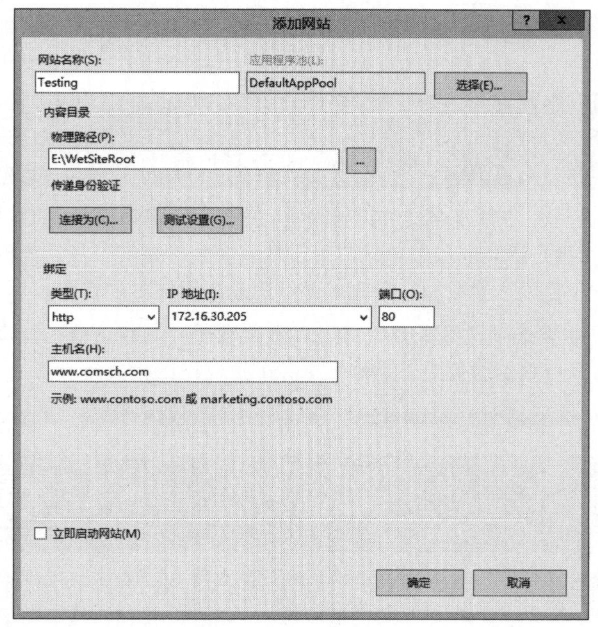
</td>
<td>配置网站基本参数：网站名称、网站路径、网站IP地址和服务端口以及主机名。</td>
</tr>
</table>

| | |
|---|---|
| 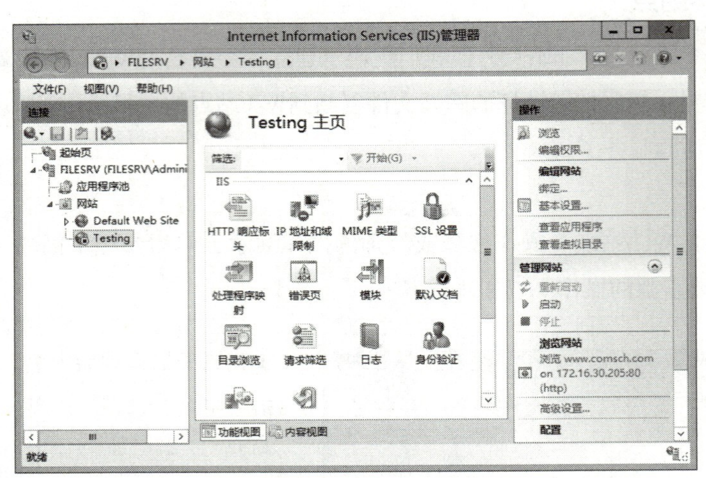 | 在IIS管理控制台中新建网站管理主页。 |

（1）在IIS中创建网站需要提供哪些基本信息？

（2）提供Web服务的默认协议和端口号是什么？

（3）主机名是什么？有什么功能？必须设置主机名吗？

（4）应用程序池是什么？有何作用？

（5）怎样启动或停止网站服务？

## 友情提示

JISUANJI WANGLUO JICHU YU YINGYONG YOUQINGTISHI

- 在IIS上新建网站，首先是指定网站在服务器上的存储路径；接着为网站输入说明性文字；然后为提供Web服务的站点指定IP地址和服务端口号，默认的端口是80；最后为网站的主文件夹设置访问权限，一般要授予读取和运行脚本（针对动态网站）的权限。
- 在创建Web站点时，Web站点的主要选项已经配置完成，其他选项保持其默认值已能满足一般性的要求。如果你对网站有特殊的服务要求，需要单独配置网站的相关属性。

## 知识窗

JISUANJI WANGLUO JICHU YU YINGYONG ZHISHICHUANG

- 你可以为Internet协议配置多个IP地址，以提供计算机中的网络服务使用。你可以这样来添加额外的IP地址：在“Internet协议(TCP/IP)属性”对话框中单击“高级”按钮，按下图所示进行操作。

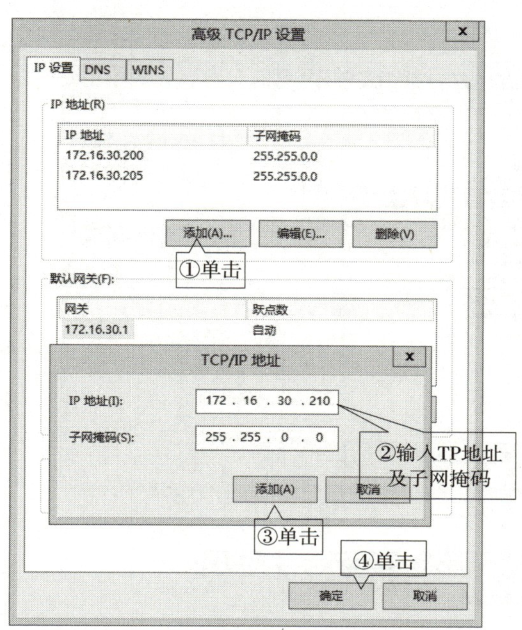


重复步骤①～③可完成额外IP地址的添加。

- 在配置DNS时，我们已经把IP地址172.16.30.205与www.comsch.com映射在一起了，这里使用它作为Web站点服务器的地址。

## 三、配置Web站点

在网站管理主页中，双击需要配置的项目或在右边栏的操作列表中选择配置项进行网站配置操作。

**【做一做】**

参照以下配置示意图，说明主要配置选项的用途和操作要点，并回答表中提出的问题。

配置Web站点

| | |
|---|---|
| 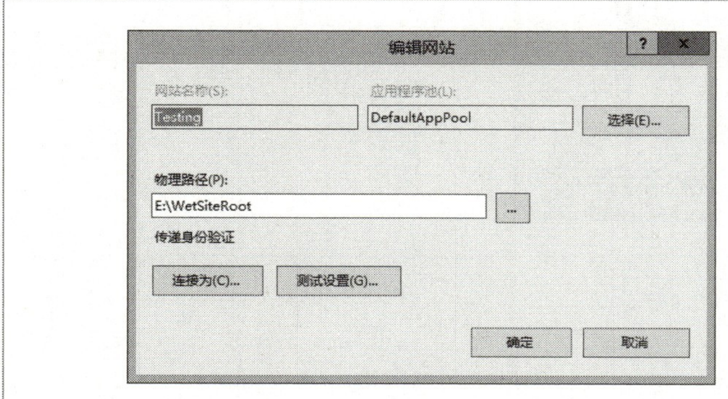 | 单击IIS管理控制台右边栏中的“基本设置”，可以设置网站名称、应用程序池和物理路径。 |

<table>
<tr>
<td>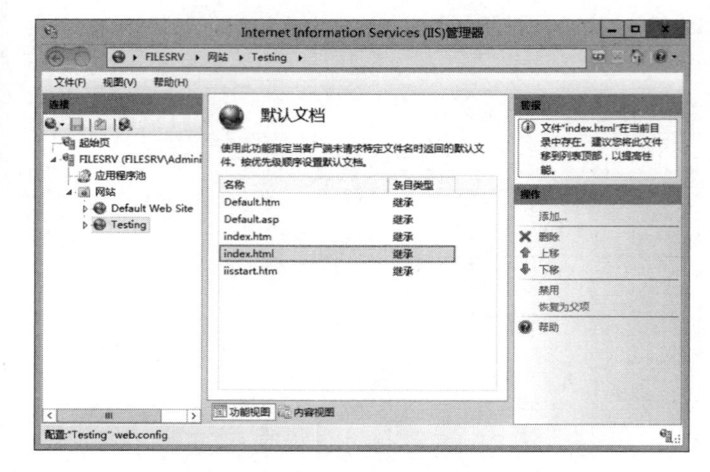
</td>
<td>双击IIS管理主页中的“默认文档”设置网站的默认文档，选择默认文档列表文件名，在“操作”中使用“上移”或“下移”命令调整默认文档的优先顺序。</td>
</tr>
<tr>
<td>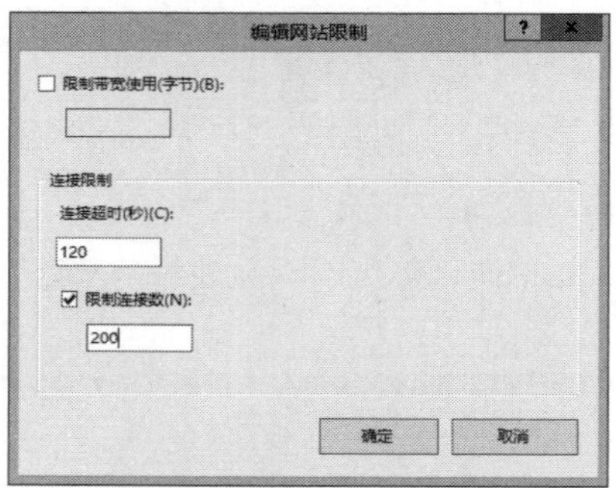
</td>
<td>设置网站连接限制，可以设置连接超时时间和限制连接数。</td>
</tr>
<tr>
<td>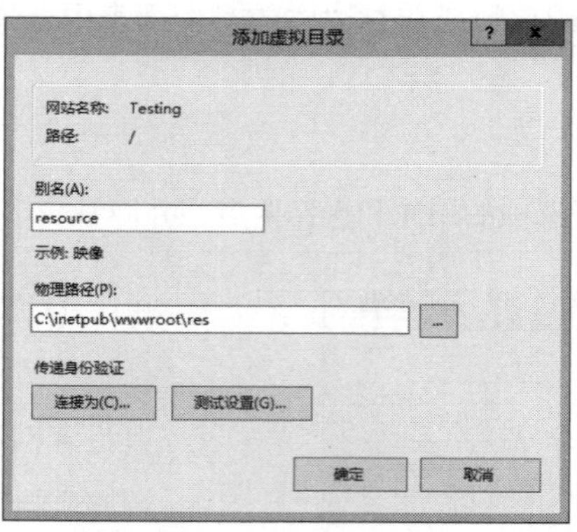
</td>
<td>添加虚拟目录。</td>
</tr>
</table>

| | |
|---|---|
| <br> | 进行网站的高级设置。 |
| 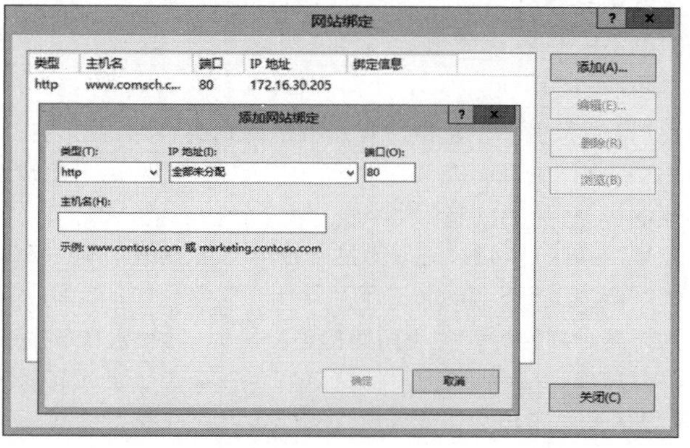<br> | 设置网站绑定。 |

（1）试比较虚拟目录与网站文件夹的子文件夹的异同，虚拟目录的实际目录可以位于什么地方？使用虚拟目录有什么好处？

（2）默认文档有什么作用？为什么要设置默认文档及优先级？

（3）设置网站的访问限制有什么作用？

（4）设置网站绑定有什么意义？

## 知识窗 JISUANJI WANGLUO JICHU YU YINGYONG ZHISHICHUANG

- 网站的主目录可以是本地磁盘上的文件夹，也可以是网络中另一台计算机共享的文件夹，甚至可以是远程计算机上的文件夹。

  主目录的访问权限：

  脚本资源访问——在设置了读取或写入权限后，允许用户访问网站源代码；

  读取——允许用户读取或者下载文件或文件夹；

  写入——允许用户将文件及其相关属性上传到服务器上已启用的目录中，或者更改可写文件的内容；

  目录浏览——允许用户看到文件中的文件和子文件夹的列表，如果禁用了目录浏览且未指定默认访问文档，那么访问时将在Web 浏览器中显示“禁止访问”错误消息。

- 应用程序的执行权限有3种：

  无——限制只能访问静态网页；

  纯脚本——只允许运行纯脚本，而不运行可执行程序；

  脚本和可执行文件——所有文件类型均可以访问或执行。

- 在“文档”设置页面，可以配置浏览器在访问网站时默认打开的网页文档，使用“添加”和“删除”来增删可用的默认文档名，使用“上移”和“下移”按钮可以修改顺序。文档页脚只包含格式化页脚内容的 HTML 标记，不是完整的HTML文档。

- 在“网站”属性页中可以配置“网站标识”，其中“描述”是网站的名称，出现在 IIS 管理器的控制台树中，好记的名称利于管理。在“IP地址”中选择或输入用于此站点的IP地址。“TCP端口”用于指定Web服务所用的TCP端口号，默认为80。“SSL端口”用于指定加密访问时所用的TCP端口号，默认是443，没有为站点启用 SSL 加密，则“SSL 端口”框不可用。“连接”以秒为单位设置服务器断开不活动用户连接之前的时间长短。这将确保在 HTTP 协议无法关闭某个连接时，关闭所有的连接。大多数 Web 浏览器要求服务器在多个请求中保持连接打开，这时要勾选“保持 HTTP 连接”，此项可极大提高服务器的性能。日志记录可以记录关于用户访问活动的细节并按所选格式创建日志。日志格式有Microsoft IIS 日志、NCSA 共用日志文件格式，它们都是一种固定的ASCII格式。ODBC 日志是一种记录到数据库的格式，W3C 扩展日志格式，它是可自定义的 ASCII 格式，默认情况下选择此格式。

- 在“性能”属性页能配置“带宽限制”，用于限制该网站可用的带宽。“网站连接”用于设置网站允许的并发连接数。如果连接是波动的，则将数量设置成不受限制可以避免常规管理。但是，如果连接数超过了系统资源，则系统性能可能受到影响。将站点限定在特定的连接数内可以保持性能的稳定。

## 友情提示 JISUANJI WANGLUO JICHU YU YINGYONG YOUQINGTISHI

- 默认文档用于指定在浏览器输入Web站点的地址时，自动打开的网页文件名，它必须配置成与你的网站首页文件名相同，否则将妨碍正常浏览。
- 你可以删除默认文档列表中那些与你网站首页不同的文件名。

- Web服务默认采用的TCP端口号为80，如果你使用了别的端口号，一定要让用户知道，否则用户将不能连接到Web服务器。如果要使用SSL端口，也必须告知用户。
- UNC（Universal Naming Convention：统一命名约定）用于定位网络上的共享文件夹位置，格式为：\\<服务器名>\<共享名>。
- 如果在IIS中创建并配置了多个Web站点，需右击Web站点名称，在快捷菜单中选择“启动”选项，启动Web站点。当然你也可以“停止”或“暂停”Web站点的服务。

**【做一做】**

（1）请在网络中的另一台计算机上打开浏览器，在“地址栏”输入“http://www.comsch.com”后回车，浏览器窗口将出现网站的首页，然后回答表中提出的问题。

测试Web服务

①浏览器窗口出现如下类似的网站首页了吗？○看见　○没看见

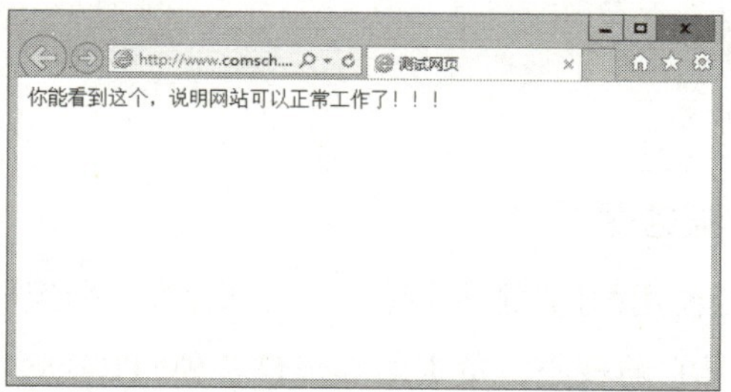


②请你分析有哪些因素会导致访问网站失败？

③在浏览器地址栏输入“http://www.comsch.com”回车后，没有看到网站的首页，却看到了文件夹列表，这是什么原因引起的？

（2）请与你的同学协作安装配置一台Web服务器，用于发布其他同学设计的网站，然后完成以下任务。

①编写实验计划：

②撰写实验小结：

讨论与分析

①你的Web服务器能同时为多个Web站点提供服务吗？你是怎样实现的？

②你可以用同一个IP地址和不同的TCP端口来标识不同的Web站点，请写出访问站点的地址格式。

[ 任务二 ]

NO.2

# 实现FTP文件传输服务

FTP（File Transfer Protocol）协议是在远端服务器和本地计算机之间进行文件传输所遵守的应用层网络协议。FTP协议规定了计算机之间的标准通信方式，方便所有不同类型、不同操作系统的计算机之间交换文件。上传和下载文件是网络上资源共享的主要形式之一，通过FTP文件传输服务，你能在网上下载你感兴趣的软件或其他文档，也可以上传与别人分享的资料。在企业网络中，使用FTP交换各种事务文件是开展无纸化办公的重要形式。为了实现这些功能，你必须完成：

（1）安装FTP服务器（Serv-U）；

（2）配置FTP服务器；

（3）访问FTP服务器。

## 一、安装Serv-U FTP服务器

Serv-U是一款被广泛使用的FTP服务器软件，它由2大部分组成：Serv-U引擎和管理员界面组成。Serv-U引擎是它的核心，负责处理来自各种FTP客户端软件的FTP命令并执行各种文件传送，它以系统服务的形式在后台运行；管理员界面用于配置管理Serv-U，包括创建域、定义用户、启用或停止Serv-U服务器。与其他同类软件相比，Serv-U功能强大、性能稳定、安全可靠、使用简单，它可在同一台机器上建立多个FTP服务器，可以为每个FTP服务器建立对应的账号，并能为不同的用户设置不同的权限，能详细记录用户访问的情况等。

**【做一做】**

安装Serv-U FTP服务器

请你观看“安装Serv-U FTP服务器”操作视频或教师的操作演示并结合下表所示安装过程中的关键图例，学习Serv-U服务器的安装，然后完成表中提出的问题。

<table>
<tr><td colspan="2">安装Serv-U FTP服务器</td></tr>
<tr><td>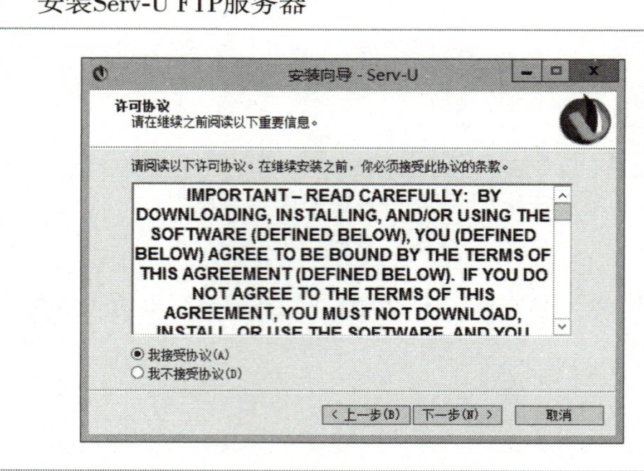
</td><td>双击Serv-U安装包启动“安装向导”，在“许可协议”页，选择“我接受协议”，单击“下一步”按钮继续安装。</td></tr>
</table>

| | |
|---|---|
| 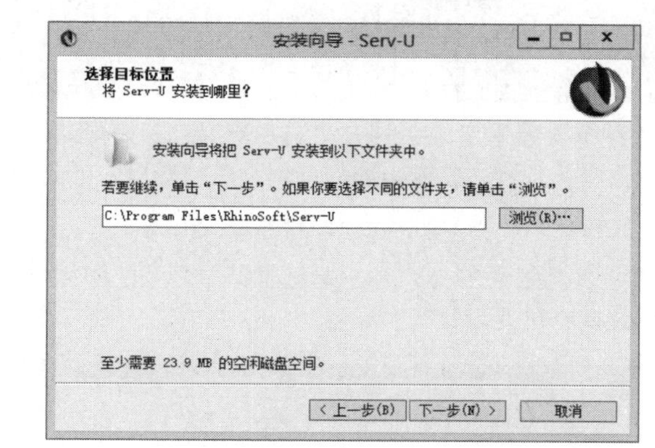 | 确认Serv-U的安装目录路径，一般不用改变。如果要改变可以直接输入，也可以单击“浏览”按钮选择其他安装路径。 |
| 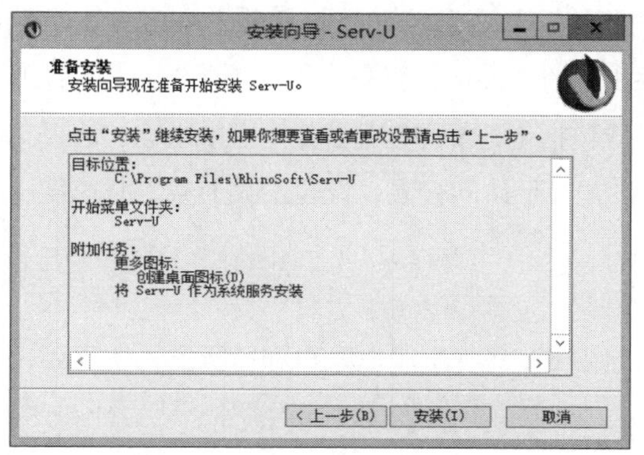 | 在“准备安装”页核对安装设置，然后单击“安装”按钮，把Serv-U安装到系统中。 |
| 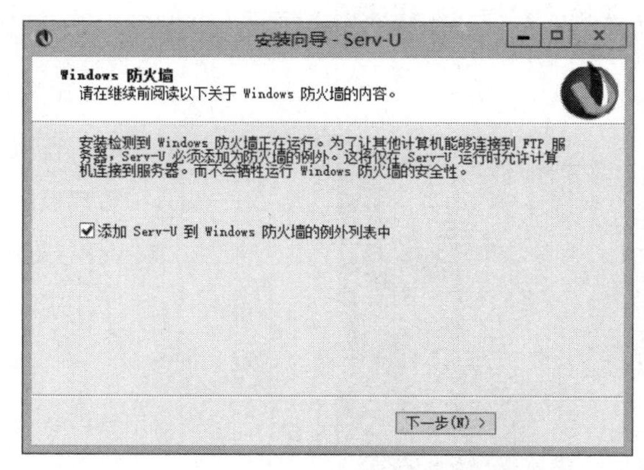 | 在此页勾选“添加Serv-U到Windows防火墙的例外列表中”，单击“下一步”按钮直到完成。 |
| （1）请你谈谈怎样为Serv-U指定安装目录？<br><br>（2）为什么要把Serv-U添加到Windows防火墙的例外列表中？ | |

**友情提示** JISUANJI WANGLUO JICHU YU YINGYONG YOUQINGTISHI 

- Serv-U是一个共享软件，你可以在软件开发者规定的期限内测试并使用它。如果试用期结束后你仍将使用，你需要购买软件许可，软件开发者会给你提供合法的使用许可证。
- 安装Serv-U的计算机并不需要运行服务器操作系统，如Windows Server 2010。
- FTP服务是一种客户/服务器服务模式，其网络通信受到客户端与服务器之间的防火墙管理。注意：客户端、服务器端和它们之间都可能设置有防火墙。

## 二、配置Serv-U服务器

Serv-U服务器引擎可以像一般程序那样启动，但只有对Serv-U服务器进行正确配置后，它才能够接受FTP客户端的请求并提供相应的文件传输服务。你需要用Serv-U的管理员界面来完成Serv-U服务器的配置，其基本设置包括创建Serv-U域名并指定IP地址、是否支持匿名访问、创建FTP账户、设置虚拟目录、设置目录访问权限、设置最大上载下载速度、服务器最大连接数以及账号管理等。

1.创建Serv-U域

Serv-U服务器的核心是 Serv-U域。Serv-U 域是一组用户账户和监听器，使得用户可以连接服务器以访问文件和文件夹。

**【做一做】**

创建Serv-U域

请你观看“创建Serv-U域”的操作视频或教师的操作演示，结合下面的图示完成域的创建，并回答表中提出的问题。

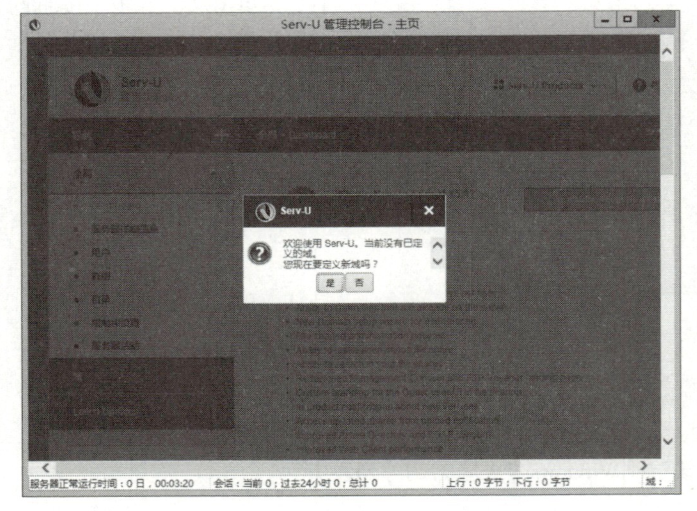


安装Serv-U后，首次打开“Serv-U管理控制台”，将提示定义域，单击“是”按钮启动域定义向导。

| | |
|---|---|
| 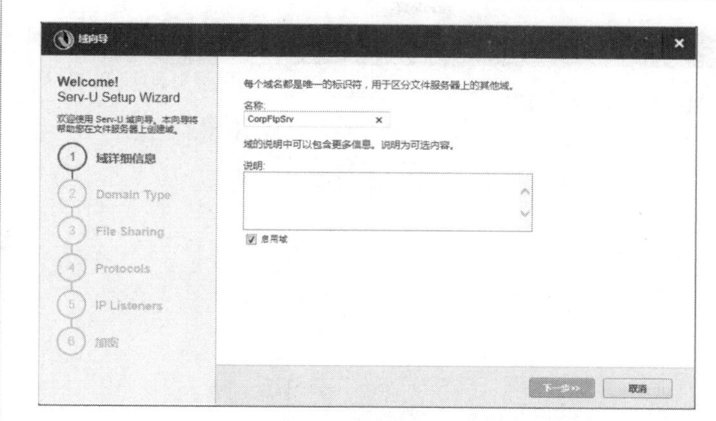 | 为新域命名和输入可选的域描述信息。 |
| 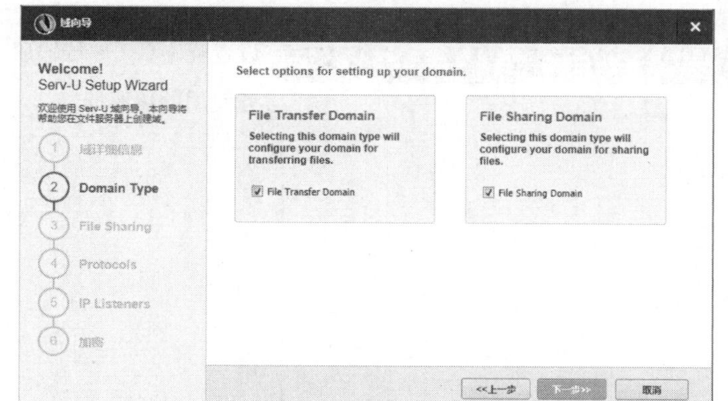 | 选择域类型：文件传输域（File Transfer Domain）、文件共享域（File Sharing Domain）。 |
| 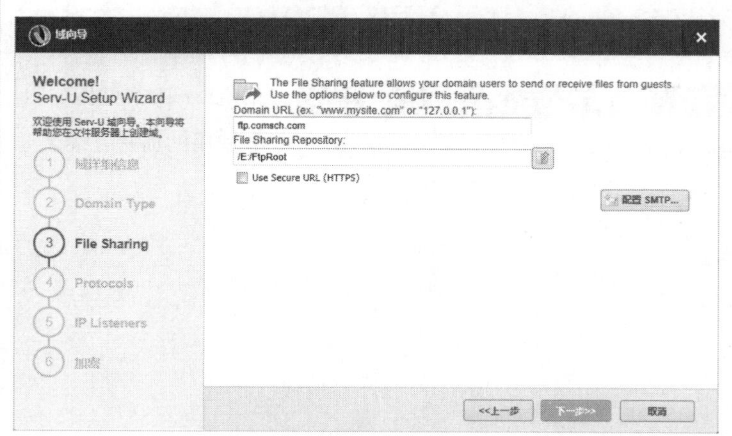 | 指定文件共享的URL地址和共享文件存储文件夹。 |

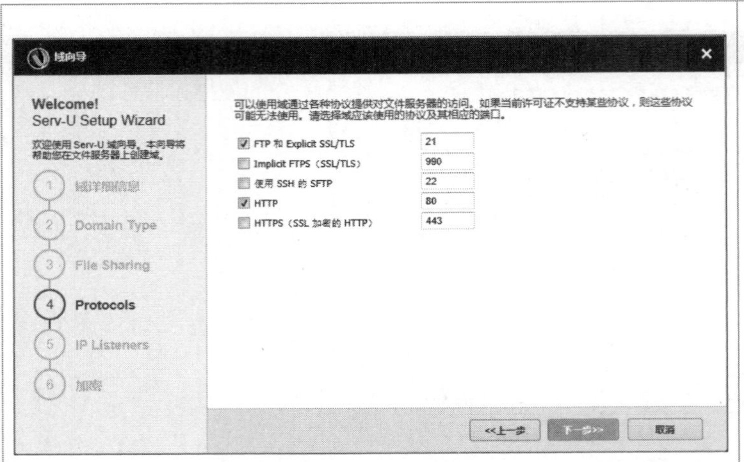


选择Serv-U文件传输使用的服务协议和端口。

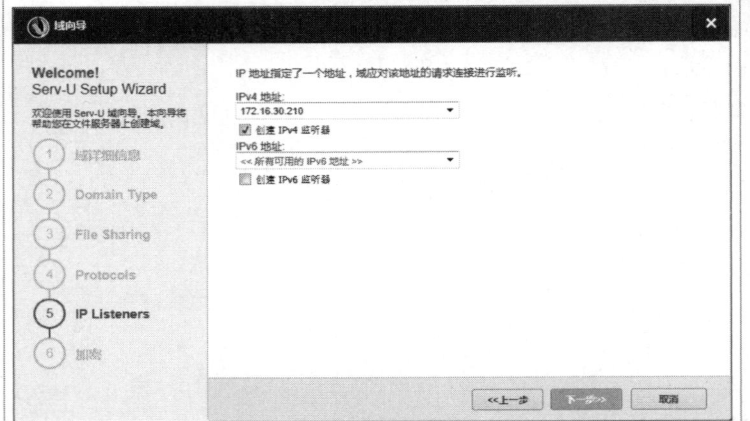


设置Serv-U文件传输服务使用的IP地址。

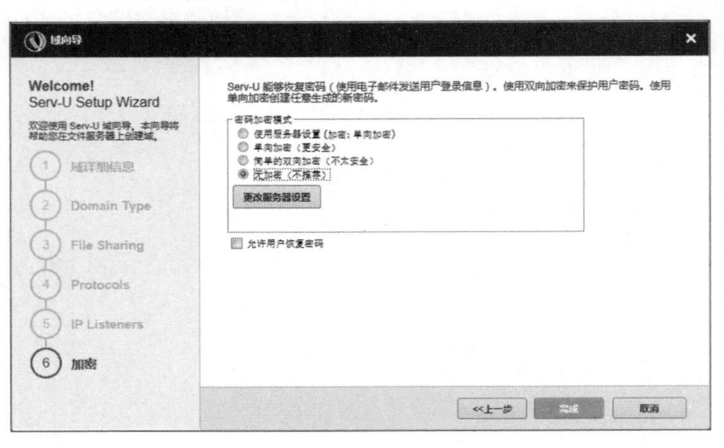


指定Serv-U文件传输服务使用的加密方案。

（1）Serv-U服务器可以像普通程序那样运行，也可以作为系统服务来运行。如果Serv-U服务器安装在Windows服务器系统中，应选择何种运行方式？说明你的理由和设置方法。

（2）Serv-U域可否使用动态IP地址？你认为Serv-U服务器是使用静态IP地址好还是使用动态IP地址好？说说你的看法。

（3）Serv-U域表示了什么？它与DNS中的域名有何关系？

（4）Serv-U服务器默认使用哪一个端口来提供服务？如果该端口被其他服务器所用，Serv-U服务器还能提供FTP服务吗？

友情提示 JISUANJI WANGLUO JICHU YU YINGYONG YOUQINGTISHI

- 在Serv-U的系统托盘中，可以管理启动、停止和重新启动，也可设置Serv-U的启动方式为"将Serv-U作为服务启动"。
- 建议为FTP服务器的计算机配置静态IP地址，但Serv-U服务器支持动态IP地址。
- 记住把FTP服务器的主机记录添加到DNS服务器；否则，只能使用IP地址来访问FTP服务器。
- FTP服务器提供服务使用了默认端口是20和21，如果该端口被其他服务所占用，你要修改成一个没有被使用的空闲端口号。
- FTP域管理FTP服务，一个FTP域就相当于一个FTP服务器。在Serv-U服务器中可以建立多个FTP域，以实现多个"虚拟"的FTP服务器。
- 用户少于500个的域信息可以直接保存在配置信息文件INI中；否则，你应该把域信息保存在操作系统的注册表中。

2.配置Serv-U域

你需要为Serv-U域做一些设置，才能发挥它的服务功能。常用的配置项目包括常规设置、监听器、虚拟主机、IP访问等。

**【做一做】**

请你观看"配置Serv-U域"操作视频或教师的操作演示并参考下面域配置选项页面图示，完成配置Serv-U域，然后回答表中提出的问题。

配置Serv-U域

## 配置FTP域

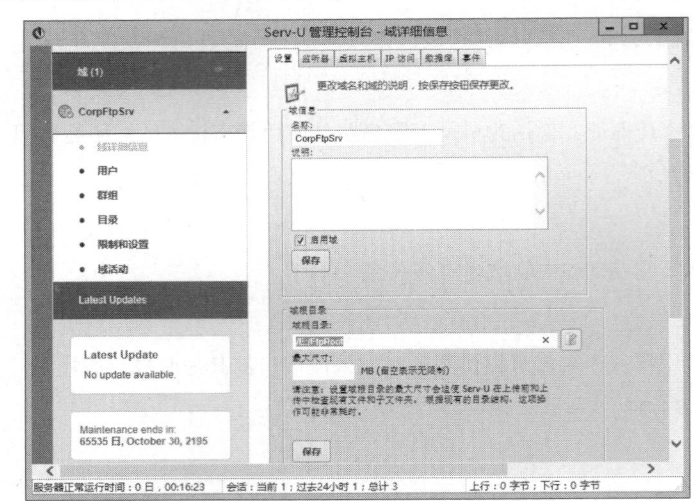


可修改域名称和描述信息，并指定域的根目录以及存储空间的使用限制。

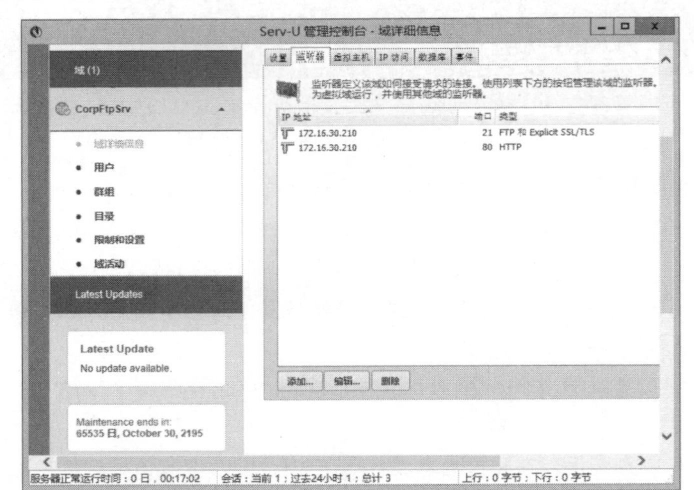


添加或删除域监听器，当前设置为可使用FTP客户端和Web方式访问Serv-U服务器。

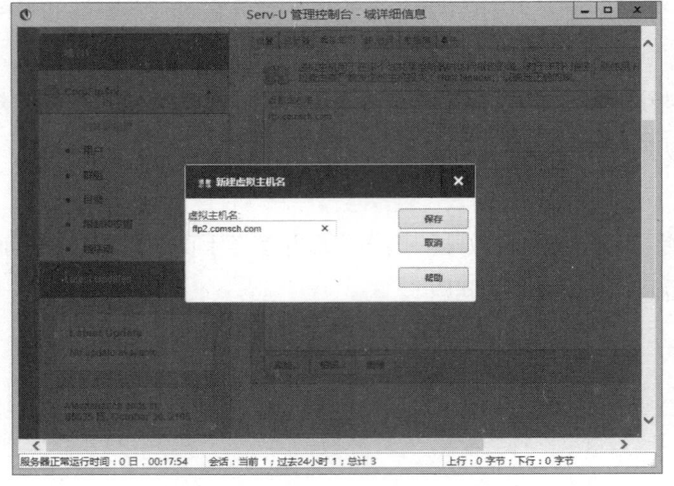


设置虚拟主机名，使FTP访问更方便。

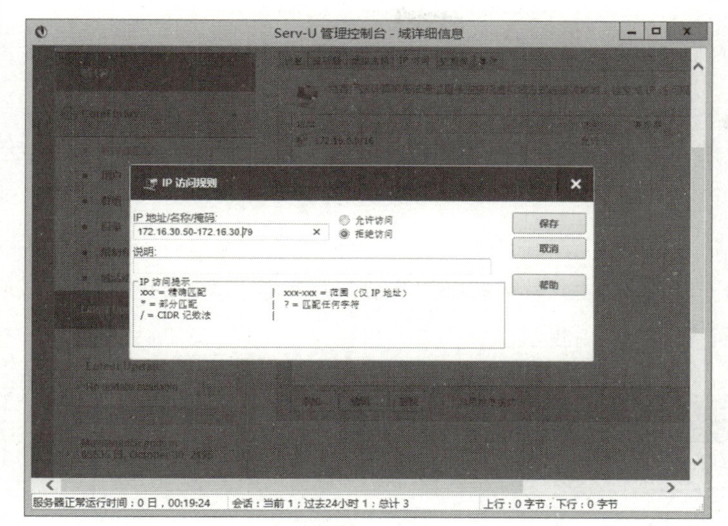


设置IP访问规则，以允许或拒绝的客户端IP地址。

（1）如果不限制域根目录存储空间大小，要怎样设置？

（2）设置监听器的目的是什么？

（3）设置虚拟机有什么用途？要使用虚拟机名访问FTP服务器，还需要做什么配置？

（4）“IP访问”规则有什么作用？要禁止网络中179.110.15.100~179.110.15.150的计算机使用FTP服务，应该怎样设置IP访问规则？

## 友情提示

JISUANJI WANGLUO JICHU YU YINGYONG
YOUQINGTISHI

- FTP域的设置将应用到域中所有的用户。
- 根据服务器的性能，你可以指定最大用户数量。根据安全性要求，指定用户密码条件。
- 虚拟路径是指把FTP服务器上的一个目录映射到另一个目录上，并为这个映射取一个名称（虚拟名称）。当用户访问FTP服务器时，被映射的路径在主目录下以虚拟名称命名的子目录出现，这个子目录实际并不存在于主目录中，因此它被称为虚拟路径。
- IP访问规则用于设置可以使用或禁止使用FTP服务的计算机的IP地址或名称。xxx代表IP地址中的数，*代表任意字符，？代表1个字符。

3.配置域用户

FTP服务器需要对用户进行验证，使用者必须在服务器上注册用户。FTP服务器也支持匿名访问方式。

单击Serv-U左边栏域下的“用户”打开用户管理页，可完成用户的添加、删除和修改等用户管理任务。

配置域用户

**【做一做】**

请你观看“配置域用户”操作视频或教师的操作演示，并参考下表中的图例，完成域用户的创建与配置任务，回答表中提出的问题。

<table>
<tr>
<td>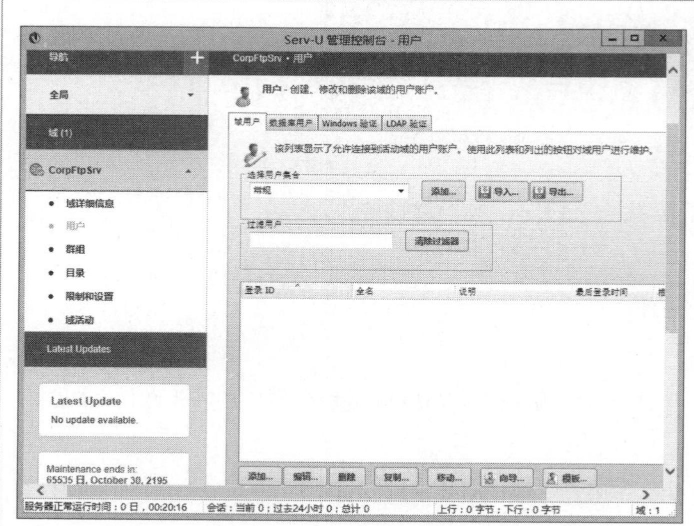
</td>
<td>单击“添加”按钮，开始创建新域用户。</td>
</tr>
<tr>
<td>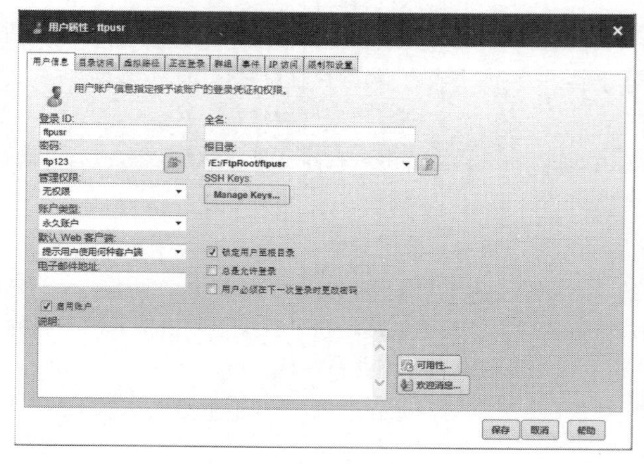
</td>
<td>设置域用户登录名、根目录、账户类型和管理权限等。</td>
</tr>
</table>

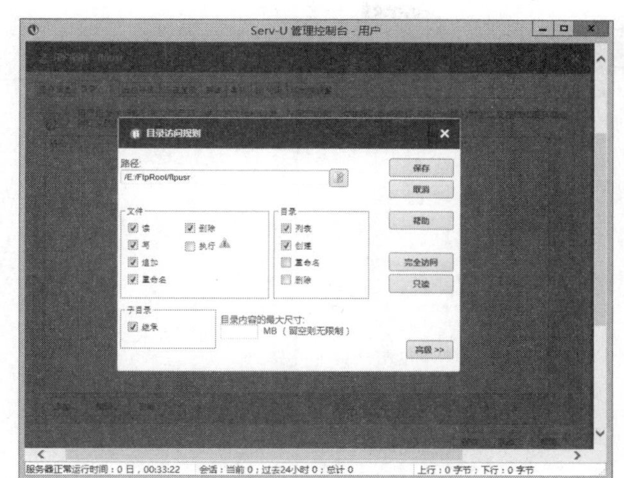


设置用户的目录访问权限和文件访问权限。

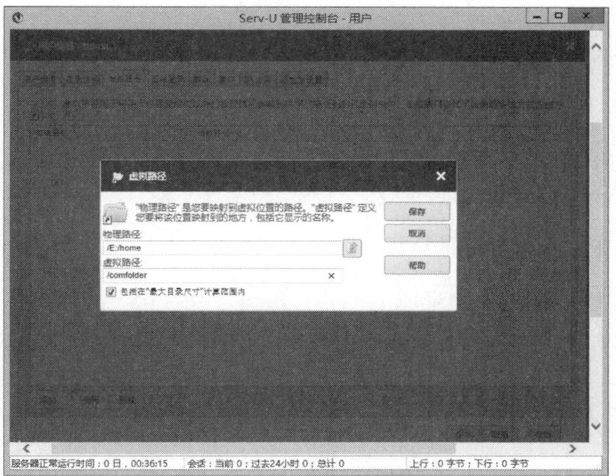


为用户设置虚拟目录。

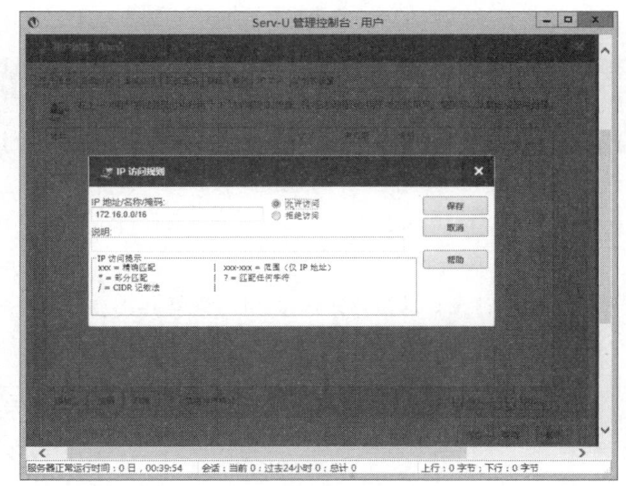


设置用户端IP访问规则。

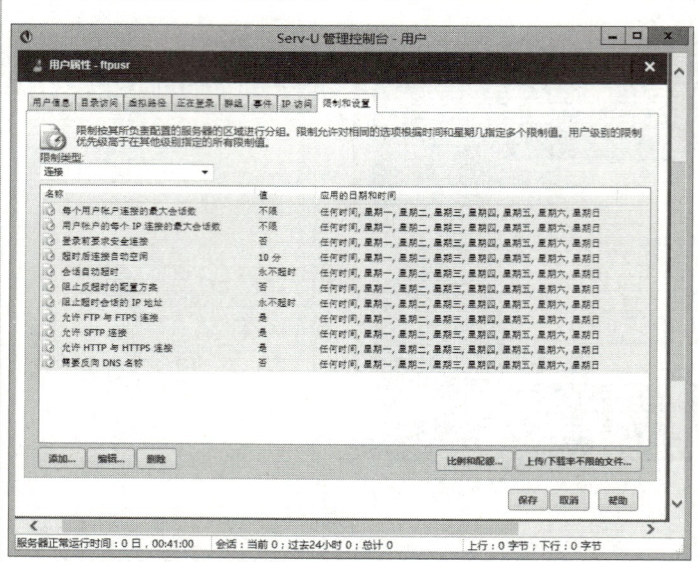


设置用户的其他访问限制，如登录时段、会话超时等。

（1）请你描述用户的主目录有何作用？

（2）锁定用户主目录对用户使用FTP服务有什么影响？

（3）应该怎样选择用户的权限？请谈谈你的认识。

（4）域配置和用户配置中都有IP访问规则，如果发生冲突，你认为哪个设置才是有效设置？

（5）可不可以限制用户使用的FTP服务器上的最大存储空间？怎样配置？

## 友情提示

JISUANJI WANGLUO JICHU YU YINGYONG

YOUQINGTISHI

- FTP服务器可以以两种方式登录：一种是匿名登录；另一种是使用授权账号与密码登录。
- 你可建立一个匿名用户，以方便大多数用户的使用。匿名用户名为anonymous，其选项与特定用户相似。
- 每个用户需要在FTP服务器上指定一个主目录，这是用户连接到FTP服务器上首先看到的目录。
- 锁定主目录后，用户将只能在主目录中操作。使用虚拟路径，即使用户被锁定在主目录下，他仍可以访问主目录以外的目录。

4.配置域群组

域群组就是域用户组，对群组的配置将被群组中的所有用户继承使用。

**【做一做】**

请你观看教师的用户配置操作并参考下表中的图例，然后完成表中提出的问题。

| | |
|---|---|
| 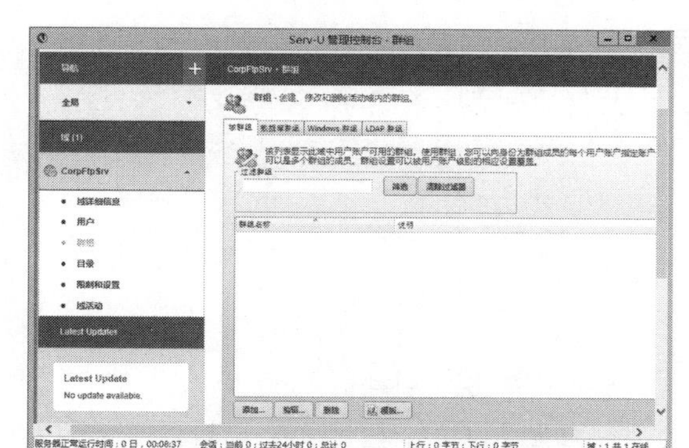 | 单击域下的“群组”，然后单击“添加”按钮，创建一个新群组。 |
| 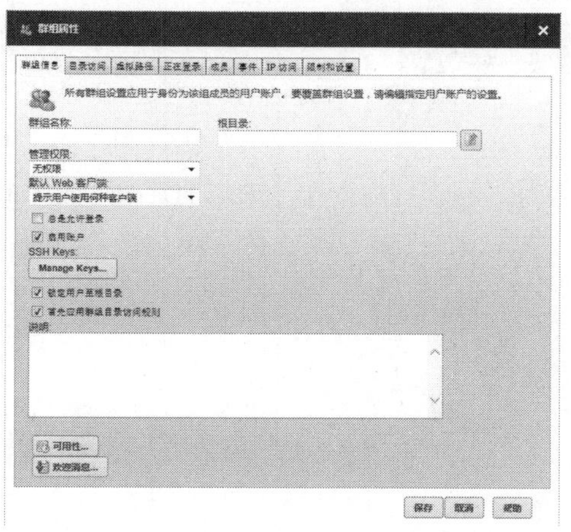 | 输入群组名，选择群组的根目录等基本信息，然后单击相应页选项卡，设置群组级别的目录访问、虚拟路径、IP访问、限制和设置等参数。 |
| （1）建立群组有什么作用？<br><br>（2）群组中的目录访问、IP访问等配置项与用户配置时的项目相同，属于该群组的用户如果也配置这些选项且与群组配置不一致，用户最后的配置会是什么？ | |

5.配置目录

域级别的目录配置，设置用户对域内各目录的访问权限。

**【做一做】**

请观看教师的演示，结合下表图示完成目录配置，并回答表中提出的问题。

<table>
<tr>
<td>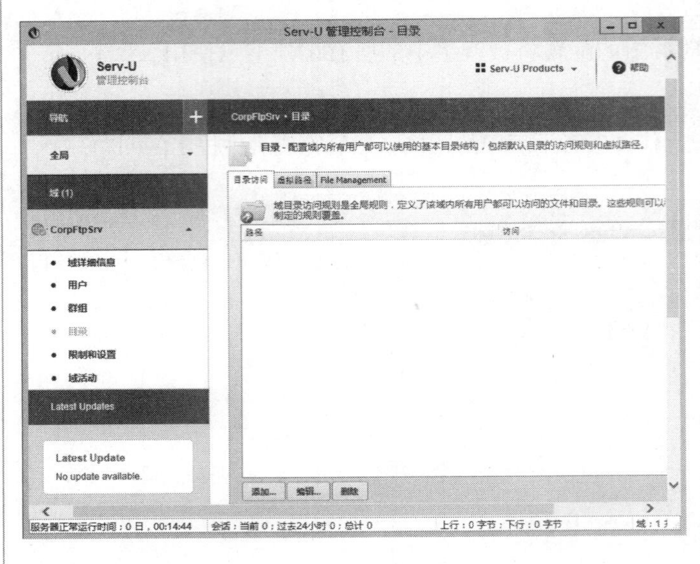
</td>
<td>单击域下的“目录”，然后单击“添加”按钮，增加对域目录的访问权限控制。</td>
</tr>
<tr>
<td>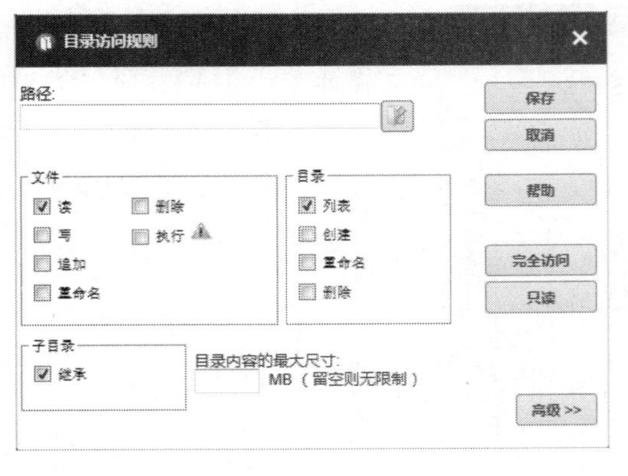
</td>
<td>在“路径”中输入要控制其访问权限的文件夹，然后在文件和目录下的权限列表前通过勾选来指定访问权限。</td>
</tr>
<tr>
<td colspan="2">（1）设置目录访问规则时，指定文件夹的路径格式是什么？<br><br>（2）子目录的“继承”设置有什么作用？</td>
</tr>
</table>

6.配置限制和设置

**【做一做】**

请观看教师的演示，结合下表图示完成配置限制和设置，并回答表中提出的问题。

| | |
|---|---|
| 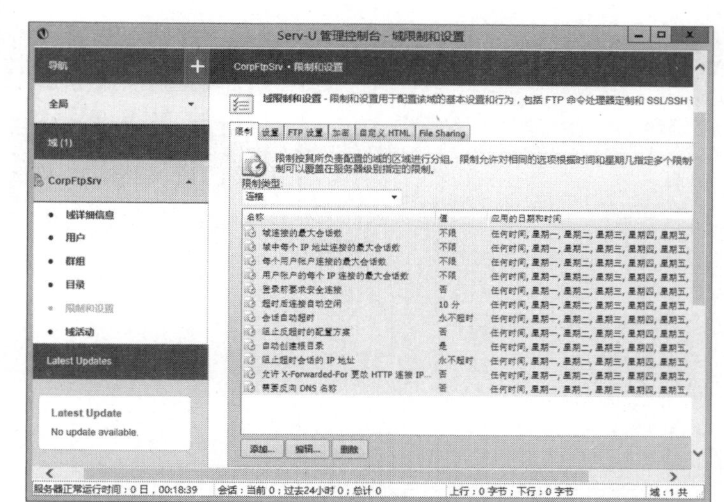  | 单击域下的“限制和设置”，以配置域的相关限制性配置。<br>在“限制”标签页设置登录、会话等连接限制参数。 |
| 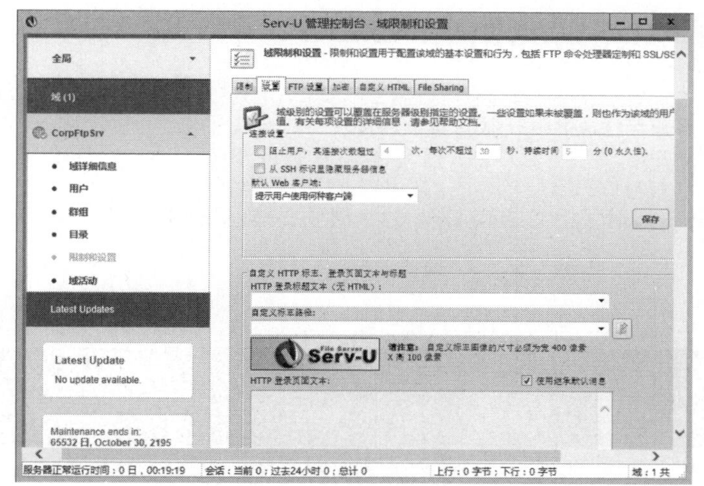  | 在“设置”标签页可以设置默认的Web登录客户端和登录时的首页信息。 |
| 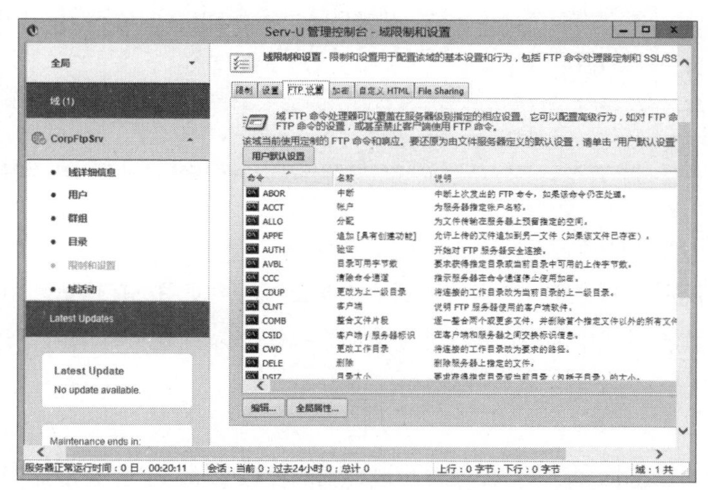  | 在“FTP设置”标签页可以启用或禁用Serv-U的内部FTP命令。 |

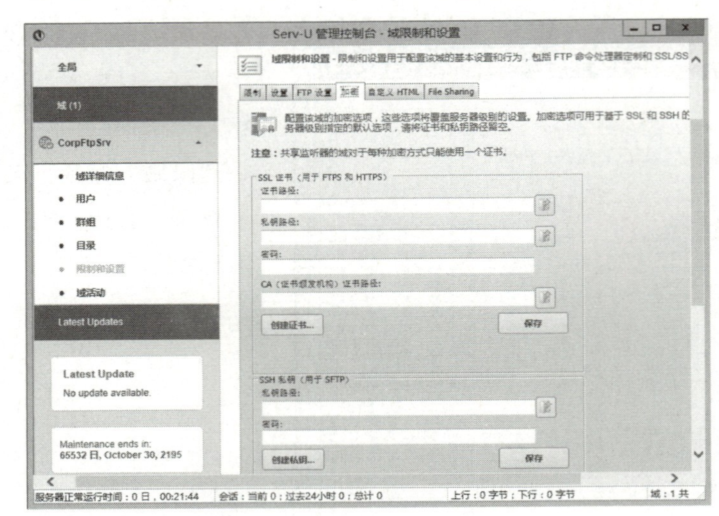


在“加密”标签页可以设置FTP服务基于SSL和SSH加密连接需要的证书路径以及保护密码等参数。

（1）可以设置只能使用IE来访问Serv-U提供的FTP服务吗?

（2）怎样配置可确保客户与Serv-U服务器的安全连接?

（3）如果客户端访问Serv-U时，中文显示乱码，这个时候要禁止Serv-U使用UTF-8字符编码，请问需要怎样设置?

**友情提示** JISUANJI WANGLUO JICHU YU YINGYONG YOUQINGTISHI

- 你可以在域用户管理中禁用账号或指定在某个日期自动禁用或移除账号，还可以修改用户的主目录。
- 一定记住：在“目录访问”页中添加所有允许用户访问的目录，并设定相关的访问权限。
- 在“目录访问”页中为用户分配其在FTP服务器上可以使用的磁盘空间。
- 有些项目的配置可以在服务器、域、群组和用户4个级别上配置，如果出现配置冲突，则以用户上的配置为有效配置，用户也可以继承来自群组、域和全局的配置。

## 三、测试Serv-U服务器的FTP服务

安装配置完成Serv-U系统后，需要经过严格的测试后才能交给用户使用。在这里采用最易获得的FTP客户端，集成操作系统中的FTP命令和IE浏览器来测试Serv-U服务器的FTP服务是否正常工作。

测试Serv-U服务器的FTP服务

**【做一做】**

请观看“测试Serv-U服务器的FTP服务”操作视频或教师的操作演示，并结合下表图示完成测试Serv-U的FTP服务是否正常，然后回答表中提出的问题。

使用ftp客户端命令测试

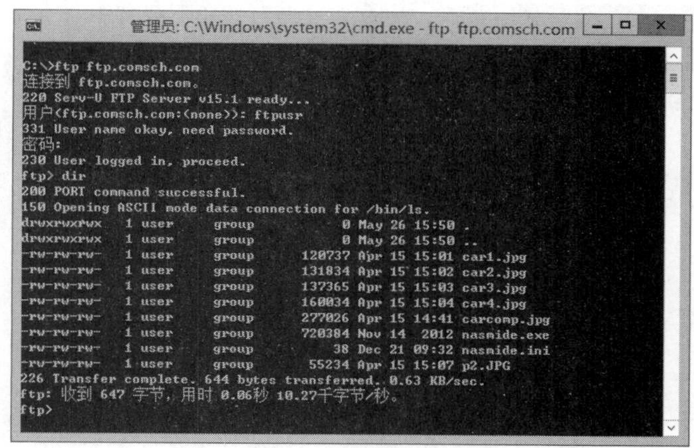


打开命令窗口，输入ftp FTP服务地址，然后输入用户名和密码，登录到Serv-U服务器。ftp>是FTP客户程序的命令提示符，可输入FTP程序的命令来使用FTP服务，如dir可以显示FTP服务器上当前目录的文件目录列表。

使用IE浏览器测试

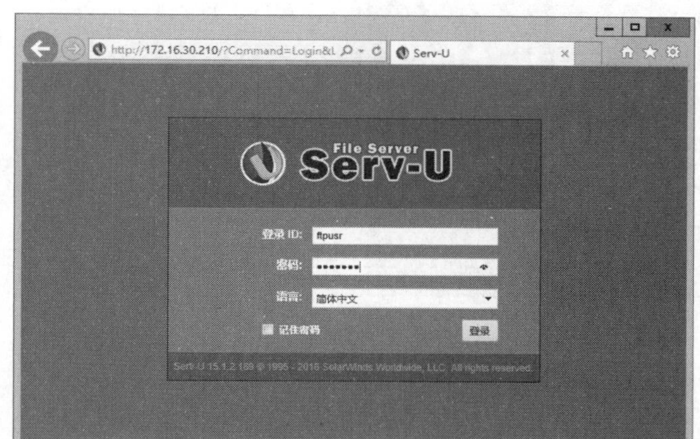


在IE浏览器地址栏输入FTP服务器的地址，然后在出现的“登录”对话框中输入用户名和密码，登录到Serv-U服务器。

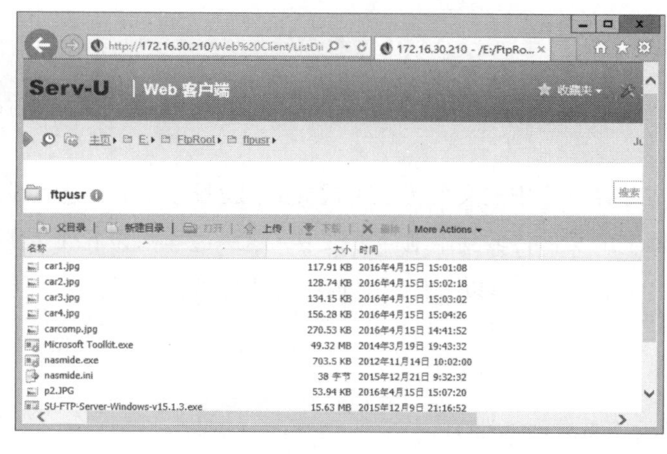


登录后在浏览器页面中显示文件列表。

<table>
<tr>
<td>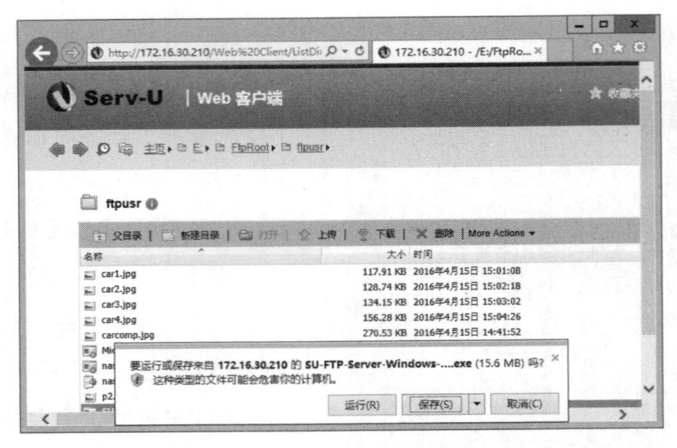
</td>
<td>选择一个文件，单击“下载”按钮下载文件。</td>
</tr>
<tr>
<td>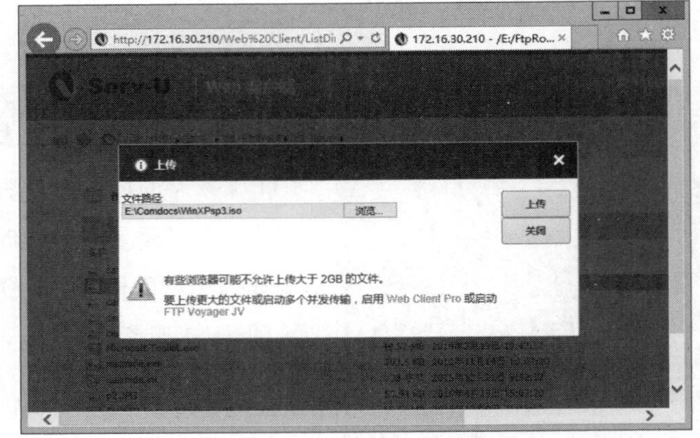
</td>
<td>单击“上传”按钮，从本地计算机磁盘上选择一个文件上传到FTP服务器。</td>
</tr>
<tr>
<td colspan="2">（1）使用IP地址可以登录FTP服务器，但不能使用主机名登录，是什么原因引起的？<br><br>（2）不能上传文件是什么原因？</td>
</tr>
</table>

## 四、上传与下载文件

上传与下载文件

使用FTP服务，你可以把本地计算机中的文件传输到远端的FTP服务器上，这就是文件上传；你也可以把FTP服务器上的文件传输到本地计算机中，这一过程称为下载。使用专业的FTP客户端工具来访问FTP服务器，可以方便地对远端的文件进行管理，并使上传和下载更简单易于使用。

**【做一做】**

请你在计算机中安装FTP传输工具软件CuteFTP。

启动CuteFTP，首次启动会自动运行配置向导，请按照下表中的图示完成CuteFTP的配置，并回答表中提出的问题。

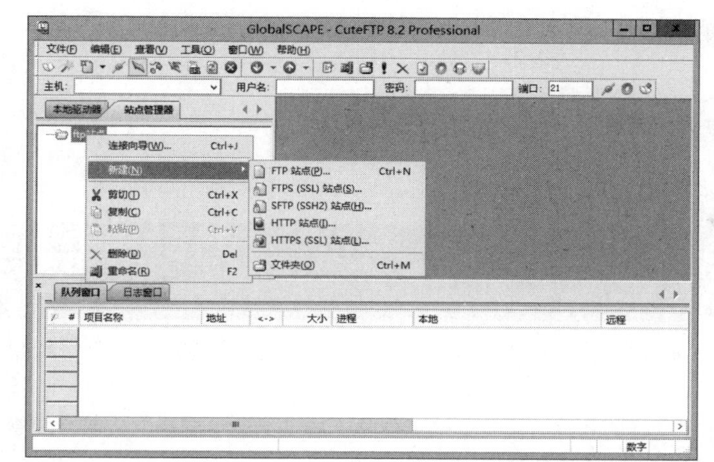

配置CuteFTP到FTP服务器的连接。单击“站点管理器”标签页，右击“FTP站点”，在快捷菜单中依次单击“新建”→“FTP站点”。

输入站点名、FTP服务器地址、注册账号的用户名和密码，并选择登录方式。

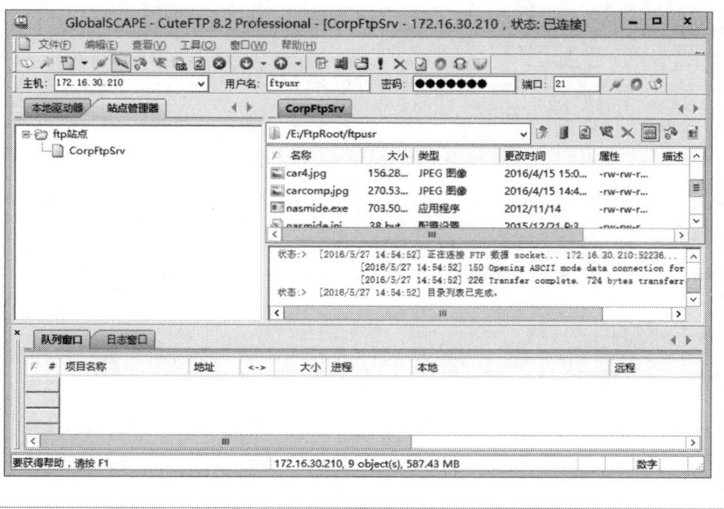

显示FTP服务器上文件列表和连接信息。

（1）使用CuteFTP访问FTP服务器要进行哪些方面的配置？

（2）请描述3种登录方式分别适用于何种情况。

**友情提示** JISUANJI WANGLUO JICHU YU YINGYONG YOUQINGTISHI

- FTP主机地址可以用IP地址和域名给出，使用域名时要正确配置DNS的地址，以便能顺利实现域名解析。
- 在“站点名”中输入一个友好的名称为连接的站点命名，如“经典小游戏”，以方便管理，因为CuteFTP可以管理多个FTP站点。
- 登录方式中，“标准”要求以授权方式登录，即必须提供用户名和密码；“匿名”方式不需要授权的账号也可以登录。“两者”同时支持授权和匿名方式登录FTP服务器。
- 在“目录访问”页中，为用户分配其在FTP服务器上可以使用的磁盘空间。

**【做一做】**

请观看教师的操作演示并结合下面的图示，探讨在CuteFTP中文件上传和下载的操作方法，并完成表中提出的问题。

文件上传和下载

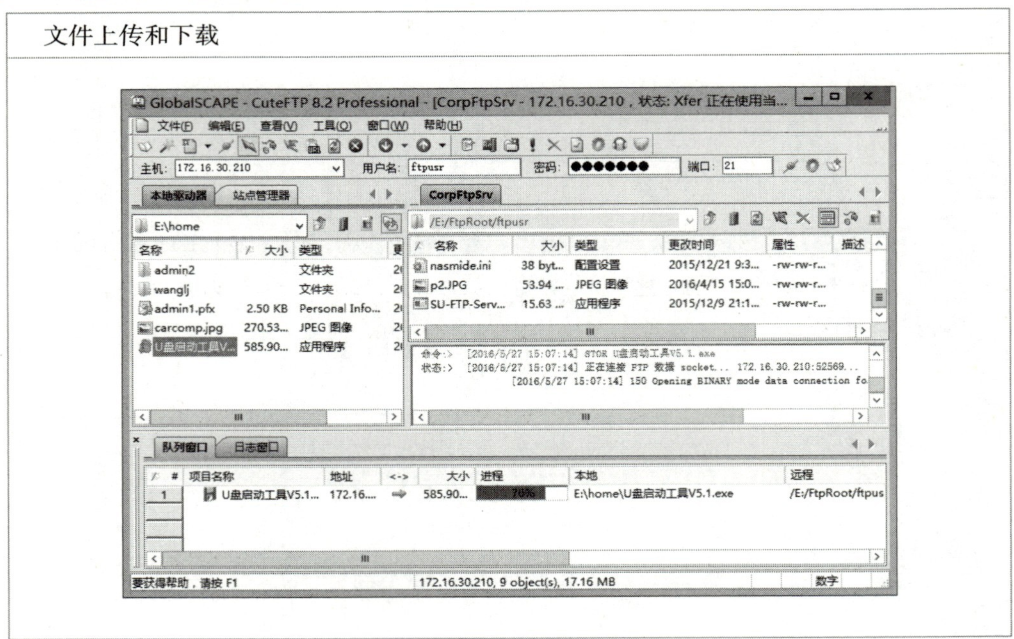

（1）请在图上指出哪个窗格显示的是本地计算机中的文件夹？哪个窗格显示的是远端FTP服务器上的文件夹？

（2）请你描述从FTP服务器下载文件的操作过程。

（3）如果要改换别的用户登录，你应该怎样操作？

（4）怎样才能看到FTP服务器中最新的内容？

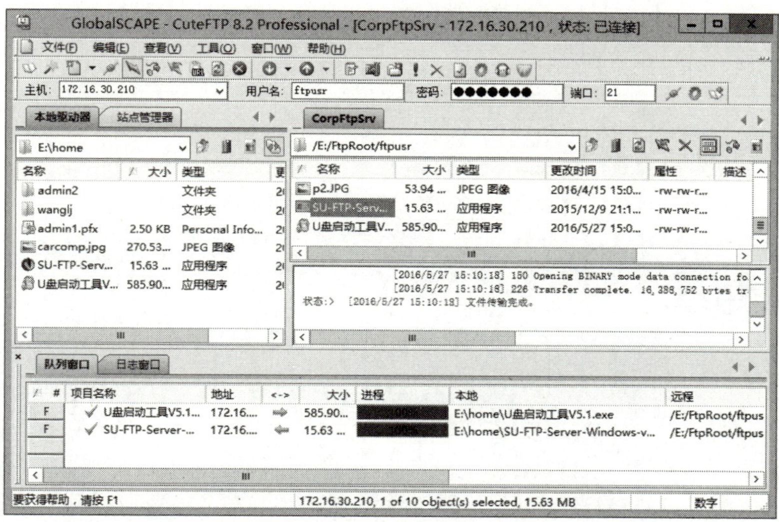


（1）请描述上图所示正在进行什么操作？

（2）网络连接正常，但把本地计算机中文件传送到FTP服务器上不成功，请你分析可能是什么原因引起的？

（3）试一试，在Cute FTP中可不可以用拖动的方法实现本地文件夹和FTP远端文件夹之间传输文件？

## 友情提示

JISUANJI WANGLUO JICHU YU YINGYONG
YOUQINGTISHI

- 下载操作，把FTP服务器上主目录中的文件拖动到本地计算机中；上传文件操作，把本地计算机中文件拖动到FTP服务器上的主目录中，但必须保证用户对主目录有写的权限。
- 在“用户名”和“密码”框中输入用户名和相应的密码，然后单击后面的“连接”按钮即可重新登录。

- 单击“刷新”或“重新连接”按钮，可以查看FTP服务器上更新了的内容。
- 在“站点管理器”中可以建立多个FTP站点，让CuteFTP管理多个站点。

**【做一做】**

请与同学合作建立一个FTP服务器，然后在网络中的另一台计算机中安装CuteFTP，测试FTP服务器的工作，并体验文件的上传与下载。

| 建立FTP服务器并测试 |
| --- |
| （1）实验方案：<br><br>（2）实验小结： |

## ▶ 自我测试

### 一、填空题

1. IIS提供了＿＿＿＿＿＿、＿＿＿＿＿＿、＿＿＿＿＿＿等网络服务功能。
2. Web服务采用的默认TCP端口号是＿＿＿＿＿，网站的主页文件应存放在Web服务器的＿＿＿＿中。
3. 当浏览器访问Web服务而没有包括一个具体的网页文件名时，要让用户看到Web页面的内容，我们要为Web站点设置＿＿＿＿＿＿。
4. FTP的全称是＿＿＿＿＿＿＿＿＿＿＿＿，它的基本功能是＿＿＿＿＿＿。
5. Serv-U服务器中的一个域相当于一个＿＿＿＿＿。使用的默认端口号是＿＿＿＿＿。
6. 在Serv-U管理界面的本地服务器中，“设置/更改密码”设置的是＿＿＿＿＿密码。
7. Serv-U支持＿＿＿＿＿＿、＿＿＿＿＿＿2种方式登录FTP服务器。
8. 匿名用户名是＿＿＿＿＿＿。
9. 为了预防用户无限制地使用FTP服务器空间，应设置用户的＿＿＿＿＿＿。
10. 在CuteFTP中，登录FTP服务器有＿＿＿＿、＿＿＿＿、＿＿＿3种方式。
11. ＿＿＿＿称为上传文件，上传文件时用户对FTP服务器上的目标目录必须拥有＿＿＿＿

权限。

12. 文件下载是指______________________________。

## 二、判断题

1. Web服务的TCP端口号是80，NNTP服务的TCP端口号是119。 (　　)
2. 多个Web站点可共用一个IP地址来提供服务。 (　　)
3. 没有启用默认文档的Web站点，是不可访问的。 (　　)
4. Web站点主目录必须位于Web服务器所在的计算机中。 (　　)
5. FTP服务器就是文件服务器。 (　　)
6. FTP服务器使用的端口号不能改变。 (　　)
7. 锁定了主目录的用户只能访问主目录下的文件和子目录。 (　　)
8. 匿名登录就是任何人都可以登录的方式。 (　　)

## 三、简答题

1. 丽乐音像制品公司欲通过会员制的方式销售数字音像产品，用户只要注册缴费后就可从公司的网站上下载。请你为该公司设计一个解决方案。
2. 昂扬汽车饰品公司设计制作了一个企业网站，并在www.comsch.com网站上租用网站空间，其FTP服务器地址是：ftp.comsch.com，用户名：xd，密码：123456。请问怎样才能把该网站上传到租用的空间中去？

# ▶ 能力评价表

班级：____________　　姓名：____________　　年　月　日

| 评价内容 | | 自评 | 小组评价 | 教师评价 |
|---|---|---|---|---|
| | | 优☆　良△　中○　差× | | |
| 思政与素养 | 1.能主动思考、认真解决实训中遇到的困难和难题 | | | |
| | 2.不随意通过社交软件传递重要文件，不将重要文件存放到外网 | | | |
| | 3.不在网络上散布不良信息 | | | |
| | 4.能主动辨识网络信息的真实性，不随意转发未经核实的信息 | | | |

续表

| 评价内容 | | 自评 | 小组评价 | 教师评价 |
|---|---|---|---|---|
| | | 优☆ 良△ 中○ 差× | | |
| 知识与技能 | 1.能准确描述WWW服务的功能 | | | |
| | 2.能安装IIS信息服务组件 | | | |
| | 3.能创建、配置和访问Web站点 | | | |
| | 4.能准确描述FTP文件传输服务的功能 | | | |
| | 5.能安装、配置和测试Serv-U FTP服务器 | | | |
| | 6.能上传和下载文件 | | | |

# 模块六 / 使用Internet服务

**模块概述**

本模块主要介绍局域网用户接入Internet的常见方法，在不同用户需求和网络环境下正确选择接入方式；介绍了Internet提供的各种常见服务，Internet服务的基本使用方法和技巧。通过本模块的学习，可以了解在局域网连接Internet的过程中，正确地选择组网方案及相关设备，掌握设备的安装配置和测试方法；学会利用好Internet资源，学会Internet资源的访问技巧，掌握电子邮箱、即时通信软件、网络搜索引擎的使用，让Internet为我们的生活、工作、学习带来无穷的乐趣。

**学习目标：**

+ 了解Internet的基本概念；
+ 了解Internet的接入方式；
+ 了解局域网访问Internet的实现方法；
+ 能使用Internet服务。

**思政目标：**

+ 培养学生良好的网上行为规范，增强遵守国家相关法律法规的意识；
+ 培养学生的网络安全防护意识，养成保护个人信息安全的习惯；
+ 培养学生正确使用Internet服务的习惯，提升防范网络陷阱、网络诈骗的能力；
+ 树立学生正确的人生观、价值观和世界观；
+ 培养学生的爱国情怀，增强民族自豪感。

[ 任务一 ]

NO.1

# 了解Internet

本任务将通过3个层面认识Internet，即：

（1）通过对Internet基本概念和特点的介绍，认识Internet提供的便捷；

（2）了解Internet的工作原理，理解访问Internet的基本方式；

（3）理解Internet为我们提供的常用服务，以及各种服务的应用领域。

## 一、认识Internet

Internet是由许许多多属于不同国家、部门和机构的网络互联起来的网络（网间网），任何运行Internet协议（TCP/IP协议）且愿意接入Internet的网络，都可以成为Internet的一部分，其用户可以共享Internet的资源，用户自身的资源也可向Internet开放。

**【做一做】**

请在网上查阅相关资料，了解Internet的特点，然后填写以下表格。

| Internet特点 | 应用举例 |
|---|---|
| 全球信息浏览 | |
| 检索、交互信息方便快捷 | |
| 灵活多样的接入方式 | |
| 集工作、娱乐、生活为一体 | |
| 收费低廉 | |

友情提示　JISUANJI WANGLUO JICHU YU YINGYONG YOUQINGTISHI

- Internet组建的最初目的是为研究部门和大学服务，便于研究人员及学者探讨学术方面的问题，因此有科研教育网（或国际学术网）之称。进入20世纪90年代，Internet向社会开放，利用该网络开展商贸活动成为热门话题。大量人力和财力的投入，使Internet得到迅速的发展，成为企业生产、制造、销售、服务，人们日常工作、学习、娱乐等中不可缺少的一部分。

## 二、考察Internet提供的服务

Internet是一种应用广泛的计算机网络，它有两个突出特点：一是促进人们相互之间的信息沟通；二是为人类提供了信息资源的共享。在Internet上，共享的资源不是硬件，而是各种信息服务，Internet之所以发展如此迅速，就是它恰好满足了人们对网络信息服务

的需求。通过它，可以了解来自世界各地的信息、收发电子邮件、聊天、网上购物、观看影片、阅读网上杂志以及收听音乐等。在此，我们可以把Internet的信息服务分为万维网WWW服务、电子邮件服务、远程登录服务、文件传输服务、新闻讨论组服务以及其他服务等。

**【做一做】**

通过以上对Internet提供服务的了解，查阅相关资料，理解各种服务的作用及应用领域，并填写以下表格。

| 服务类型 | 主要作用 | 应用领域 |
|---|---|---|
| WWW服务 | | |
| 电子邮件 | | |
| 远程登录 | | |
| 文件传输 | | |
| 新闻组 | | |
| 其他服务 | | |

## 知识窗

JISUANJI WANGLUO JICHU YU YINGYONG ZHISHICHUANG

- 万维网WWW服务　WWW（World Wide Web，环球信息网）一个基于超文本方式的信息查询服务。它通过超文本方式将Internet上不同地址的信息有机地组织在一起，并且提供了一个友好的界面，大大方便了人们对信息的浏览，而且WWW方式仍然可以提供传统的Internet服务，如Telnet、FTP、Gopher、News、E-mail等。
- 电子邮件服务　电子邮件（E-mail）是Internet上使用最广泛和最受欢迎的服务之一，它是网络用户之间进行快速、便捷、可靠且低成本联络的现代通信手段。
- 远程登录服务　远程登录是Internet提供的最基本的信息服务之一。Internet用户的远程登录是在网络通信Telnet的支持下，使自己的计算机暂时成为远程计算机仿真终端的过程。要在远程计算机上登录，首先应给出远程计算机的域名或IP地址。另外，事先应该成为该远程计算机系统的合法用户并拥有相应的账号和口令。Telnet是Internet早期常用的网络服务，在没有QQ、微信的年代，用户常用Telnet登录BBS系统（电子公告牌）进行信息交流、讨论。由于Telnet拥有精简高效的操作界面，目前常用于智能型网络设备的远程管理。
- 文件传输服务　FTP（File Transfer Protocol）是用来在Internet上传送文件的协议（文件传输协议），它是为了能互相传送文件而制定的文件传送标准，规定了在Internet上文件该如何传送。也就是说，通过FTP协议，可以跟Internet上的FTP服务器进行文件的上传（Upload）或下载（Download）等操作。
- 新闻讨论组服务　新闻组（Usenet）是一个在Internet上提供给网络用户彼此交换信息或讨论某一共同话题的系统。在新闻组上交流的信息或文章称为网络新闻或网络论坛，它会随着网络散播到世界各地。新闻讨论组的存在，使Internet的应用从简单的浏览上升到积极地参与。在Internet上，提供网络新闻服务的主机称为News（新闻）服务器。

[ 任务二 ]

NO.2

# 局域网接入Internet

局域网接入Internet的方式有很多种，如目前常用的ADSL接入、铜缆宽带接入、光纤宽带接入、光纤专线接入和无线接入。根据用户需求和网络环境的不同，局域网可以选择合适的方式接入Internet。通过本任务，你将学习到Internet网络的常见接入方式，以及了解接入Internet所需要的常用设备。

（1）了解电缆网络接入Internet；

（2）了解光纤网络接入Internet；

（3）了解无线网络接入Internet。

## 一、考察电缆接入

电缆接入是目前比较普遍的Internet接入方式，该方式主要使用的传输介质有电话线、网络双绞线和同轴电缆，接入技术分为ADSL方式接入和宽带接入。由于电缆接入的成本较低、技术实现简单、方便管理与维护，目前还有大量的用户在使用。

1.认识ADSL

ADSL是一种非对称的DSL技术（非对称数字用户线路），它是一种通过现有普通电话线为家庭、办公室提供宽带数据传输服务的技术。所谓非对称是指用户线路的上行速率与下行速率不同，上行速率低，下行速率高，特别适合传输多媒体信息业务，如视频点播（VOD）、多媒体信息检索和其他交互式业务。ADSL在一对铜线上支持上行速率512 Kbit/s~1 Mbit/s，下行速率1~8 Mbit/s，有效传输距离为3~5 km（这里的距离是指从用户计算机到本地局端机房的距离）。

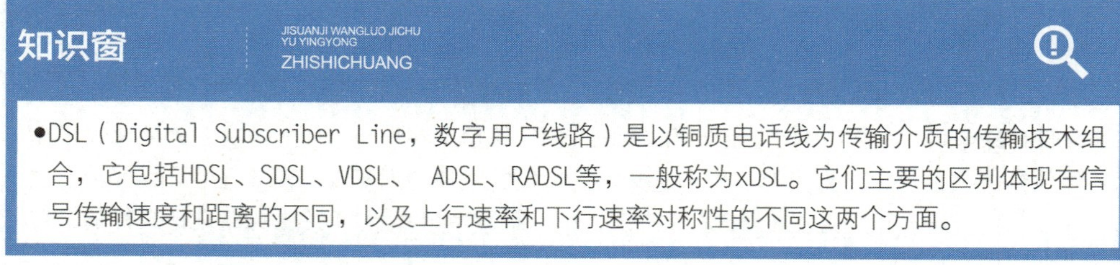

知识窗 JISUANJI WANGLUO JICHU YU YINGYONG ZHISHICHUANG

•DSL（Digital Subscriber Line，数字用户线路）是以铜质电话线为传输介质的传输技术组合，它包括HDSL、SDSL、VDSL、 ADSL、RADSL等，一般称为xDSL。它们主要的区别体现在信号传输速度和距离的不同，以及上行速率和下行速率对称性的不同这两个方面。

**【做一做】**

参考相关资料填写下表，要实现ADSL接入Internet，目前需要哪些设备、配件及线缆？它们各起什么作用？

| 设备、配件及线缆名称 | 作　用 |
| --- | --- |
| | |
| | |
| | |
| | |

2.ADSL接入的方式

（1）ADSL接入的准备工作

◇电话线路。

◇ADSL Modem：一般情况下Internet服务提供商（如电信）免费提供租用。

◇分离器：分离器的作用是分离语音信号、数据信号，也就是将低频信号分离到电话，高频信号分离到计算机。分离器上有3个插口，一个接进来的电话线（一般标Line），一个接Modem（一般标Modem），另一个连接电话（一般标Phone）。

◇ADSL用户账号密码：ADSL账号密码需要在Internet服务提供商（如电信）处申请，一般为包月、包年，以及按使用时间等计费方式。

◇PCI有线网卡（RJ45接口）。

（2）ADSL网络的接入

ADSL网络的接入如下图所示。

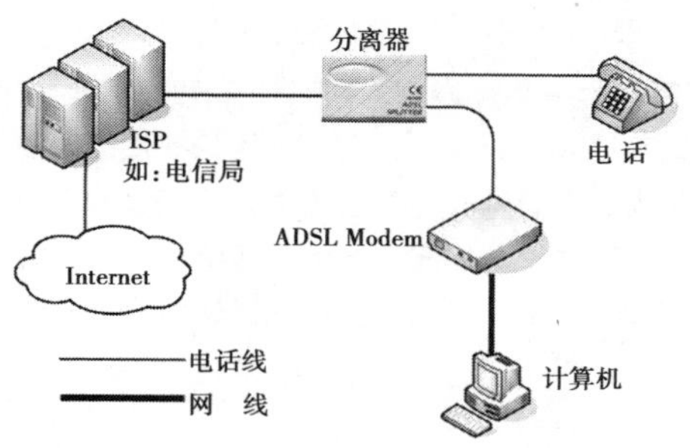


ADSL以普通电话线作为传输介质，用户端只需在电话线的端口装置一个ADSL设备（ADSL Modem）就可以使用。应用ADSL上网时，Modem会产生3个信息通道：一个是高速的下行通道，一个是中速的上行通道，另一个则是普通的电话通道。3个通道可以同时工作，也就是说，在同一根电话线上可以一边上网快速“冲浪”，一边打电话发传真，既不影响通话质量，也不降低Internet的效果。

3.认识宽带接入

宽带局域网是在大中城市中较普及的一种Internet接入方式，网络服务商采用光纤接入到楼（FTTB）或小区（FTTZ）+ LAN技术，再通过双绞线接入用户端，为整幢楼或小区提供共享带宽（通常是10 M/100 M）。目前，国内有多家公司提供此类宽带接入方式，如网通、长城宽带、联通和电信服务提供商等。这种宽带接入通常由小区出面申请安装，网络服务商不受理个人服务。用户可询问所居住小区物管或直接询问当地网络服务商是否已开通本小区宽带。这种接入方式对用户设备要求最低，只需一台带10 M/100 M自适应网卡的计算机即可，如下图所示。

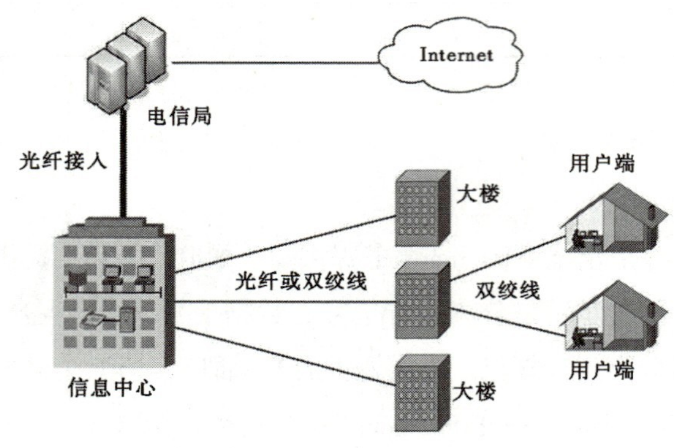


知识窗

JISUANJI WANGLUO JICHU YU YINGYONG

ZHISHICHUANG

- FTTB(Fiber To The Building)：即光纤到楼，是一种基于优化高速光纤局域网技术的宽带接入方式，采用光纤到楼、网线到户的方式实现用户的宽带接入，我们称为FTTB+LAN的宽带接入网(简称FTTB)。这是一种最合理、最实用、最经济有效的宽带接入方法。 FTTB宽带接入是采用单模光纤高速网络实现千兆到社区、局域网百兆到楼宇、十兆到用户。
- 由于FTTB是互联网里面的一个局域网，所以使用FTTB不需要拨号，并且FTTB专线接入互联网，用户只要开机即可接入Internet。 FTTB上网只有快或慢的区别，不会像普通拨号上网那样产生接入遇忙的情况，并且通过FTTB上网并没有经过电话交换网接入Internet，只占用宽带网络资源，所以用FTTB浏览互联网不产生电话费。FTTB，对硬件要求和普通局域网的要求一样，计算机和10 M以太网卡，所以对用户来说硬件投资非常少。每个用户最终的10 M带宽是独享的。
- FTTB作为一种高速的上网方式优点是显而易见的，但是缺点我们也应该看到，ISP必须投入大量资金铺设高速网络到每个用户家中，因此极大地限制了FTTB的推广和应用。同时，FTTB是共享网络带宽，如果在一个小区中上网的用户过多，可能会导致速度明显下降，甚至是掉线。即便如此，多数情况的平均下载速度仍远远高于电信ADSL，在速度方面占有较大优势。

4.认识Cable Modem接入

Cable Modem接入是宽带接入方式的一种，它是有线电视网络专用的接入技术，该技术使用同轴电缆接入用户端，终端用户安装Cable-Modem后即可在有线电视网络中进行数据双向传输，它具备较高的上、下行传输速率。用Cable-Modem开展宽带多媒体综合业务，可为有线电视用户提供宽带高速Internet的接入、视频点播、各种信息资源的浏览、网上多种交易等增值业务。通常，Cable-Modem上／下行速率达到对称10 Mbit/s，它属于共享介质系统，当用户数目达到一定程度时，速率会有所下降。该网络的接入示意图如下所示。

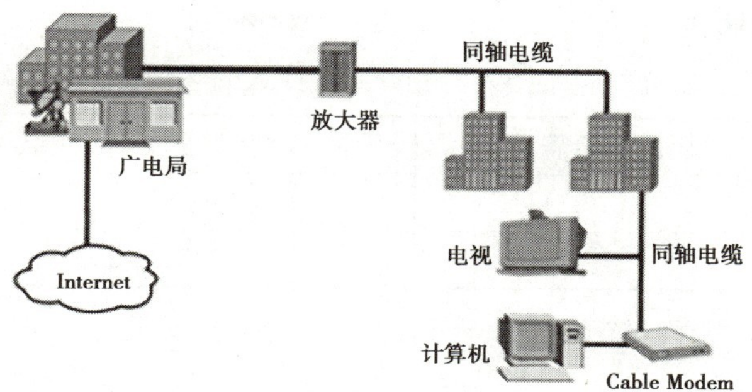


## 二、考察光纤接入

光纤接入是指ISP局端与用户端之间完全以光纤作为传输媒体。光纤接入网（OAN）是目前电信网中发展最快的接入网技术，除了能重点解决电话等窄带业务的有效接入问题外，还可同时解决高速数据业务、多媒体图像等宽带业务的接入问题。光纤接入是一种理想的宽带接入方式，可以很好地解决宽带上网的问题，速度快、障碍率低、抗干扰性强。使用光纤接入时，需要向ISP申请一条光纤通道，用户端可以通过光电转换设备，如带光模块的网络设备等，进行光电信号转换，实现用户数据在光纤中传输。这种方式是将光纤直接连接到用户。目前，常见的光纤接入方式有光纤宽带和光纤专线两种。

光纤宽带就是把要传送的数据由电信号转换为光信号进行通信，在光纤的两端分别都装有“光猫”进行信号转换。光纤宽带和ADSL接入方式的区别就是ADSL是电信号传播，光纤宽带是光信号传播。光纤宽带属于非对称接入，即上传下载速度不对等，通常情况下，上传速度为512 Kbit/s ~ 5 Mbit/s，下载速度为10 ~ 100 Mbit/s。光纤专线上传下载速度对称，价格较高，主要应用于企业或单位用户，根据用户需求，传输速度每秒可达几十兆至几千兆。

**知识窗** JISUANJI WANGLUO JICHU YU YINGYONG ZHISHICHUANG 

- 光纤是宽带网络中多种传输媒介中最理想的一种，它有着传输容量大、传输质量好、损耗小、中继距离长等优点，随着目前网络数据量的巨增，光纤网络开始大范围的普及。光纤宽带通信（FTTx）包含多种接入形式，大致可分为以下几种：FTTB（Fiber to The Building）光纤到楼；FTTH（Fiber to The Home） 光纤到家；FTTC（Fiber to The Curb）光纤到路边；FTTO（Fiber to The Office）光纤到办公室；FTTD（Fiber to The Desk）光纤到桌面。其中，FTTH是目前使用最多的光纤宽带接入方式。
- 目前，FTTH主要采用两种技术：EPON和GPON。 EPON理论上最高1.25 Gbit/s的下行宽带，最大分光比1:64，一般单户带宽是1.25 Gbit/s /64=20 Mbit/s，所以EPON最小带宽是20 M，只要减少分光比最高能达到1.25 Gbit/s； GPON理论上最高2.5 Gbit/s的下行宽带，最大分光比1:128，一般单户带宽是2.5 Gbit/s/128=20 Mbit/s，所以GPON最小带宽也是20 M，只要减少分光比，最高能达到2.5 Gbit/s。

**【做一做】**

查阅相关资料，了解光纤宽带接入与光纤专线接入的区别，按要求填写下表。

| 接入方式 | 用户端所需设备 | 价格 | 上传速度 | 下载速度 | 其他区别 |
|---|---|---|---|---|---|
| 光纤宽带接入 | | | | | |
| 光纤专线接入 | | | | | |

## 三、考察无线接入

无线接入技术是指通过无线介质将用户终端与网络节点连接起来，全部或部分采用无线传输方式，为用户提供固定和移动接入服务的技术，从而实现用户与网络间的信息传递。无线接入技术与有线接入技术的一个重要区别在于可以向用户提供移动接入业务，如下图所示。

**【做一做】**

请网上查找关于无线接入Internet的相关资料，找出在连接过程中常用的设备有哪些，并按要求填写下表。

| 设备名称 | 传输速度 | 应用领域 |
|---|---|---|
| | | |
| | | |
| | | |
| | | |

## 知识窗

JISUANJI WANGLUO JICHU YU YINGYONG ZHISHICHUANG

- 无线接入包括固定无线接入和移动无线接入两大类。其中，固定无线接入又称为无线本地环路（WLL），其用户终端（电话机、传真机和计算机等）固定或只有有限的移动范围；移动无线接入主要指用户终端在较大范围内移动的通信接入技术，它主要为移动用户提供服务，其用户终端包括手持式、便携式、车载式电话或其他移动接入设备等。目前，移动无线接入被广泛地使用，它主要包括以下一些接入类型：

◇GPRS（General Packet Radio Service） 即通用分组无线服务，它是GSM移动电话用户可用的一种移动数据业务。通过利用GSM网络中未使用的TDMA信道，提供中速的数据传递。因此，使用GPRS发送彩信、上网的时候，不影响GSM的通话功能，GPRS网络支持的理论最高速率为171.2 Kbit/s。

◇3G即第三代移动通信 它是第三代移动通信系统，主要特征是可提供丰富多彩的移动多媒体业务，根据不同的3G技术，其理论传输速率可达2.8~14.4 Mbit/s，为用户提供包括话音、数据及多媒体等在内的多种业务。目前我国3G网络的运营商有：联通（WCDMA）、移动（TD-SCDMA）、电信（CDMA2000）。

◇4G即第四代移动通信技术 4G是集3G与WLAN于一体，并能够传输高质量视频图像（它的图像传输质量与高清晰度电视不相上下）。4G系统能够以100 Mbit/s的速度下载，比目前的拨号上网快2 000倍，上传的速度也能达到20 Mbit/s，并能够满足几乎所有用户对于无线服务的要求。在用户最为关注的价格方面，4G与固定宽带网络在价格方面不相上下，而且计费方式更加灵活机动，用户完全可以根据自身的需求确定所需的服务。此外，4G可以在DSL和有线电视调制解调器没有覆盖的地方部署，然后再扩展到整个地区。很明显，4G有着不可比拟的优越性。

◇5G网络 其主要目标是让终端用户始终处于联网状态。5G网络将来支持的设备远远不止智能手机，它还要支持智能手表、健身腕带、智能家庭设备（如鸟巢式室内恒温器）等。5G网络作为下一代移动通信网络，其最高理论传输速度可达10 Gbit/s，这比现行4G网络的传输速度快数百倍，整部超高画质电影可在1 s之内下载完成。随着5G技术的诞生，用智能终端分享3D电影、游戏以及超高画质（UHD）节目的时代已向我们走来。

◇移动卫星接入系统 这是通过同步卫星实现移动通信联网是一种理想的无线接入方式，可以真正实现任何时间、任何地点、任何人的移动通信。这种系统通常需要卫星运行在低轨道，并且需要较多的卫星，投资很大。卫星接入系统的最大特点是为全球用户提供大跨度、大范围、远距离的漫游和机动灵活的移动通信服务，是陆地移动通信系统的扩展和延伸，在边远的地区、山区、海岛、受灾区、远洋船只、远航飞机等通信方面具有独特的优越性。

◇无线局域网 无线局域网（Wireless LAN，WLAN）是计算机网络与无线通信技术相结合的产物，它具有不受电缆束缚、可移动等特点，能解决因有线网布线困难等带来的问题，网络组建灵活，扩容方便，与多种网络标准兼容，应用广泛等优点。WLAN既可满足各类便携机的入网要求，也可实现计算机局域网远端接入、图文传真、电子邮件等多种功能。

**【做一做】**

通过前面的学习，让我们了解到接入Internet有多种方式，查阅相关资料，试分析不同的接入方式有什么区别？并填写以下表格。

| 接入方式 | | 速度 | 传输介质 | 总体评价（安装成本、难易程度及应用是否广泛等方面） |
|---|---|---|---|---|
| 电缆接入 | ADSL接入 | | | |
| | 有线宽带 | | | |
| | 以太网宽带 | | | |
| 光纤接入 | 光纤宽带 | | | |
| | 光纤专线 | | | |
| 无线接入 | 移动5G | | | |
| | 无线WiFi | | | |

[ 任务三 ] NO.3

# 实现局域网的共享上网

根据网络环境的不同，用户可以选择多种方式实现局域网访问Internet。其中一种方式称为网络共享上网，该技术可以通过Windows自带的Internet连接共享功能实现局域网用户访问Internet，还可以通过专门的宽带共享设备实现共享上网，如目前比较流行的宽带路由器实现共享上网。为实现局域网的共享上网，你需要：

（1）了解Internet连接共享的常见类型；

（2）掌握Internet连接共享的基本配置方法；

（3）理解代理服务器、防火墙的基本功能；

（4）了解宽带路由器在共享上网中的应用；

（5）掌握宽带路由器的基本配置方法。

## 一、考察共享上网的类型

在目前的中小型网络中，局域网用户基本上都是采用共享访问的方式访问Internet的资源，常见的共享上网的方式大致可分为3种：

◇使用Windows系统中自带的“Internet连接共享”功能；

◇使用代理服务器方式；

◇使用宽带共享接入设备，如路由器等。

**【做一做】**

请查阅相关资料，了解以上3种共享上网方式有何不同，并填写以下表格。

| 共享上网方式 | 优　势 | 局限性 |
|---|---|---|
| Windows自带的Internet连接共享 | | |
| 安装配置代理服务器 | | |
| 使用宽带路由器 | | |

## 二、Internet连接共享

1.认识Internet连接共享

使用Internet连接共享功能必须有一台网关主机，并且该主机应该安装有两块网卡，其中网卡1通过ADSL、Cable Modem、以太网口（多出现在宽带住宅小区、智能商业大厦和校园网）等宽带方式接入Internet；网卡2跟集线器或交换机相连，它属于本地局域网。此时，局域网用户便可以通过共享网关主机的Internet 连接来上网，如下图所示。

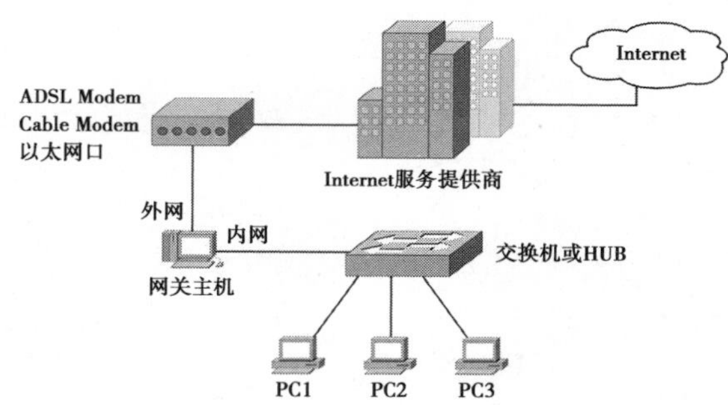


2.配置服务器端

通过上图我们可以看到，网关主机的主要任务就是将自己的外网连接共享给内网用户。为此，在网关主机上必须启动“Internet连接共享”功能。

**【做一做】**

（1）创建Internet连接

请观看“创建Internet连接”操作视频或教师的操作演示，请记录在操作过程中需要注意的步骤。

创建Internet连接

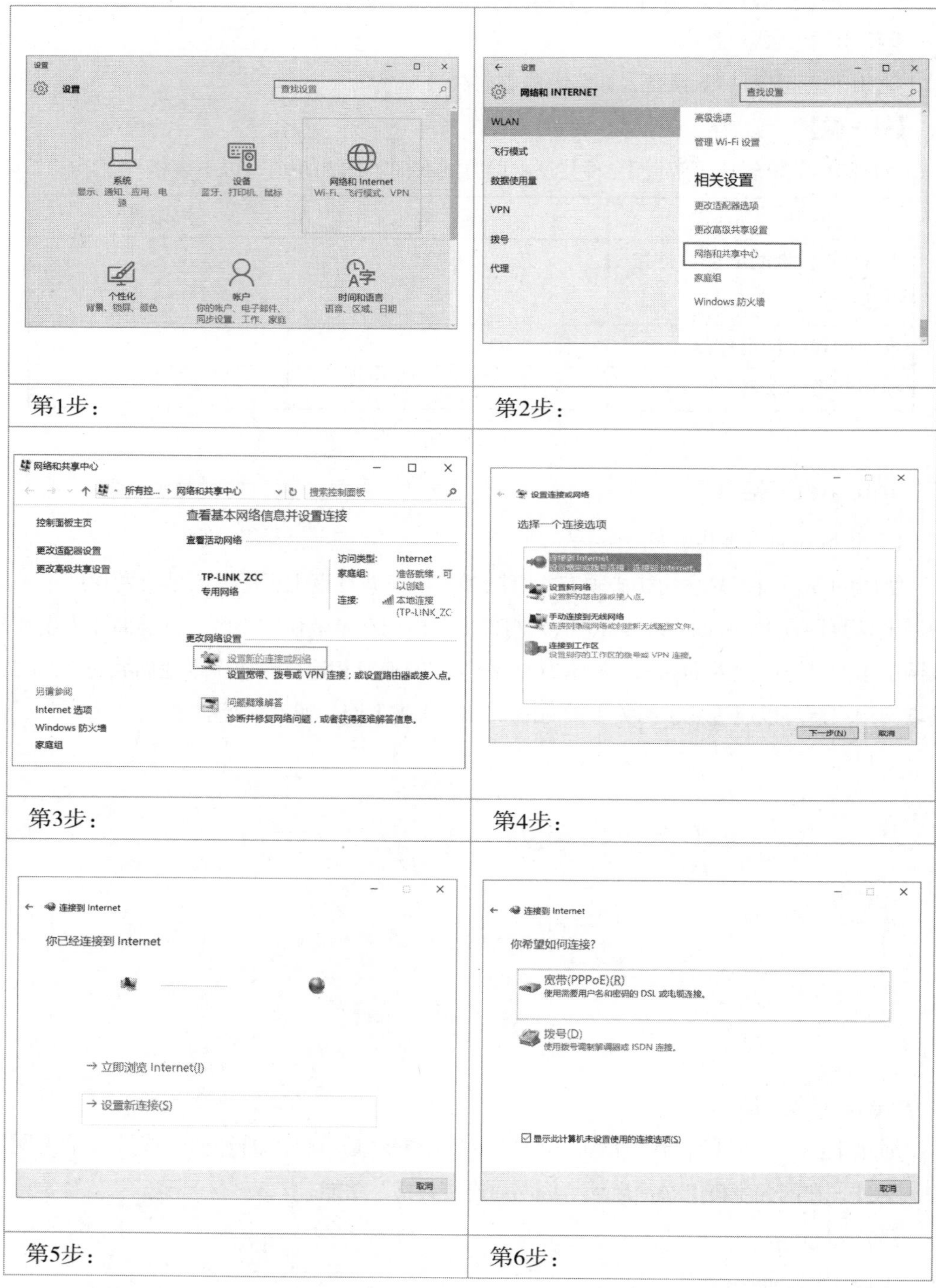
设置
查找设置
系统
显示、通知、应用、电源
设备
蓝牙、打印机、鼠标
网络和 Internet
Wi-Fi、飞行模式、VPN
个性化
背景、锁屏、颜色
帐户
你的帐户、电子邮件、同步设置、工作、家庭
时间和语言
语音、区域、日期
网络和 INTERNET
WLAN
飞行模式
数据使用量
VPN
拨号
代理
高级选项
管理 Wi-Fi 设置
相关设置
更改适配器选项
更改高级共享设置
网络和共享中心
家庭组
Windows 防火墙
第1步：
第2步：
网络和共享中心
所有控... › 网络和共享中心
搜索控制面板
控制面板主页
更改适配器设置
更改高级共享设置
查看基本网络信息并设置连接
查看活动网络
TP-LINK_ZCC
专用网络
访问类型: Internet
家庭组: 准备就绪，可以创建
连接: 本地连接 (TP-LINK_ZC
更改网络设置
设置新的连接或网络
设置宽带、拨号或 VPN 连接；或设置路由器或接入点。
问题疑难解答
诊断并修复网络问题，或者获得疑难解答信息。
另请参阅
Internet 选项
Windows 防火墙
家庭组
设置连接或网络
选择一个连接选项
连接到 Internet
设置新网络
手动连接到无线网络
连接到工作区
下一步(N)
取消
第3步：
第4步：
连接到 Internet
你已经连接到 Internet
→ 立即浏览 Internet(I)
→ 设置新连接(S)
取消
连接到 Internet
你希望如何连接?
宽带(PPPoE)(R)
使用需要用户名和密码的 DSL 或电缆连接。
拨号(D)
使用拨号调制解调器或 ISDN 连接。
显示此计算机未设置使用的连接选项(S)
取消
第5步：
第6步：

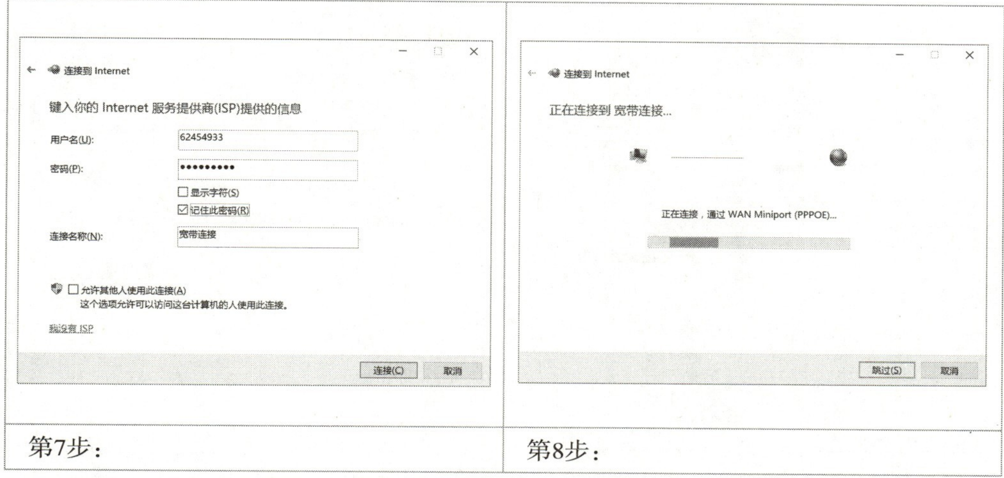


| 第7步： | 第8步： |
|---|---|

## 友情提示

JISUANJI WANGLUO JICHU YU YINGYONG YOUQINGTISHI

- 在创建宽带连接的过程中，需要注意自己连接Internet时是使用LAN方式，还是使用ADSL的拨号方式。配置完成以后，需要测试你的宽带连接是否正常，如果连接失败，请根据错误提示代码查找原因。常见的错误代码及解决办法如下：

  ①代码：630，ADSL Modem没有响应。

  可能是ADSL电话线故障，ADSL Modem故障，注意观察ADSL Modem的指示灯。

  ②代码：650，远程计算机没有响应，断开连接。

  可能是网卡的问题或者网络协议的错误。

  ③代码：676，占线， 请稍后再试。

  请先检查电话线路是否有问题，一般都是线路的问题，或者是ISP机房的问题。

  ④代码：691，输入的用户名和密码不对，无法建立连接。

  用户名和密码错误，或者是ISP服务器故障，或者你的账户因故停用。

  ⑤代码：718，验证用户名时远程计算机超时没有响应，断开连接。
- 如果遇到这个情况，在确认你的ADSL Modem正常的情况下最好多拨两次，如果不行，就应该是你的ISP出了问题。
- 宽带连接的错误代码还有很多，在网上可以找到相关资料。同时，如果在使用过程中出现问题，也可以咨询你的ISP提供商，如电信局：10000客户服务热线。

（2）Internet连接共享

确认自己的宽带连接正确后，就可以配置“Internet连接共享”功能。请观看“配置Internet连接共享”操作视频或教师的操作演示，请记录在操作过程中需要注意的步骤。

配置Internet连接共享

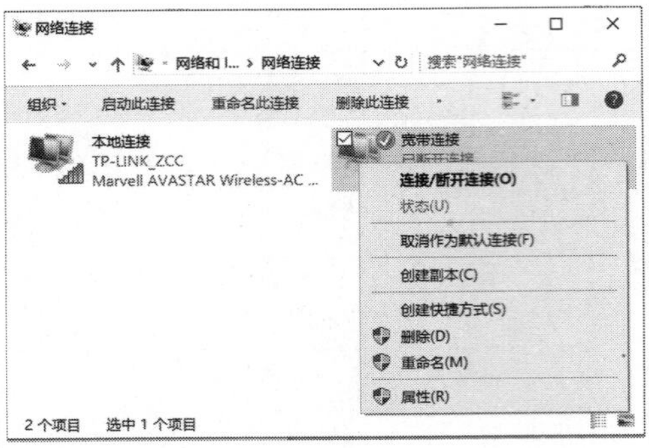

| 第1步： | 第2步： |
| --- | --- |
| 第3步： | 第4步： |

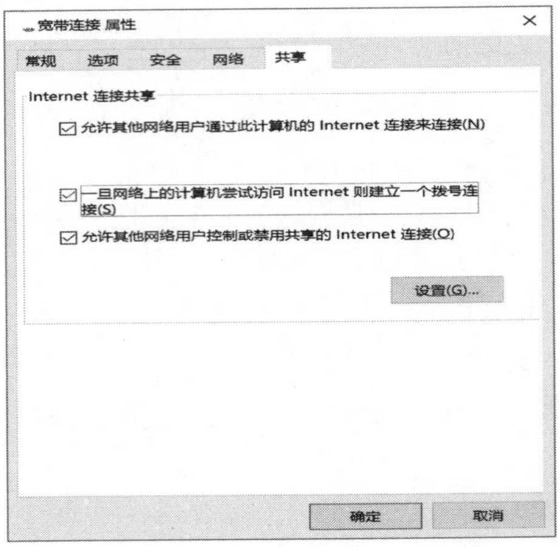

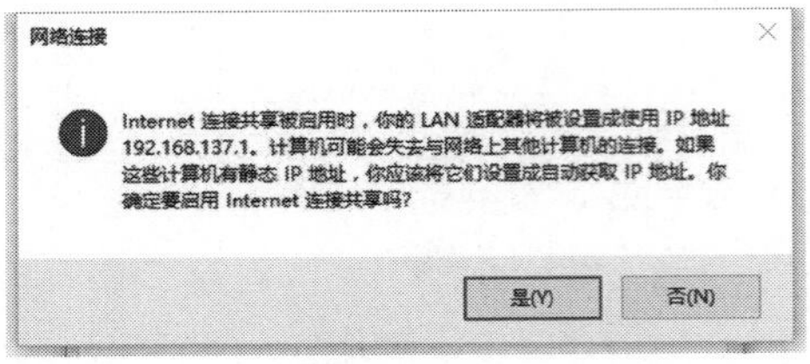

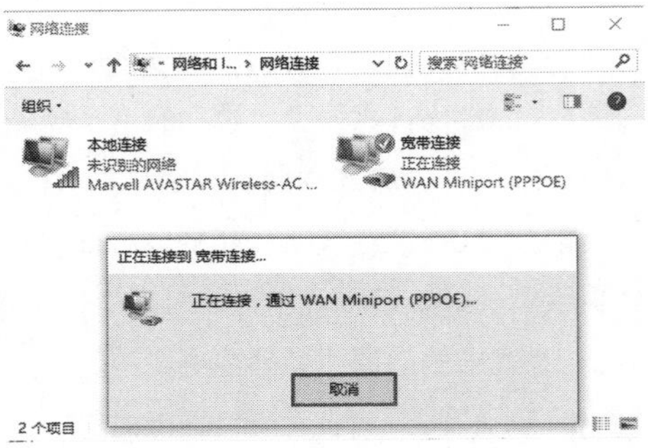

通过以上的简单配置，网络中充当网关主机的“Internet连接共享”已经启用，内网网卡的IP地址会自动设置为：192.168.137.1/24，你可以通过“Ipconfig”命令进行查看。

## 三、使用代理服务器

1.认识代理服务器

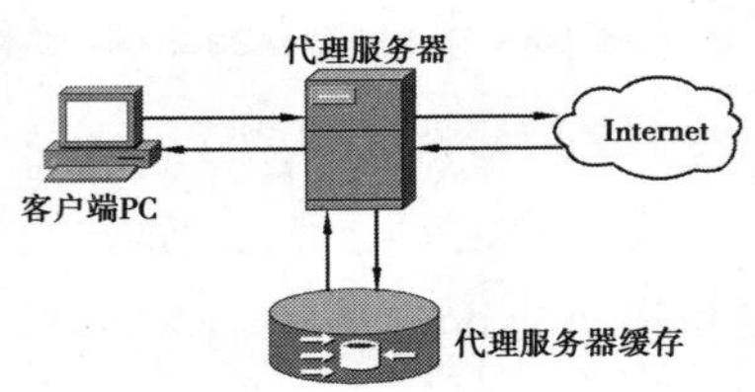


普通的Internet访问是一个典型的客户机与服务器结构：用户利用计算机上的客户端程序（如浏览器）发出请求，远端服务器程序响应请求并返回相应的数据。而代理服务器是介于浏览器和远端服务器之间的一台特殊的服务器，这台服务器同时连接内部网络和Internet网络，当你通过代理服务器上网浏览时，浏览器不是直接到远端服务器去取回信息，而是向代理服务器发出请求，由代理服务器取回浏览器所需要的信息并传送给你的浏览器，如上图所示。

**友情提示** JISUANJI WANGLUO JICHU YU YINGYONG YOUQINGTISHI

- 代理服务器实质上是架设在内部网络（如局域网）与外部网络（如Internet）之间的桥梁，用以实现内部网络用户对Internet的访问。在实现代理过程中，需要有一台计算机用来作为代理上网的服务器，该服务器配备有两个网络接口：一个接口通过网卡连接内部局域网络，另一个接口连接Internet，同时在该计算机上需要安装一个代理服务器软件，如WinGate、SyGate等。

**知识窗** JISUANJI WANGLUO JICHU YU YINGYONG ZHISHICHUANG

- 代理服务器的主要功能：

①设置用户验证和记账功能，可按用户要求进行记账，没有登记的用户无权通过代理服务器访问Internet，并对用户的访问时间、访问地点、信息流量进行统计。

②对用户进行分级管理，对外界或内部的Internet地址进行过滤，设置不同的访问权限。

③增加缓冲器（Cache），提高访问速度，对经常访问的地址创建缓冲区，大大提高热门站点的访问效率。通常，代理服务器都设置一个较大的硬盘缓冲区（可能高达几个GB或更大），当有外界的信息通过时，同时也将其保存到缓冲区中；当其他用户再访问相同的信息时，直接由缓冲区中取出信息，传给用户，以提高访问速度。

④充当防火墙（Firewall）。因为所有内部网的用户通过代理服务器访问外界时，只映射为一个IP地址，所以外界不能直接访问到内部网。同时可以设置IP地址过滤，限制内部网对外部的访问权限。

⑤节省IP开销。代理服务器允许使用大量的伪IP地址，即用代理服务器可以减少对IP地址的需求。对于使用局域网方式接入Internet，如果为局域网（LAN）内的每一个用户都申请一个IP地址，其费用可想而知。使用代理服务器后，只需代理服务器上有一个合法的IP地址，LAN内其他用户可以使用172.16.*.*这样的私有IP地址，可以节约大量的IP，降低网络的维护成本。

2.代理服务器的安装及配置

代理服务器的安装比较简单，而且关于代理服务器的软件也比较多，它们的主要功能是相同的。要实现代理上网，只需要把软件安装在一台出口服务器上即可。在此介绍WinGate软件的安装与配置来实现局域网的代理上网。

**【做一做】**

（1）安装代理服务器

请观看“配置代理服务器”操作视频或教师的操作演示，学习WinGate的安装过程，并完成下面安装步骤的说明。

配置代理服务器

| 是否同意安装此软件 | 选择安装代理服务器或代理客户端<br>客户端<br>服务器端 |
|---|---|
| 第1步： | 第2步： |
| 选择软件安装的路径 | 如果此计算机是邮件主机，请选择“使用WinGate邮件服务”功能 |
| 第3步： | 第4步： |
| 启动NAT或防火墙功能 | 确认安装路径后，开始安装 |
| 第5步： | 第6步： |

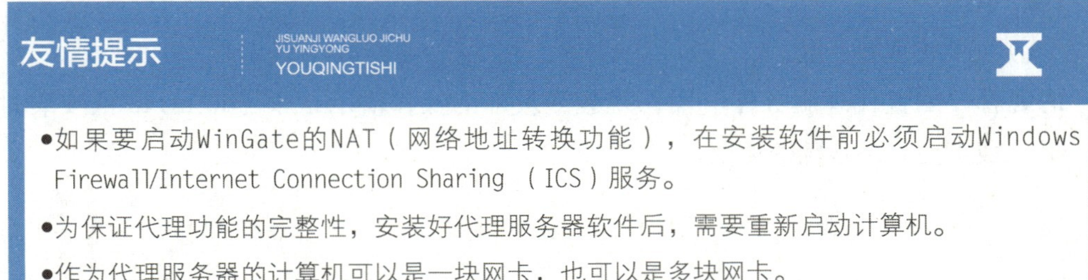


- 如果要启动WinGate的NAT（网络地址转换功能），在安装软件前必须启动Windows Firewall/Internet Connection Sharing （ICS）服务。
- 为保证代理功能的完整性，安装好代理服务器软件后，需要重新启动计算机。
- 作为代理服务器的计算机可以是一块网卡，也可以是多块网卡。

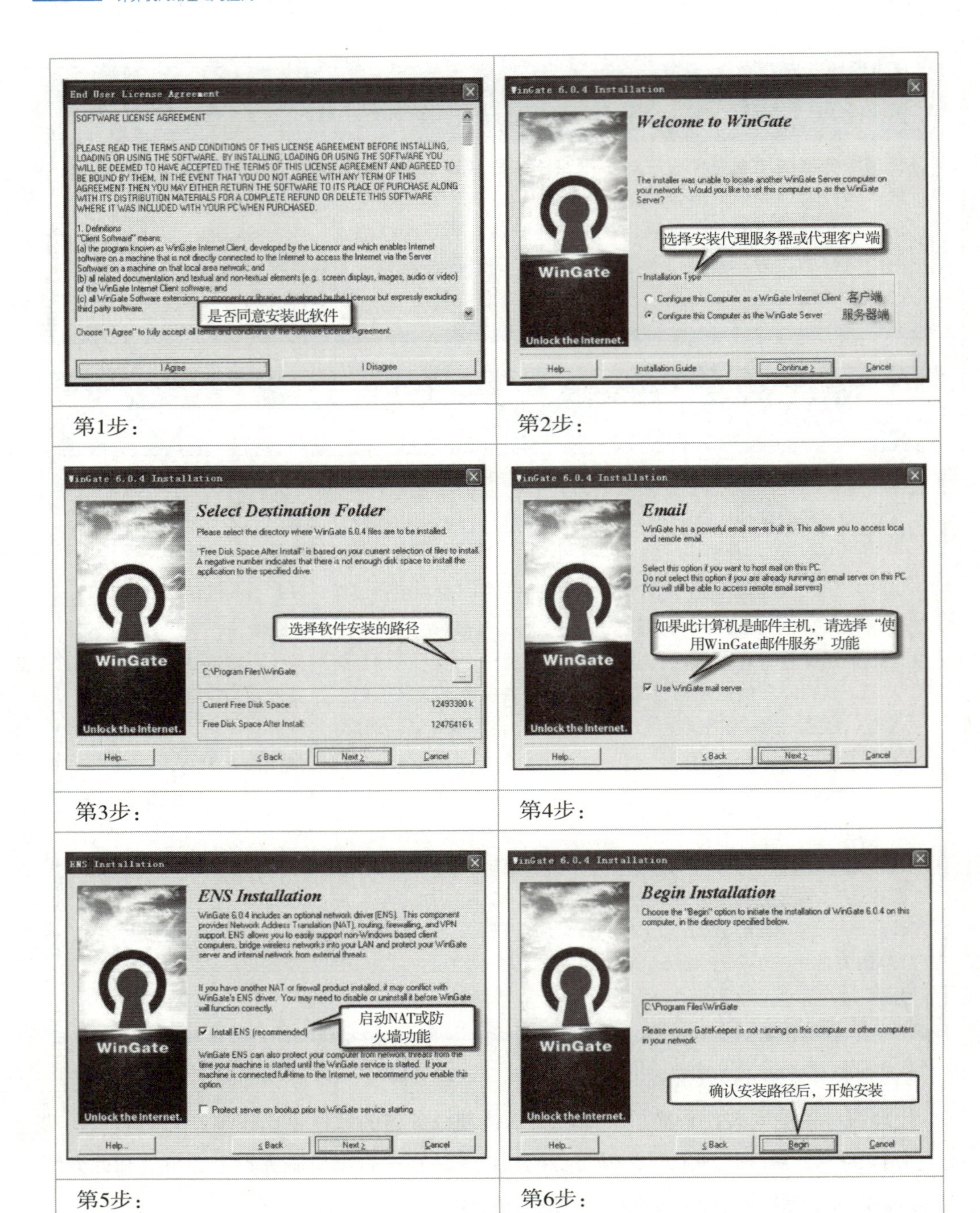

（2）配置代理服务器

双击系统托盘中的图标，如图标，启动WinGate管理界面，并对代理服务器进行基本配置。在操作过程中，请记录关键的操作步骤，并回答问题。

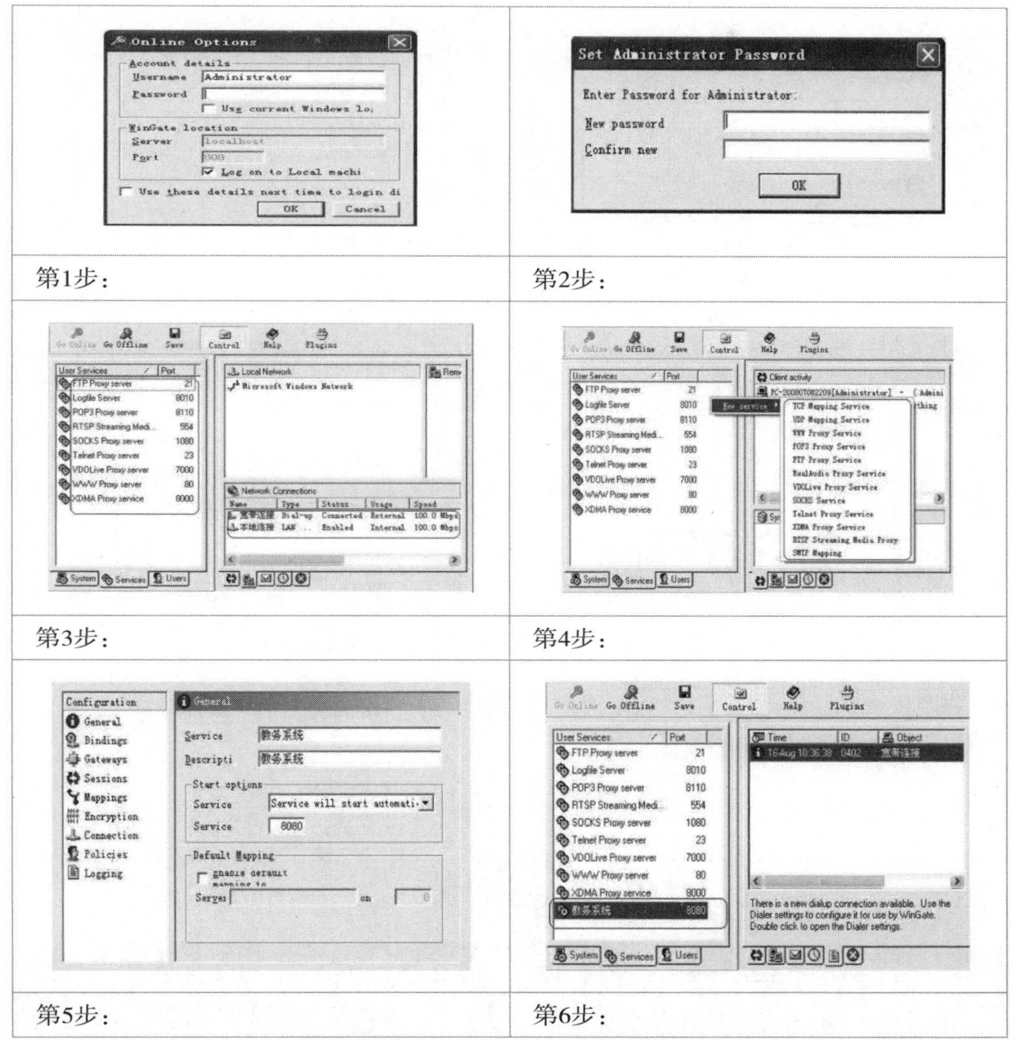


以上的代理服务是软件自带的常用代理，在这些代理服务当中，你能识别的代理服务有哪些？请填写以下表格。

| 代理名称 | 端口号 | 作　用 |
| --- | --- | --- |
| | | |
| | | |
| | | |

（3）配置客户机

在客户机的IE浏览器配置代理服务器，请记录关键的操作步骤。配置完成后，测试你的浏览器是否能打开网页。

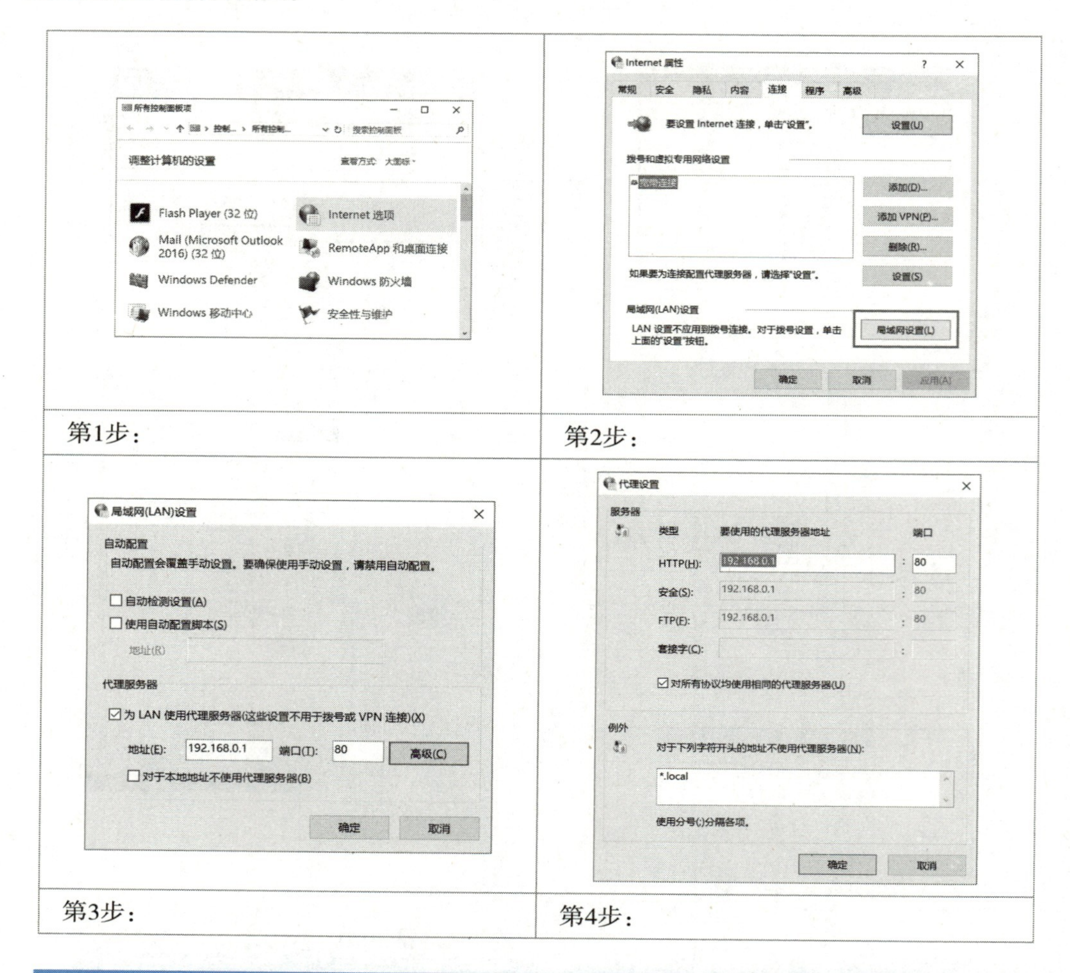

| | |
|---|---|
| 第1步： | 第2步： |
| 第3步： | 第4步： |

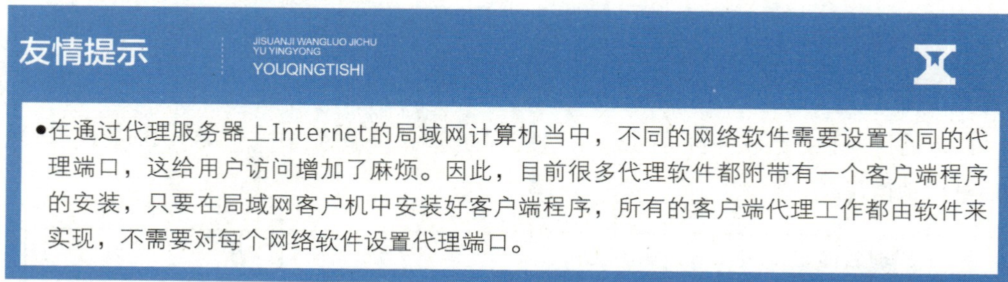


●在通过代理服务器上Internet的局域网计算机当中，不同的网络软件需要设置不同的代理端口，这给用户访问增加了麻烦。因此，目前很多代理软件都附带有一个客户端程序的安装，只要在局域网客户机中安装好客户端程序，所有的客户端代理工作都由软件来实现，不需要对每个网络软件设置代理端口。

## 四、使用宽带路由器

通过前面的介绍，我们了解到不管使用“Internet连接共享”还是使用代理服务器，都需要一台专门的计算机来作为网关主机，局域网用户访问Internet时，都必须通过网关主机进行转换，这不仅浪费了硬件资源，而且不便于网络的管理。宽带路由器能很好地解决以上问题。

宽带路由器作为一种专门针对宽带共享上网设计的产品，因其具备共享上网简单方便、安全性高、灵活可靠等优点，受到需要进行共享上网的家庭、SOHO等用户的青睐。根据接入方式的不同，目前宽带路由器可以分为有线和无线两类，下图为无线宽带路由器的接入方法。

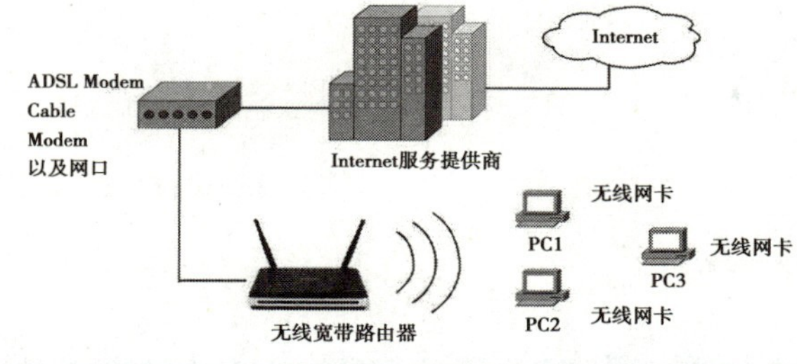


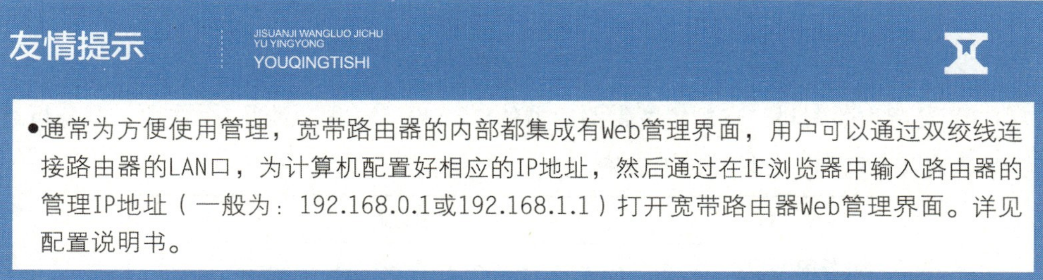


● 通常为方便使用管理，宽带路由器的内部都集成有Web管理界面，用户可以通过双绞线连接路由器的LAN口，为计算机配置好相应的IP地址，然后通过在IE浏览器中输入路由器的管理IP地址（一般为：192.168.0.1或192.168.1.1）打开宽带路由器Web管理界面。详见配置说明书。

**【做一做】**

（1）观看教师演示或网上查阅宽带路由器的基本配置方法，写出主要操作步骤。

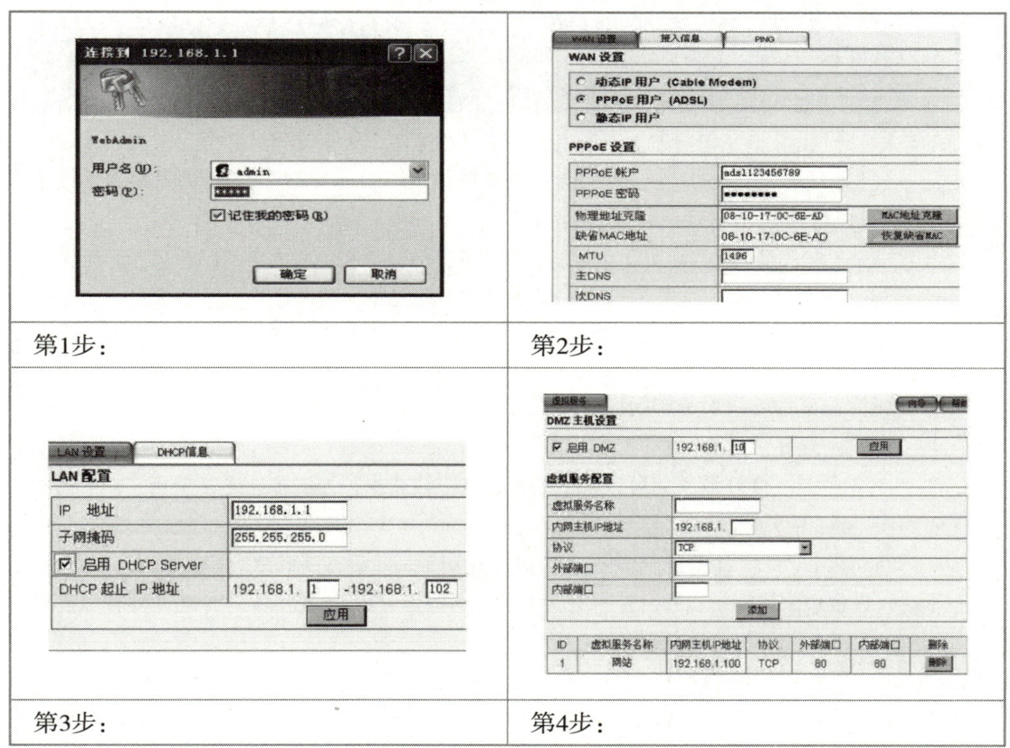


| 第1步： | 第2步： |
|---|---|
| 第3步： | 第4步： |

（2）目前大多数个人或单位用户都有无线Wi-Fi接入的需求，路由器通常会选择有无线接入功能的。配置无线功能的路由器时，需要配置无线信号名称，通常称为SSID；还需要

配置无线接入密码，确保无线网络的接入安全。观看教师演示或网上查阅宽带路由器的基本配置方法，写出主要操作步骤。

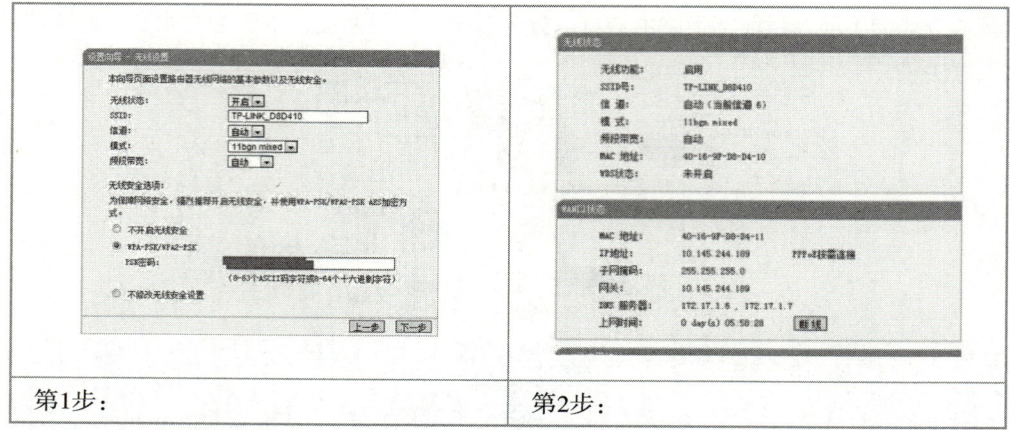


| 第1步： | 第2步： |
|---|---|

（3）参考相关资料，在配置宽带路由器的WAN设置过程中涉及3个选项，试分析3种WAN接入有什么区别，并填写以下表格。

| WAN设置 | 应用领域 |
|---|---|
| 动态IP用户 | |
| PPPoE用户 | |
| 静态IP用户 | |

## 知识窗

JISUANJI WANGLUO JICHU YU YINGYONG ZHISHICHUANG

●近几年来，无线WiFi几乎已经覆盖了所有人的工作和生活，人们使用的智能手机或其他智能终端设备都具有无线接入的功能。要搭建一个快速稳定的无线网络环境，选择和配置无线路由时，通常要注意以下几个问题：

①SSID是一个无线局域网络（WLAN）的名称。SSID是区分大小写的文本字符串，是一个最大长度不超过32个字符的字母数字字符（字母或数字）的顺序（当然，这个名字你可以自己随便取）。就作用上来讲，SSID看起来就像是无线接入点（AP）MAC地址，所以无线局域网上的所有无线设备必须使用相同的SSID才能进行互相沟通。在无线局域网中SSID的作用非常重要，它能阻隔其他无线设备访问你的无线局域网。要进行通信，无线设备必须使用相同的SSID名称。

②无线网络信号是一个开放的信号，网络的安全性不容忽视，无线加密通常使用了WPA-PSK/WPA2-PSK、WPA/WPA2和WEP3种。

◇WPA-PSK/WPA2-PSK　它其实是WPA/WPA2的一种简化版本，它是基于共享密钥的WPA模式，安全性很高，设置也比较简单，适合普通家庭用户和小型企业使用。使用WPA-PSK/WPA2-PSK设置密钥时，要求为8～63个ASCII字符。

◇WPA/WPA2　这是一种比WEP强大的加密算法，选择这种安全类型，路由器将采用Radius服务器进行身份认证并得到密钥的WPA或WPA2安全模式。由于要架设一台专用的认证服务器，代价比较昂贵且维护也很复杂，所以不推荐普通用户使用此安全类型。

◇WEP　这是Wired Equivalent Privacy的缩写，它是一种基本的加密方法，其安全性不如另外两种安全类型高。不建议大家选择WEP这种较老且已经被破解的加密方式。

③无线信道是无线信号相互通信的无线介质通道，如果设置不当，很有可能导致无线网络的性能受到严重干扰。目前，无线网络的信号频段有2.4 GHz和5 GHz，但所有无线路由器都仍然在使用2.4 GHz的频段。虽然随着802.11ac的亮相，推动了5 GHz频段的使用，但许多用户不会立即更换路由器，再加上厂商们还有许多库存，因此2.4 GHz频段仍然会在市面上大量地存在一段时间。经过科学的计算得出结论，2.4 GHz频段的信道为1、6和11，彼此之间间隔的距离足够远，1、6、11也成为了不会互相重叠和干扰的3个最常用的信道。因此，我们可以在无线路由的设置中将信道设置为1、6和11中的某一个。对于我们普通的家庭用户来说，建议将信道设成1或11，这样可以最大限度地避免和别家的路由器发生信号重叠。

## 五、配置客户端

在宽带共享连接中，客户端的配置相对来说比较简单，首先保证客户端的计算机能够与网关主机或宽带路由器进行通信，然后确定“默认网关”与“首选/备用DNS服务器”的配置。

**【做一做】**

请写出配置IP地址的相关步骤。

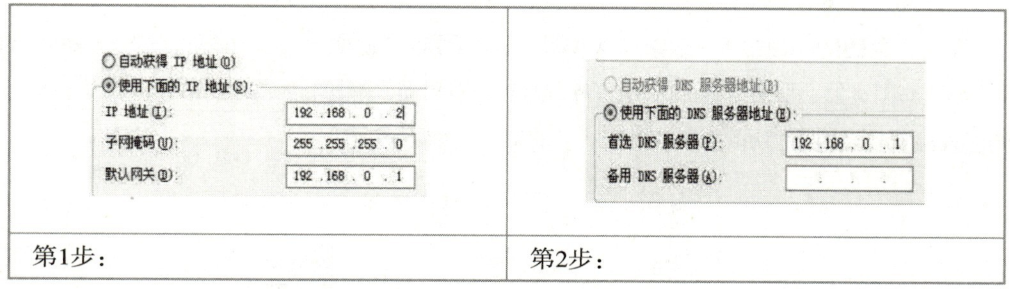


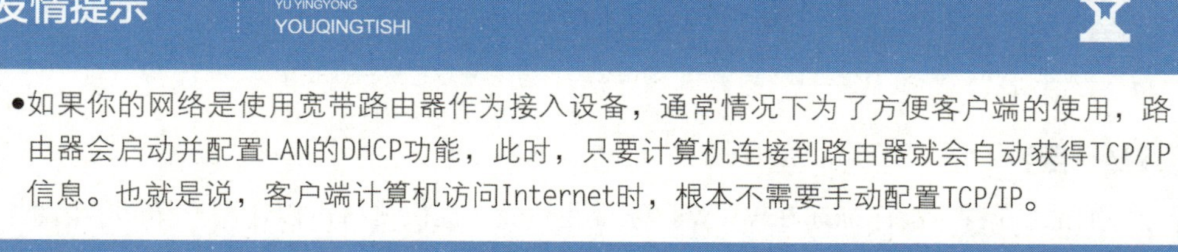


●如果你的网络是使用宽带路由器作为接入设备，通常情况下为了方便客户端的使用，路由器会启动并配置LAN的DHCP功能，此时，只要计算机连接到路由器就会自动获得TCP/IP信息。也就是说，客户端计算机访问Internet时，根本不需要手动配置TCP/IP。

[ 任务四 ] NO.4

# 使用Internet服务

在本任务中，你将学习到如何正确使用Internet资源，如何通过网络软件让Internet服务得到合理充分的应用，这些应用包括以下方面：

（1）网页访问技巧；

（2）下载Internet资源；

（3）收发电子邮件；

（4）即时通信软件的使用；

（5）正确使用网络搜索引擎；

（6）网上娱乐及购物。

## 一、浏览网页

1.认识WWW

WWW服务也称为Web服务，是目前Internet上最方便和最受欢迎的信息服务类型，已经成为人们在网上搜索、浏览信息的主要手段。

像大多数的Internet服务一样，WWW服务也采用客户端/服务器工作模式：客户端的应用程序是Web浏览器；服务器端的应用程序是WWW服务器，通过Internet网络的接入，用户可以通过Web浏览器快捷地访问WWW服务器上的信息，如下图所示。

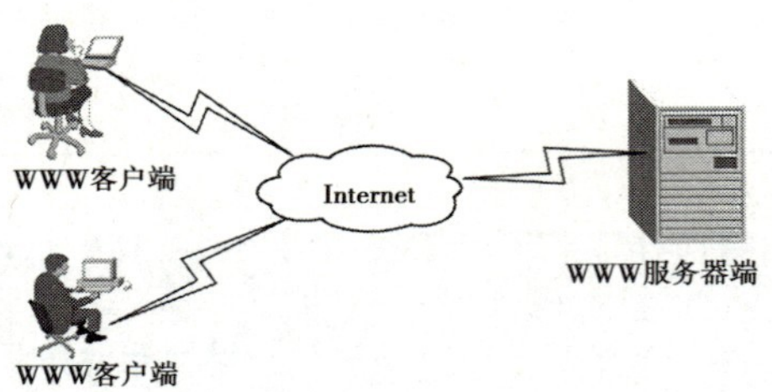


**【做一做】**

查阅相关资料，请你描述在WWW服务器上一般会提供哪些可以让用户访问的信息？它是以什么文件格式存储在服务器中的？

2.浏览网页

在WWW服务中，信息资源以页面（Web页面）的形式存储在服务器（Web站点）中，Web页面使用“超文本”（Hypertext）的方式将文本、图片、声音、动画和其他多媒体相互联系在一起。客户端浏览器使用URL（Uniform Resource Locator，统一资源定位符）精确定位到你所访问服务器中的信息，然后服务器将信息以Web的形式返回给客户，如右图所示。

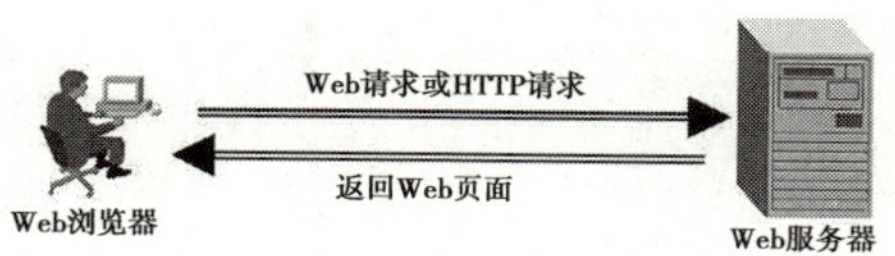


知识窗 JISUANJI WANGLUO JICHU YU YINGYONG ZHISHICHUANG

●URL是WWW页的地址，它从左到右由下述部分组成。

◇Internet资源类型（scheme）：指出WWW客户程序用来操作的工具，如“http：//”表示WWW服务器，“ftp：//”表示FTP服务器，“mailto：”表示邮件服务器，而“news：”表示新闻组服务器。

◇服务器地址（host）：指出WWW页所在的服务器域名，也可以是IP地址。

◇端口（port）：对某些资源的访问来说，需要给相应的服务器提供端口号，一般情况下不需要，因为浏览器可以根据你选择的资源类型自动设置默认端口号，但该端口号必须和服务器对应，如HTTP默认端口为：80，FTP默认端口为：21。所以在访问这些服务器时，可以不加端口号。

◇路径（path）：指明服务器上某资源的位置（其格式与DOS系统中的格式一样，通常有目录/子目录/文件名这样结构组成）。与端口一样，路径并非总是需要的。

●URL地址格式排列为：scheme：//host：port/path，如http：//www.cqlzz.com/index.asp就是一个典型的URL地址；再如mailto：nic_net@cqlzz.com也是一个URL地址。

**【做一做】**

请观看教师或学生演示访问网页的基本方法，正确使用浏览器工具，并且对浏览器进行基本设置，然后按要求回答以下问题。

| | |
|---|---|
| 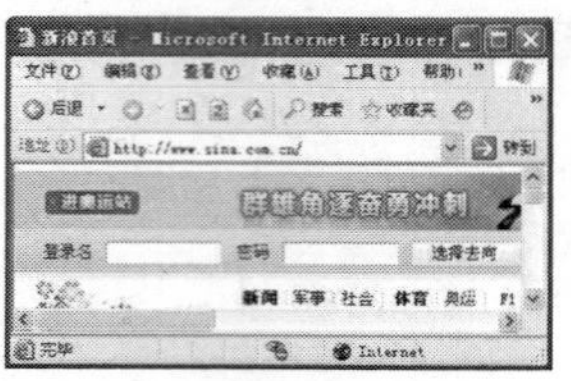 | 在“地址栏”中，可以输入的地址有哪些格式？请写在下面。 |
| 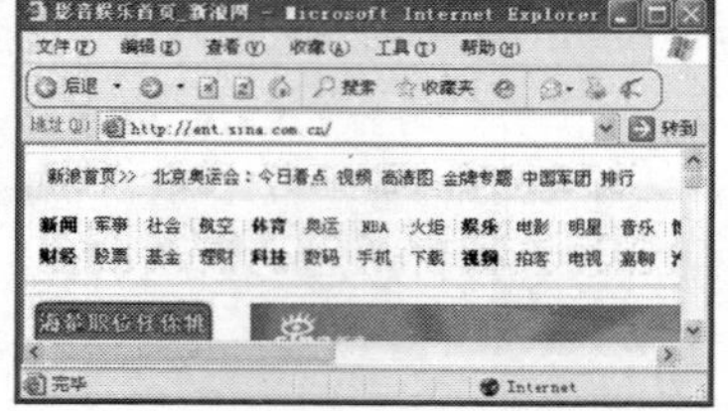 | 学会常用工具按钮的使用方法，理解它们的作用。<br>前进：<br>后退：<br>停止：<br>刷新：<br>主页：<br>搜索：<br>收藏夹：<br>历史： |
| 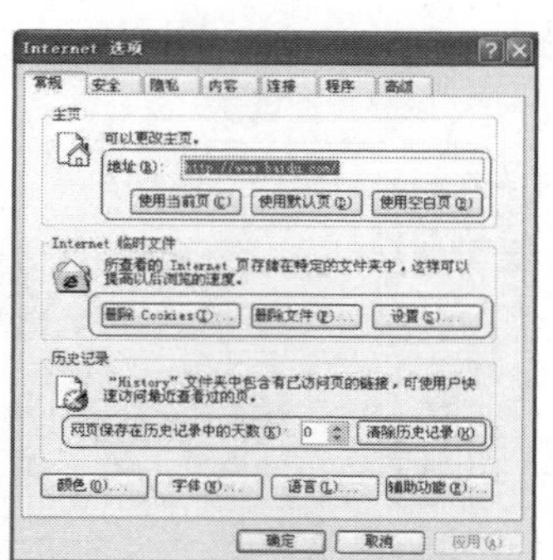 | “Internet选项”设置浏览器的基本途径，其中在“常规”选项卡中的设置会经常使用，它们都有些什么作用？<br>主页地址：<br>Internet临时文件：<br>历史记录： |
| 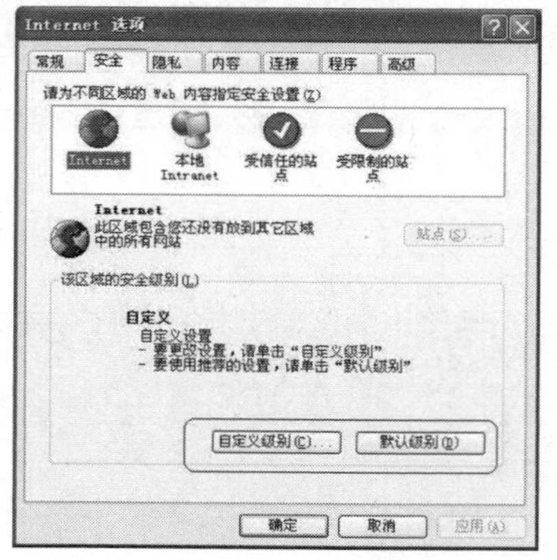 | 在“安全”选项卡中，可以进行不同Web区域的安全级别设置。<br>①禁止在Internet区域中下载文件。<br>②添加www.sina.com为受限制的站点。<br>③允许从受限制站点的网站下载ActiveX控件，如Flash动画等。 |

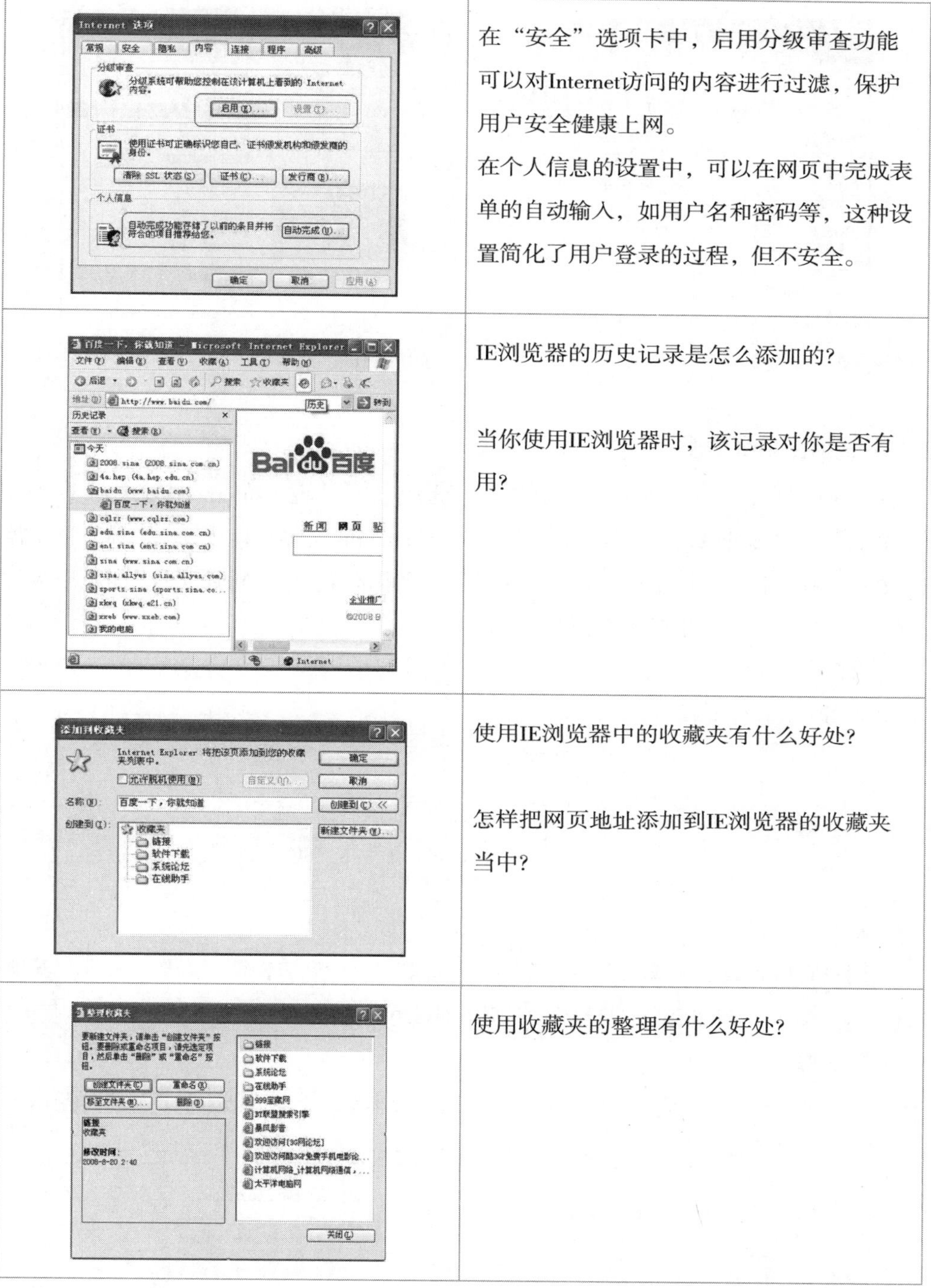

| | |
|---|---|
| | 在“安全”选项卡中，启用分级审查功能可以对Internet访问的内容进行过滤，保护用户安全健康上网。<br>在个人信息的设置中，可以在网页中完成表单的自动输入，如用户名和密码等，这种设置简化了用户登录的过程，但不安全。 |
| | IE浏览器的历史记录是怎么添加的?<br><br>当你使用IE浏览器时，该记录对你是否有用? |
| | 使用IE浏览器中的收藏夹有什么好处?<br><br>怎样把网页地址添加到IE浏览器的收藏夹当中? |
| | 使用收藏夹的整理有什么好处? |

3.保存网页资源

**【做一做】**

观看教师或学生演示保存网页、打印网页以及保存网页中的图片等操作，记录关键操作步骤。

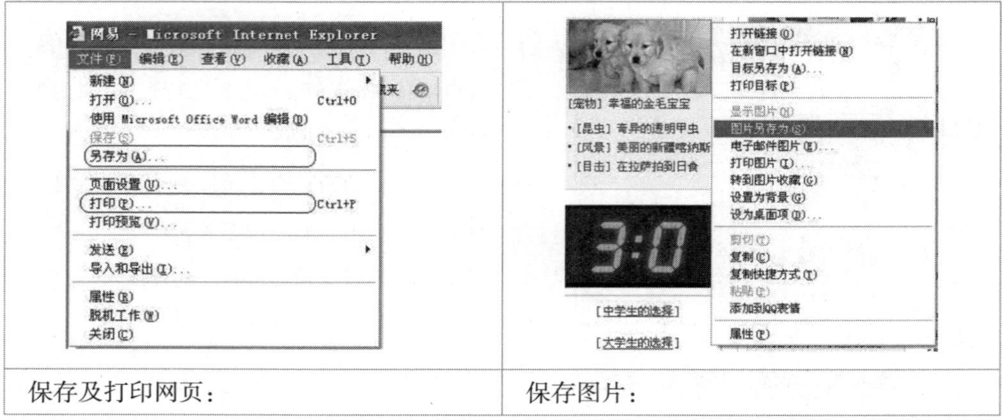


| 保存及打印网页： | 保存图片： |
|---|---|

## 二、下载Internet资源

文件下载是Internet上使用最多的服务，该服务充分体现了Internet信息资源共享的特性。它是使用本地计算机（也称为客户机），通过Internet与远程计算机（也称为服务器）进行数据的拷贝操作，即本地计算机可以在服务器中下载文件，同时也可以向服务器上传文件。一般情况下，文件的下载方法有两种：

◇直接通过浏览器下载；

◇使用工具软件下载。

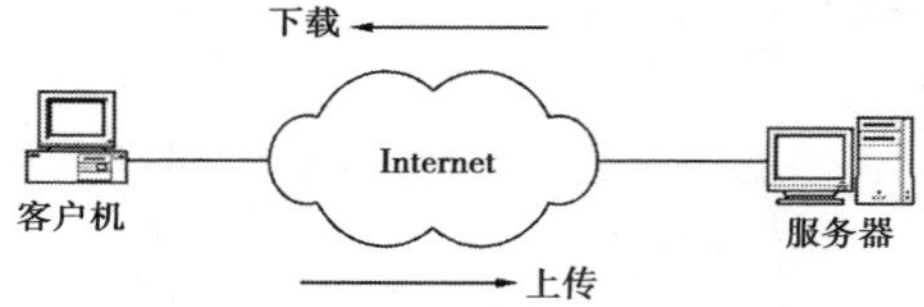


1.从网页上直接下载

从网页直接下载文件或软件是最常见、最简单的一种方法，该方法不需要安装其他的软件，只要操作系统的IE浏览器能够正常使用即可下载你所需要的文件。

**【做一做】**

在网上搜索一款MP3播放软件，如千千静听，使用直接下载方法下载该软件。写出主要操作步骤，并回答以下问题。

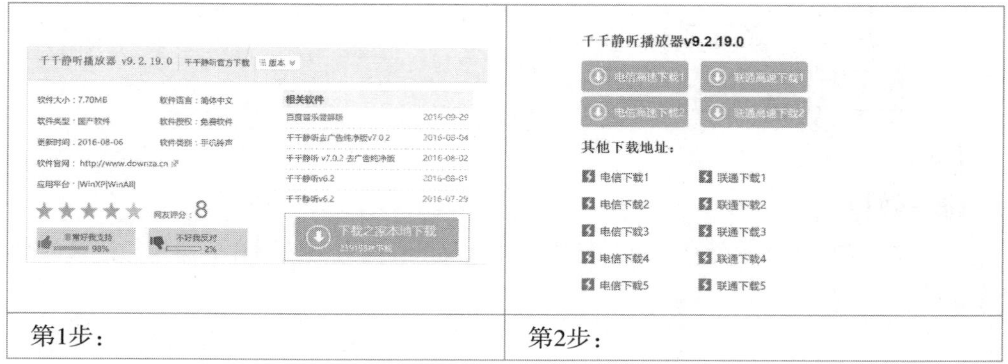


| 第1步： | 第2步： |
|---|---|

（1）你是通过什么方法找到该播放软件的？

（2）通常在软件的下载页面会提供很多下载地址的链接，你在选择下载地址时应该注意哪些问题？

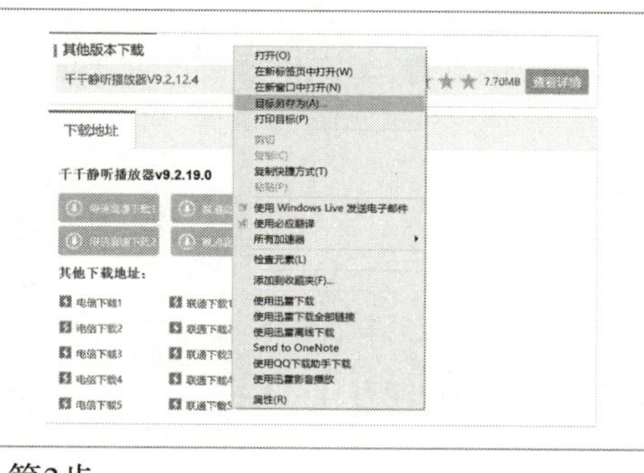

第3步：

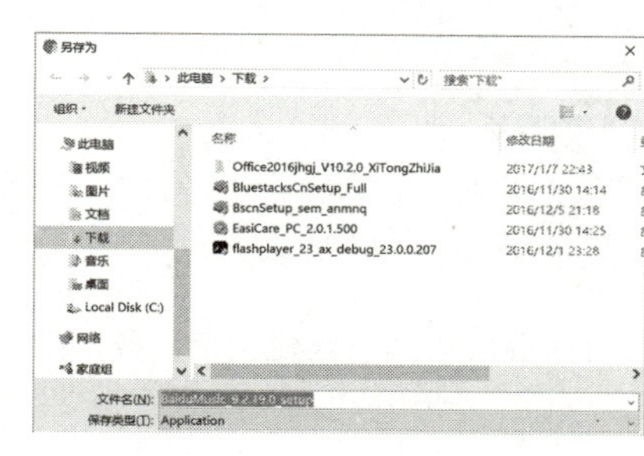


第4步：

注意观察传输速度和估计剩余时间的变化。

## 友情提示

JISUANJI WANGLUO JICHU YU YINGYONG
YOUQINGTISHI

● 在进行“目标另存为（A）”操作后，有可能不会出现保存文件对话框，出现的是错误的提示。此时，应该更换其他的下载点进行下载。同时，在保存文件的时候，一定注意文件名称和文件类型。一般情况下，从Internet上下载的软件都是EXE或者RAR、ZIP等类型的文件，如果保存的文件类型是“HTML Document”，说明该文件是一个网页的链接，而不是你所需要的文件。

2.使用工具软件下载

使用工具软件下载文件也是目前使用较多的一种下载方法，该方法需要在计算机中安装第三方下载工具，然后通过下载工具来进行文件的下载工作。目前，常用的下载工具软件有迅雷、网际快车、网络蚂蚁、QQ旋风等，这些软件具有超线程技术、下载速度限制、多任务管理等强大的功能。

**【做一做】**

安装迅雷下载工具，使用迅雷工具进行文件的下载，并回答以下问题。

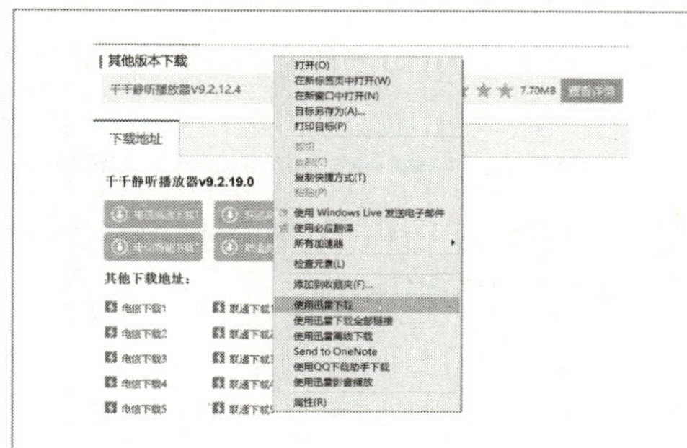

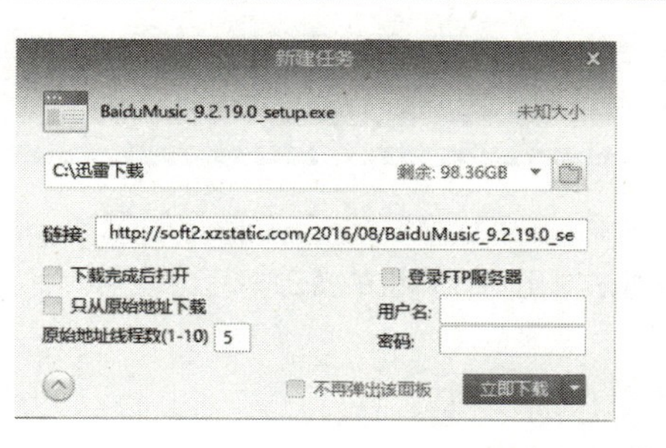

| 右键选择下载会出现一个“使用迅雷下载”，它是怎么添加上去的？ | |
|---|---|
| 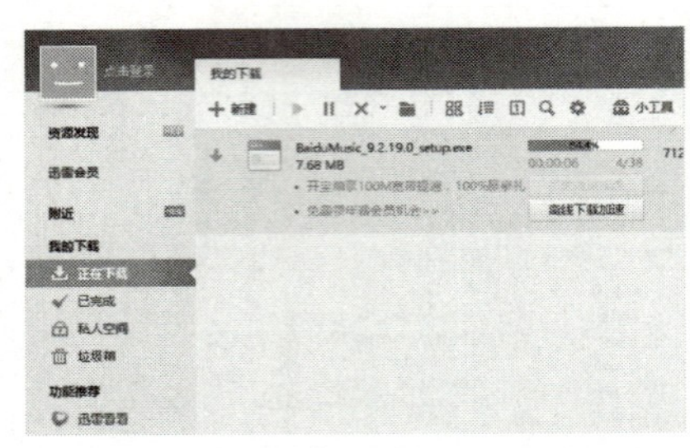 | 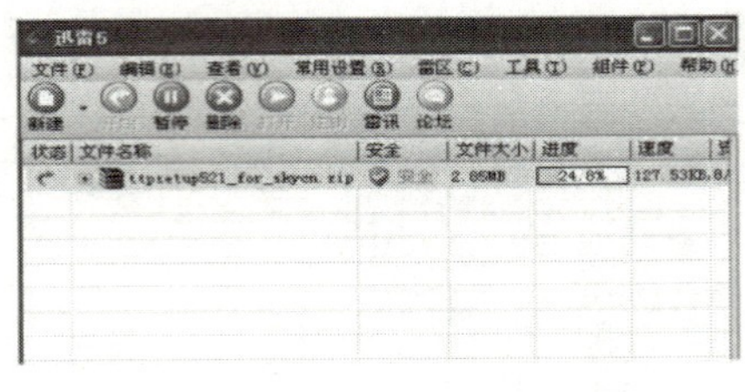 |
| 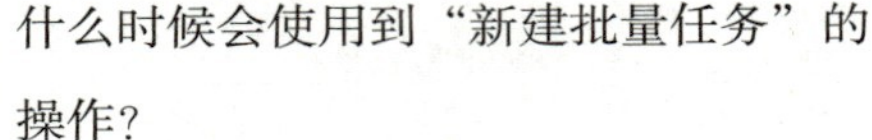什么时候会使用到“新建批量任务”的操作？ | 目前，在下载工具软件中都有一个断点续传的功能，该功能有什么作用？ |

## 知识窗

JISUANJI WANGLUO JICHU YU YINGYONG ZHISHICHUANG

- 随着网络信息的发展，Internet上的共享资源也在不断的增加，普通的下载方式已经不能满足大文件下载的要求。所以，今天的Internet下载方式又出现了一些新的技术，如P2P、P2SP、BT、eMule等。

◇P2P　P2P是“peer-to-peer”的缩写，可以理解为“伙伴对伙伴”，或称为对等互联。P2P使用户可以直接连接到其他用户的计算机并获取文件，是用户在取得数据的同时也作为服务器为别人提供数据的连接（他已经下载数据）。这样，下载的人越多，上传的人也就越多，速度也就越快。目前，支持P2P技术的下载软件有迅雷、PP点点通、网际快车等。

◇P2SP　P2SP是P2P技术的升级，P2SP除了包含P2P以外，P2SP的“S”是指服务器。P2SP有效地把原本孤立的服务器和其镜像资源以及P2P资源整合到了一起。也就是说，在下载的稳定性和下载的速度上，比传统的P2P或P2S都有了极大的提高。在下载内容的控制上，比P2P有很大的提高。目前，支持P2SP技术的下载工具主要是迅雷。

◇BT　BT技术也是P2P技术的一种，就是说同时下载的用户越多，速度就越快。BT下载软件的使用很简便，在已安装该软件的前提下，只需在网上找到与所要下载文件相应的种子文件（*.torrent），点击后随着系统提示的步骤即可开始下载。目前，支持BT技术的下载工具有迅雷、BitComet（比特彗星）、比特精灵等。

◇eMule　eMule下载也称电驴，它也是P2P技术的一种下载工具，同BT的下载原理基本一样。eMule下载不需要种子，共享资源也比较方便，网上的资源也比BT资源要多，而且文件完整，但下载速度较慢。

注意：在使用P2P技术下载数据的同时，你的计算机也向其他用户共享数据并提供下载，所以该下载方法对用户计算机的资源消耗比较大，而且对硬盘有较小程度的损伤。

友情提示 JISUANJI WANGLUO JICHU YU YINGYONG YOUQINGTISHI 

●随着Internet技术的飞速发展，在Internet上有着不计其数的共享资源供我们下载，但在这些共享资源中，也存在着一些不安全的因素。怎么样来防止这些垃圾文件或病毒文件入侵我们的计算机呢？在这里为大家提几点建议：

①尽可能地去知名度高的专业下载网站下载资源；

②下载到本地计算机的文件一定要先杀毒，再使用；

③在下载文件时，需要注意你下载的文件名称和类型是否与你所需要的相同。

## 三、收发电子邮件

1.认识电子邮件

电子邮件（又称E-mail）是Internet应用最广的服务之一，它方便Internet用户之间发送和接收文字、图像、声音等各种形式的信息。通过电子邮件系统，用户可以用非常低廉的价格，以非常快速的方式与世界上任何一个角落的网络用户联系。当发送电子邮件时，这封邮件是由邮件发送服务器发出，并根据收信人的地址判断对方的邮件接收服务器而将这封信发送到该服务器上，收信人要收取邮件也只能访问这个服务器才能够完成，如下图所示。

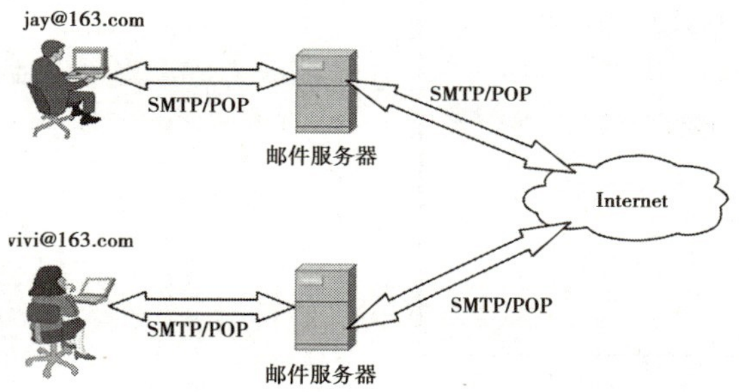


**【做一做】**

通过上图可以看出电子邮件的基本工作方式，在理解电子邮件收发过程中，需要涉及相关的专业术语，请查阅相关专业资料，填写以下表格。

| 专业术语 | 作　用 |
|---|---|
| 邮件服务器 | |
| SMTP | |
| POP | |
| 邮件地址 | |

2.电子邮件的使用

电子邮件有两种工作方式：一种是在网页方式下收发邮件，基本方法是登录到某一个邮件网址，输入用户名和密码，即可实现Web在线收发电子邮件；另一种是采用邮件客户端软件收发电子邮件。

邮箱客户端通常指使用IMAP、APOP、POP3、SMTP、ESMTP、协议收发电子邮件的软件，用户不需要登录邮箱网页就可以收发电子邮件。该系列软件有以下一些优点：

①用户收发电子邮件方便快捷，不需要登录网站；

②一个软件可以同时管理多个邮箱；

③用户的邮件信息可以离线阅读；

④进行远程管理，即用户可以通过软件进行邮件的删除等操作；

⑤通过远程管理，用户可以通过软件自定义收取邮件。

目前，常用的电子邮件客户端软件有Outlook和Foxmail，它们的基本功能大同小异，本例主要介绍Foxmail客户端实现电子邮件的收发。

**【做一做】**

使用Foxmail

（1）观看“使用Foxmail”操作视频或教师的操作演示，学习Foxmail的安装和配置，在操作过程中理解配置的方法并记录关键步骤。

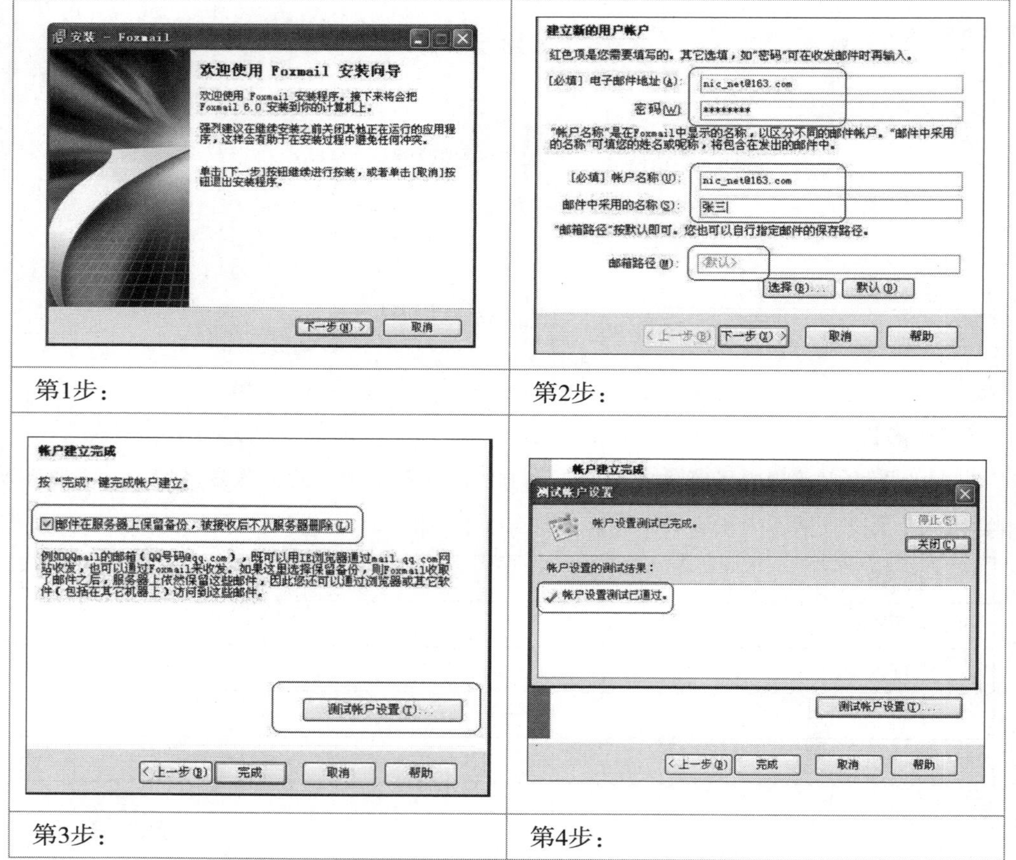


| 第1步： | 第2步： |
| --- | --- |
| 第3步： | 第4步： |

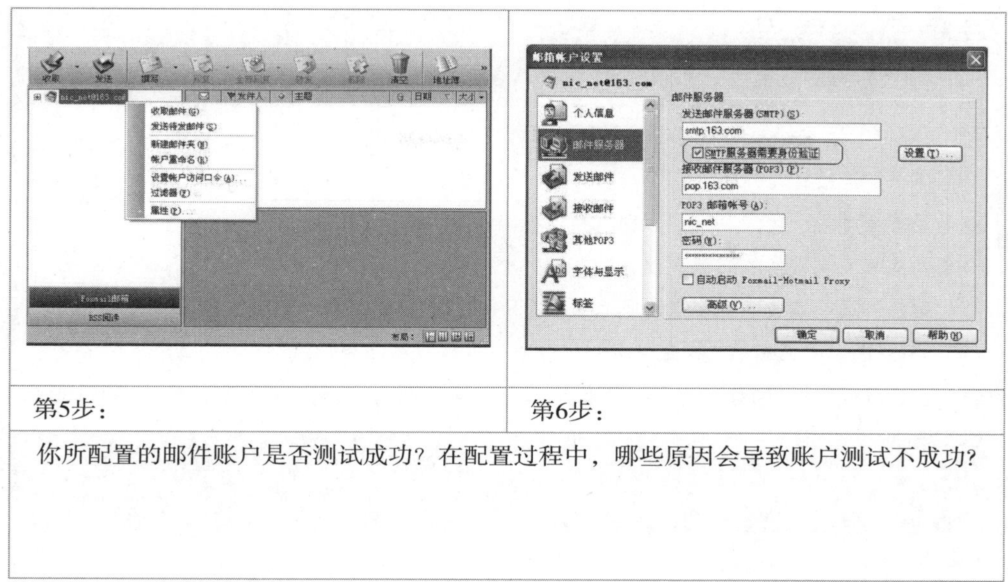

| 第5步： | 第6步： |
| --- | --- |

你所配置的邮件账户是否测试成功？在配置过程中，哪些原因会导致账户测试不成功？

（2）使用邮件客户端进行电子邮件的收发操作时，最方便的就是它的多任务。也就是说，在软件中可以添加多个邮件账户，并且可以按照用户的选用进行收发邮件。参照以上的配置方法，请为Foxmail再添加一个邮件账户，记录出你所配置的内容。

邮件地址：____________________；账户名称：____________________；
SMTP服务器：____________________；POP3服务器：____________________。

（3）使用Foxmail收发电子邮箱，测试软件配置是否成功。

| 第1步： | 第2步： |
| --- | --- |

**友情提示** JISUANJI WANGLUO JICHU YU YINGYONG YOUQINGTISHI

●如果邮件的接收和发送不成功，可能是网络或者软件配置有问题，一般情况如下：

◇网络不能连接；

◇电子邮箱地址、用户名和密码输入有误；

◇邮件接收发送服务的配置有误，即POP和SMTP服务器的配置不正确；

◇如果邮件只能接收不能发送，则有可能是SMTP服务器需要身份验证选项没有选中；

◇某些ISP提供的邮箱不支持邮件客户端软件，如网易的新用户就不支持该功能。

**知识窗** JISUANJI WANGLUO JICHU YU YINGYONG ZHISHICHUANG

●常用电子邮件服务器名称：

| 网站及域名地址 | SMTP服务器地址 | POP服务器地址 |
|---|---|---|
| 新浪：sina.com | smtp.sina.com.cn | pop.sina.com.cn |
| 网易：163.com | smtp.163.com | pop.163.com |
| 雅虎：yahoo.com.cn | smtp.hail.yahoo.com.cn | pop.mail.yahoo.com.cn |
| 搜狐：sohu.com | smtp.sohu.com | pop.sohu.com |

## 四、Internet即时通信

1.认识即时通信

即时通信也称为实时传信（Instant Messaging，IM），是一种可以让使用者在网络上建立某种私人聊天室（chatroom）的实时通信服务。大部分的即时通信服务提供了状态信息的特性——显示联络人名单、联络人是否在线以及能否与联络人交谈。目前，网络即时通信工具大致分为两大类：

◇ 采用C/S架构，即客户端/服务器形式，用户在使用前需要下载安装客户端软件，典型的代表有微信、QQ、钉钉等即时通信工具；

◇ 采用B/S架构，即浏览器/服务端形式，这种形式的即时通讯软件，直接借助互联网为媒介，无须安装任何客户端软件，既可通过服务器端进行沟通对话，一般运用于电子商务网站的服务，典型的代表有live800等在线客服系统。

2.即时通信软件的使用

即时通信软件也是目前Internet上使用最多的一种工具，它不仅是人们在网上进行日常沟通、交流的工具软件，同时还是IT行业中必不可少的辅助工具，如客户交流、文件共享与传输、远程协助等。

**【做一做】**

（1）上网查阅相关资料，目前国内使用最多的QQ通信工具除了交友聊天以外，它还提供给用户哪些功能？这些功能应用于哪些领域？

| 功　能 | 应用领域 |
| --- | --- |
| | |
| | |
| | |
| | |

（2）上网查阅相关资料，B2B平台服务商开发的即时通信工具主要起到什么作用？

______________________________

______________________________

______________________________

（3）上网查阅相关资料，通信公司发布的即时通信工具主要起什么作用（如移动公司的飞信）？

______________________________

______________________________

______________________________

______________________________

**友情提示** JISUANJI WANGLUO JICHU YU YINGYONG YOUQINGTISHI

●即时通信软件不仅仅是聊天软件，它更是工作中的工具软件，我们要正确地认识和使用它，更多地关心它对我们生活的帮助，认识它在工作中的各种应用。

## 五、了解网络搜索引擎

1.认识网络搜索引擎

搜索引擎是Internet上的一个WWW服务器，它的主要任务是在Internet中主动搜索其他WWW服务器或其他服务器中的信息并对进行自动索引，将索引内容存储在可供查询的大型数据库中。用户可以利用搜索引擎所提供的分类目录和查询功能查找所需要的信息，然后返回到万维网站点、个人计算机文件或文档的列表，如下图所示。

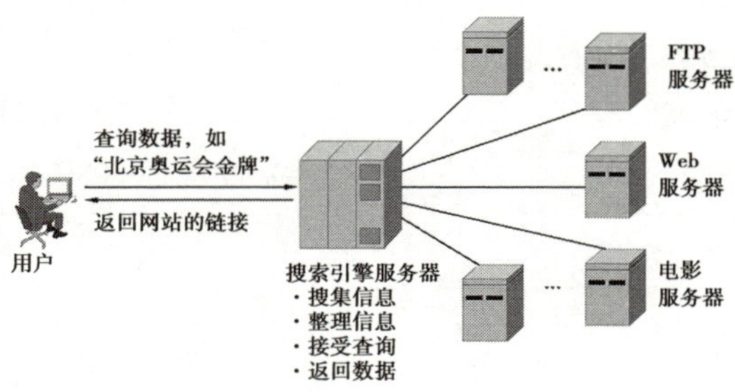

**知识窗** JISUANJI WANGLUO JICHU YU YINGYONG ZHISHICHUANG

●搜索引擎按其工作方式主要分为3种：全文搜索引擎（Full Text Search Engine）、目录索引类搜索引擎（Search Index/Directory）和元搜索引擎（Meta Search Engine）。

◇全文搜索引擎是名副其实的搜索引擎，它是通过从Internet上提取的各个网站的信息（以网页文字为主）而建立的数据库中，检索与用户查询条件匹配的相关记录，然后按一定的排列顺序将结果返回给用户，因此它们是真正的搜索引擎。

◇目录索引虽然有搜索功能，但并不是真正的搜索引擎，仅仅是按目录分类的网站链接列表而已。用户完全可以不用进行关键词（Keywords）查询，仅靠分类目录也可找到需要的信息。

◇元搜索引擎在接受用户查询请求时，同时在多个引擎上进行搜索，并将结果返回给用户。在搜索结果排列方面，有的直接按来源引擎排列搜索结果，如Dogpile；有的则按自定义的规则将结果重新排列组合，如Vivisimo。

**【做一做】**

阅读知识窗中的内容，网上查阅相关资料，找出可以提供不同搜索类型的服务器有哪些，填写以下表格。

| 搜索引擎分类 | 提供搜索引擎的服务器 |
|---|---|
| 全文搜索引擎 | |
| 目录索引搜索引擎 | |
| 元搜索引擎 | |

2.使用网络搜索引擎

通过前面的学习，我们了解到搜索引擎的种类繁多，但最常用的搜索引擎还是全文搜索引擎。在本任务中也主要介绍全文搜索引擎中的百度（Baidu）搜索引擎。

（1）关键字搜索

百度的关键字搜索简单方便，只需要在搜索框内输入需要查询的内容，按回车键，或者鼠标点击搜索框右侧的百度搜索按钮，就可以查询到最符合查询需求的网页内容。

**【做一做】**

请观看教师或学生演示百度关键词搜索的基本方法和技巧，在操作过程中记录关键步骤。

在百度搜索引擎中，提供了新闻、网页、MP3、图片等个性化分类搜索。请用不同的分类来搜索“2008奥运”的相关信息，看看有什么不同？

（2）高级搜索

为了给用户提供个性化的搜索，目前各大搜索引擎都提供有高级搜索和特色搜索功能，它主要帮助用户精确定位到所要查找的信息。例如，搜索关于“北京奥运”的PPT文档、搜索最近一周“北京”的相关网页和新闻等。

**【做一做】**

使用Baidu提供的高级搜索和特色搜索功能，完成以下内容的搜索。

（1）搜索最近一周鸿蒙系统的升级体验，你是怎么操作的?

（2）使用Baibu的文档搜索功能。

<table>
<tr><td>
</td><td>搜索关键字“VLAN技术”相关的Word文档，并下载。</td></tr>
</table>

（3）使用Baidu的常用搜索功能

<table>
<tr><td>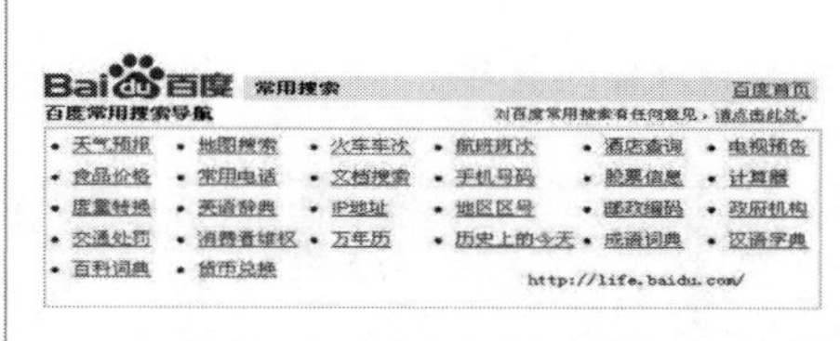
</td><td>打开百度生活中的常用搜索，可以让我们了解更多贴切生活的信息。</td></tr>
<tr><td colspan="2">①怎样查看重庆最近的天气情况?<br>②搜索“重庆动物园”的具体地理位置。<br>③搜索从“重庆动物园”到“重庆大学”最近的公交线路。<br>④搜索从“重庆”到“上海”的列车线路。</td></tr>
</table>

目前，各大搜索引擎提供给用户搜索的方式越来越多，功能越来越强大，只要你仔细地去体验和尝试，会发现网络搜索将带给你极大的方便和无穷的乐趣。

## 六、利用网络进行购物

宽带的普及、Internet的发展，已经大大改变了人们的沟通和生活方式，也必然会改变人们的买卖方式，这是科学技术和时代发展的必然结果，现代人越来越依赖网络而生存。网上购物，就是通过电子商务平台，在Internet中检索商品信息，并通过电子订购单发出购物请求，然后填上私人支票账号或信用卡的号码，厂商通过邮购的方式发货，或是通过快递公司送货上门。目前，提供网上购物的平台越来越多，如阿里巴巴、易趣网、当当网、卓越网、淘宝网等。网上购物的基本流程如下图所示。

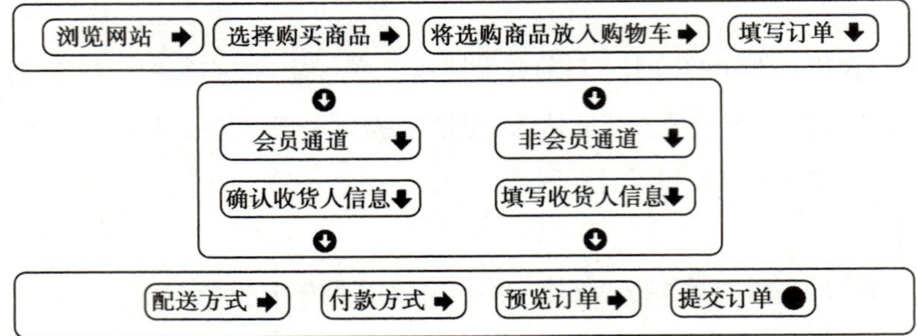


**【做一做】**

访问淘宝网站并注册自己的账号，然后选购一款“智能手机”，价格在2 000元以内。通过操作，完成以下提问。

（1）进入淘宝网站，你使用了哪些方法去搜索你想要的商品？

（2）在网上购物时，常见的运送方式有哪几种？

（3）在网上购物时，可选择支付的方式有哪几种？

（4）在网上购物时，你可以选用哪些方式来管理你的资金？

## 友情提示

JISUANJI WANGLUO JICHU YU YINGYONG YOUQINGTISHI

● 随着Internet应用日趋广泛，尝试在网上购物的人也越来越多，网上购物纠纷等问题也应运而生。面对电子商务潮流，除了解法律权利外，更应该掌握网上消费自我保护的技巧，以愉快享受数字时代的购物便利。本文是参考美国国家消费者联盟的网络欺诈观察计划所提供的上网基本窍门和联邦交易委员会的安全在线购物准则，配合10种网络常见电子邮件诈骗行为与实际案例经验整理的，为消费者提供以下安心上网购物的参考意见：

①尽量与现实世界中、网络世界中信誉良好的电子商店进行交易。

②避免与未提供足以辨识和确认身份资料（如登记名称、负责人姓名、地址、电话等）的电子商店进行交易。若对该商店感到陌生，可要求提供纸本的记录或简介，配合电话询问等方式做进一步了解。这些文件都有电子商店基本资料，可供将来处理争议之需。

③不可单纯地从网站设计的美观或时髦与否来判断其可靠性，也不要仅靠网页上商店名称判断其真实性，应先确认一致性资源定位器（URL，一般称为网址）是否正确，以避免进错电子商店。

④向当地消费者团体查询电子商店过去的交易记录，或向电子商务自律组织查询已经获得认证的电子商店。

⑤电子商店或网络广告的商品价格，若与市价差距过于悬殊或明显不合理时，要小心求证，切勿贸然购买。先了解电子商店退货与换货原则和所支付费用总额（包括运费、税金等），再决定下订单。

⑥消费者在进行网络交易时，应打印出交易内容与确认号码的订单或将其存入计算机，并妥善保存交易的相关记录。

⑦目前网络购物已经成为人们的生活习惯，面对各大网络平台中琳琅满目的商品，我们一定要树立正确的价值观，树立理性的消费观，科学合理地消费，抵制不健康的消费行为，不盲目攀比。

⑧查清楚对方是否是合法公司之后，在确实有必要时，才提供信用卡号码与银行账户等个人资料，并避免输入与交易不相干的个人资料。

⑨对于在网络上或通过电子邮件以朋友身份招揽投资赚钱计划，或快速致富方案等信息要格外小心，不要轻信免费赠品或抽中大奖等通知而支付任何费用。

## 七、感受网络娱乐

随着Internet各种服务的广泛应用，使用Internet的用户也日趋大众化、平民化。网络不仅为我们的工作带来了方便和快捷，而且给我们的生活也带来了不少的乐趣和惊喜，如网上听音乐、看电视、看电影、玩游戏等。

**【做一做】**

在教师的引领下，感受Internet给我们带来的乐趣。

（1）网上音乐

网上音乐是指计算机用户访问Internet上的音乐服务器来点播自己喜欢的音乐，传输方式一般为免费的在线点播。

| | |
|---|---|
|  | ①请记录你在网上听音乐的操作步骤。<br><br>②在打开网上听音乐时，哪些原因可能导致音乐播放失败？ |

（2）网络电视

网络电视是指通过Internet网络传输的电视节目，该传输方式有点播和直播两种。计算机用户只需在计算机中安装网络电视接收软件即可实现。

①目前，常用的网络电视客户端软件有哪些？

______________________________

②哪些原因可能导致客户端软件不能收看电视节目？

______________________________

（3）网络电影

网络电影与网上音乐基本上相同，也是通过Internet连接电影服务器，观看自己喜欢的电影。传输方式有点播和直播，也有收费的和免费的。

①目前，在Internet中提供在线电影的网站有哪些？

______________________________________________

②哪些原因可能导致用户点播的电影不能正常播放？

______________________________________________

（4）网络游戏

网络游戏其实是一种电子游戏，它是人们通过Internet进行的一种对抗式的电子游戏。在游戏中，你的对手不再是单一的由程序员编制的电子动画，还可以是藏在电子动画后面的玩家，所以网络游戏比普通的电子游戏更具有生命力和诱惑性。目前，网络游戏主要分为以下一些类型：Web网页游戏、即时策略游戏、视角射击游戏、竞速类游戏、休闲游戏等。

**友情提示** JISUANJI WANGLUO JICHU YU YINGYONG YOUQINGTISHI

- 目前，网络游戏对我们来说并不是新鲜事物，它不仅给我们的生活带来了快乐，同时也能增强人们的观察、记忆、判断、逻辑思维等能力。但是，网络游戏的快速发展也带来了种种问题，如网络游戏中存在色情、暴力、迷信等不健康的内容，这些内容影响着青少年的道德观和价值观，部分缺乏自制力的青少年沉溺于网络游戏，不能自拔，荒废学业，影响其身心健康并诱发了一系列社会问题等。网络游戏有好有坏，我们应认真选择，把握玩网络游戏的尺寸，还要控制自己，使自己不沉迷于网络的虚幻世界中，从而影响正常的工作、学习和生活。

## ▶ 自我测试

### 一、填空题

1.在Internet中，各计算机或终端进行通信的协议是____________协议。

2.Internet提供的服务有________、________、________、________和________等。

3.局域网接入Internet的方式有________、________和________等方式。

4.ADSL用户计算机到本地局端机房的有效距离为________。

5.在光纤宽带接入中，需要把光信号解调成电信号的设备称为________。

6.宽带以太局域网接入的用户端，使用________传输介质进行Internet的连接。

7.FTTH是指：______________________________________________。

8.代理服务器中的NAT功能是指：____________________________。

9.ADSL拨号连接时，常见的691错误代码表示：________________。

10.如果启动了Windows 10的“Internet连接共享”功能，系统会将本地连接的IP地址自动设置为：______，该地址就是局域网用户的网关地址。

11.URL称为：__________________，它的格式是：__________________。

12.在浏览网页时，如果想保留自己喜欢网页的链接地址，则可以使用浏览器中的______。

13.在Internet上发送和接收电子邮件是通过______和______协议来完成。

14.目前的电子邮件客户软件，通过远程登录邮箱，根据电子邮件的发件地址、发送时间或者标题自己确定哪些邮件该下载，哪些邮件该删除作，它是通过______协议来完成的。

15.常用的即时通信软件有______、______、______和______等。

16.搜索引擎按其工作方式主要分为3种：______、______和______。

## 二、简答题

1.在选择接入Internet的方式时应考虑哪些因素?

2.光纤宽带与光纤专线网络有什么区别?

3.在使用代理服务器共享上网时，客户端IP地址、默认网关和首选DNS的设置应该怎么配置?

4.查阅相关资料，找出无线网络标准802.11有哪几种类型，各有什么区别?

5.在宽带路由器LAN配置中，DHCP Server起什么作用? 可以不启用吗?

6.WWW服务也称为Web服务，也采用客户端/服务器工作模式。目前，WWW服务的客户端软件有哪些?

7.为了确保安全上网，应采取哪些措施?

8.在Internet上下载资源时，应该了解哪些注意事项?

9.简单说明P2P技术下载资源的原理和其他普通的HTTP下载有什么不同。

10.什么是电子邮件? 举例说明E-mail的地址格式。

11.使用网页收发电子邮件与使用邮件客户端收发电子邮件有什么区别?

## ▶ 能力评价表

班级：__________ 姓名：__________ 年 月 日

| 评价内容 | | 自评 | 小组评价 | 教师评价 |
|---|---|---|---|---|
| | | 优☆ 良△ 中○ 差× | | |
| 思政与素养 | 1.能遵照国家的法律法规使用Internet服务，有正确的价值观 | | | |
| | 2.不下载、安装不安全的软件 | | | |
| | 3.能甄别网络陷阱和诈骗信息 | | | |
| | 4.知道我国在网络服务方面引领世界的若干应用 | | | |
| | 5.不访问带色情、暴力、反动、邪教等信息的网站，有正确的世界观、人生观和价值观 | | | |
| 知识与技能 | 1.能准确描述Internet的服务与应用 | | | |
| | 2.能准确描述Internet的各种接入方式及各自的优缺点 | | | |
| | 3.能通过Internet连接共享，使用代理服务器、宽带路由器等实现共享上网 | | | |
| | 4.能打开5G网络进行无线上网 | | | |
| | 5.能熟练使用Internet服务（浏览网页、下载资源、收发邮件、即时通信、搜索引擎、网上购物等） | | | |

# 模块七 / 局域网的维护

## 模块概述

本模块主要讲解网络使用中常见故障的解决方法，通过实用的维护程序讲解网络维护中应当完成的任务。

## 学习目标：

+ 了解网络维护的基本常识；
+ 能诊断和处理常见的网络故障。

## 思政目标：

+ 培养学生吃苦耐劳的品质；
+ 培养学生的工匠精神；
+ 培养学生在网络维护中的安全意识。

[ 任务一 ] NO.1

# 认识网络维护的基本常识

本任务是网络维护的初期工作，是以后工作的基础。本任务通过两个层面来认识网络维护中的基本常识，即：

（1）网络维护的必要准备工作；

（2）网络维护常用手段。

## 一、做好网络维护准备工作

要对局域网故障进行处理与维护，应做好必要的准备工作，包括硬件、软件的准备和一些日常工作的完善。具体要求如下：

①网络备用材料的准备。在局域网的故障中，有时需要更换一些材料，如接头，线缆等。

②网络专用工具的准备。它包括专用压线钳、万用表、剥线钳、校线器、尖嘴钳等。

③软件的准备。它包括设备驱动程序、网络专用测试软件、杀毒软件、网络系统软件，如测试TCP/IP协议配置工具Ipconfig、网络协议统计工具 Netstat等。

④软磁盘的准备。在网络维护过程中，经常会用软磁盘来完成转移系统等操作。当然也可以准备一个能启动的USB盘。

⑤备份设备的准备。对于网络管理人员来说，备份是网络最常做的维护操作。一般备份要求的设备都是外存储器，而且容量要大。可以使用多种备份设备，如U盘、移动硬盘等。

⑥清洁剂。清洁剂在维护中经常使用，能解决很多网络中的硬件故障。

⑦做维护笔记。对于有经验的维护人员来说，都有做笔记的习惯，因为网络的故障千差万别，维护笔记可以使我们在解决故障时少走弯路，节约时间。

**【做一做】**

请咨询学校信息中心的管理维护人员，然后回答以下提问。

| 网络维护中，最常用的工具和设备有：<br><br>很少用到但又必须准备的工具和设备有：<br><br>除以上提到的工具和设备外，根据情况还要准备的有： |
|---|

## 二、认识网络维护的常用手段

网络维护的常用方法有分析观察法、故障隔离法、测试法、替换法等。在网络管理与维护时，常常不会局限于一种处理方法，而是几种方法的综合运用。在处理网络故障时，要多分析，不要盲目下结论，不然会造成一些不可挽回的损失。

◇分析观察法　当故障出现时，要认真检查，对故障现象做认真分析。网络故障可能是网络硬件引起的，也可能是软件设置造成的，所以第一步就是要判断故障是网络硬件故障还是软件故障，然后再进一步确定故障发生的具体原因。对于硬件故障，应确定故障点；对于软件故障，可以进行适当的处理并修复。

◇故障隔离法　若故障范围不大或集中在某一小范围内时，可以把这些有故障的工作站、设备隔离检查，逐步缩小故障范围，直到故障点定位到某一具体的对象上，然后再具体检查这一故障点。这样可以减少故障处理的盲目性。

◇测试法　既可针对硬件故障，也可针对软件故障。对于硬件故障来说，可以使用一些测试工具进行，这些工具既可以是专业测试设备（如校线器），也可以是一些测试软件（如Ping命令等）；对于软件故障来说，测试法往往都是通过软件测试工具进行。

◇替换法　这种方法在很大程度上是针对硬件故障。当某一故障发生后，在基本确定故障在某一具体设备上时，通常使用这种方法来确定故障点。例如，在服务器正常的情况下，某一机器在启动后不能上网。在保证网络通畅的情况下，自然会怀疑是工作站的原因，而工作站上最有可能引起这一故障的是网卡。因此，可以更换一块网卡试试，若故障解决，则故障在网卡上；否则，故障在工作站上。

**【做一做】**

请阅读以上维护网络的常用手段，完成下列的任务。根据你自己的理解，分别用一句话概括4种维护网络的方法。

分析观察法：

故障隔离法：

测试法：

替换法：

假如你是一个网络维护人员，请设计一个表格来进行总结。要求：表格设计合理，能很快查找到相关故障的解决情况，再与学校网络维护人员的经验进行比较，完善后粘贴到下面的空白处。

[ 任务二 ] NO.2

# 诊断网络故障

局域网中可能出现的故障是多种多样的，解决一个复杂的故障往往需要广博的局域网知识与丰富的工作经验。

本任务从5个层面讲解诊断处理网络故障，即：

（1）认识处理网络故障的流程；

（2）诊断处理线路故障；

（3）诊断处理网络设备故障；

（4）诊断处理机器故障；

（5）诊断处理软件故障。

## 一、认识诊断与处理网络故障的流程

对网络故障的诊断与处理可以参照下面的诊断流程，以下几个方面的讲解将根据这个流程进行。

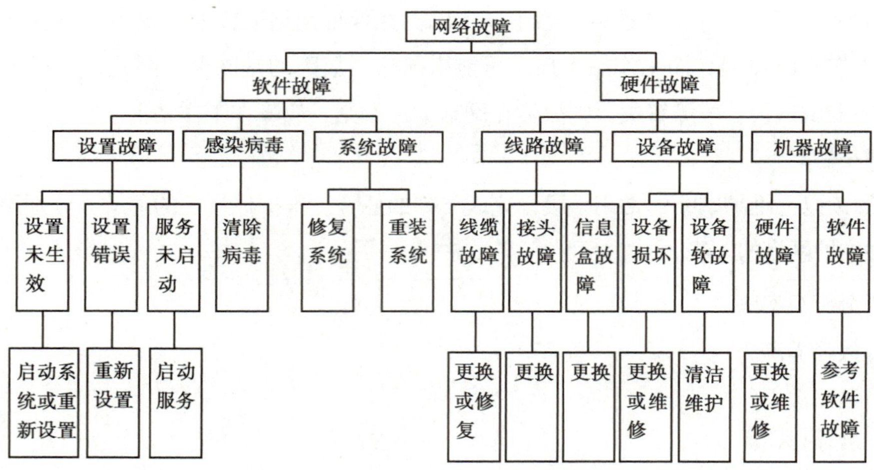


**【做一做】**

上网查询有关网络故障诊断与处理的流程，或参观网络实验机房（或网络中心）了解故障的诊断处理，与上图进行比较，然后完成下面的任务。

（1）上面的诊断和处理流程中，不足之处有：

（2）请画出完善后的诊断与处理流程图，并粘贴在下面。

## 二、诊断与处理线路故障

线路故障最常见是线路不通，诊断这种故障可以先采用分析观察法，如观察网卡的指示灯是否在不停的闪烁、交换机上（所接工作站电源开启的情况下）对应的指示灯是否闪烁，若没有闪烁或指示灯不亮，则表明这一段线路有故障。更为明显的是在工作站桌面右下角的网络连接图中若出现小红叉，则表明与该工作站连接的线路有故障（在交换机电源开启的情况下）。

线路故障用测试法进行检测，如用校线器测试一下传输线路是否通畅。当传输线路没有故障时，可用软件测试法检查线路的端口是否能响应，或检测该线路上是否存在流量。一旦发现端口不通，或该线路没有流量，则该线路可能出现了故障。这时可以更换一个端口，如将5口的接头接到6口上。若故障解决，则端口有故障，这时可进行相应处理。对于总线结构的局域网来说，若线路不通，则所有工作站都不能入网；若接口不通，则对应的工作站不能入网。

**【做一做】**

请在网络实验室做如下的实验。

（1）做一条有故障的网线，连接计算机和交换机，观察显示情况。

计算机端网络指示灯：

交换机端指示灯：

计算机桌面网络连接图的情况：

（2）使用一台端口有问题交换机，用好的网线连接计算机和交换机，观察显示情况。

①不正常情况下的指示灯情况

计算机端网络指示灯：　　　　交换机端指示灯：

计算机桌面网络连接图的情况：

②正常情况下的指示灯情况

计算机端网络指示灯：　　　　交换机端指示灯：

计算机桌面网络连接图的情况：

## 三、诊断与处理网络设备故障

线路故障中很多情况都涉及局域网的中间设备，因此也可以把某些线路故障归结为网络设备故障。由于线路涉及两端的网卡和网络设备，在考虑线路故障时要考虑到网卡和网络设备。一般情况下，很多网络管理员在维护网络时很难怀疑网络设备，因为网络设备的损坏率很低。如当某台工作站不能入网时，很多网络管理员不会去怀疑交换机的端口出现故障，而把检查的重点放到网卡、传输线路和工作站本身，其实交换机的端口在使用一段时间后也可能会出现接触不良等故障。因此，在确定故障位上应综合考虑。对于总线型结构的网络来说，终结器的故障也是很少考虑到的，因为终结器在使用过程的故障几率很小。但很多终结器也会有老化现象，最终导致网络性能降低甚至不通。

**【做一做】**

上网查询一些关于网络设备故障的资料，然后填写下表。

| 故障现象 | 故障分析 | 故障处理 |
|---|---|---|
| | | |
| | | |
| | | |

## 四、诊断与处理机器故障

机器故障常见的是机器的配置不当，如机器配置的协议不正确、设置的机器名冲突、IP地址冲突等，这些将导致网络不通或者网络资源不能正确使用。还有一些服务的设置故障，如远程启动服务没启动导致远端机器不能启动、E-mail服务器设置不当导致不能收发E-mail或者域名服务器设置不当导致不能解析域名等。另一种机器故障是主机安全故障，如服务器在共享资源时，将不应开放的权限开放给了用户，服务器将更大的操作权限给了其他的操作员等。恶意网络使用者可以通过这些多余的正常服务或过大的操作权限来破坏服务器，甚至得到该服务器的超级用户权限等。另外，还有一些机器的其他故障，如不应当共享本机硬盘，导致恶意网络使用者非法利用该服务器的资源。发现服务器软件故障是一件困难的事情，特别是别人恶意的破坏。一般只能通过监视服务器资源的使用、扫描服务器资源的使用情况和服务来防止可能的漏洞。

**【做一做】**

在网络实验室以小组为单位，分别模拟以下故障，并将故障的表现情况写下来。

（1）机器配置的协议不正确，故障表现形式（工作站表现出的情况）：

（2）设置的机器名冲突，故障表现形式：

（3）IP地址冲突，故障表现形式：

## 五、诊断与处理网络软件故障

当局域网安装并正常运行后，网络中出现的故障大多是软件引起的。软件故障中常见情况是配置错误，它是因为网络软件的配置错误而导致的网络异常或故障。配置错误可能是服务器端的某些选项设定有误，也可能是工作站端网络配置不对。总的来说，若服务器配置有误，整个网络可能出现同一故障现象；若某工作站配置有误，则只会影响该工作站。对于服务器端的配置故障，可以通过检查它的一些项目来确定，如协议配置、服务启动、登录条件设置、权限设置等，而工作站端一般都检查登录设置。例如，局域网中某台工作站不能入网，若线路问题已排除，可检查不能登录的这台工作站的配置；相反，若网络中所有工作站不能入网，在排除网络线路和设备故障的情况下，首先应检查服务器是否启动或配置是否有误。

**【做一做】**

请与机房管理教师一起，检查计算机实验室中有哪些机器出现故障，观察教师的处理方式，并做好记录。

计算机实验室中共有故障机器____台，属计算机本身机器故障的有____台，属网络故障的有____台。网络故障机器中，属线路故障的有____台，解决方法：

属网络设备（如网卡）故障的有____台，属软件故障的有____台，解决的方法：

在征得管理教师同意的情况下，自己试着分析解决个别机器的故障，并做好记录。

**知识窗** JISUANJI WANGLUO JICHU YU YINGYONG ZHISHICHUANG

●协议故障

（1）协议故障的表现形式

◇计算机无法登录到服务器。

◇计算机在“网上邻居”中既看不到自己，也无法在网络中访问其他计算机。

◇计算机在“网上邻居”中能看到自己和其他成员，但无法访问其他计算机。

◇计算机无法通过局域网接入Internet。

（2）故障原因分析

◇协议未安装。实现局域网通信，需安装NetBEUI协议。

◇协议配置不正确。TCP/IP协议涉及的基本参数有4个：IP地址、子网掩码、DNS、网关。任何一个参数设置错误，都会导致故障发生。

（3）排除步骤

①检查计算机是否安装TCP/IP和NetBEUI协议，如果没有，建议安装这两个协议，并把TCP/IP参数配置好，然后重新启动计算机。

②使用Ping命令，测试与其他计算机的连接情况。

③在“控制面板”的“网络”属性中，单击“文件及打印共享”按钮，在弹出的“文件及打印共享”对话框中检查一下，看看是否勾选了“允许其他用户访问我的文件”和“允许其他计算机使用我的打印机”复选框，或者其中的一个。如果没有，应全部勾选，否则将无法使用共享文件夹。

④系统重新启动后，双击“网上邻居”，将显示网络中的其他计算机和共享资源。如果仍看不到其他计算机，可以使用“查找”命令，找到其他计算机。

⑤在“网络”属性的“标识”中重新为该计算机命名，使其在网络中具有唯一性。

•配置故障

配置错误是导致故障发生的重要原因之一。网络管理员对服务器、路由器等的不当设置会导致网络故障；用户对计算机设置的修改，也会产生一些意想不到的访问错误。

（1）故障表现及分析

配置故障更多的时候是表现在不能实现网络所提供的各种服务上，如不能访问某一台计算机等。因此，在修改配置前，必须做好原有配置的记录，并进行备份。

配置故障通常表现为以下几种：

◇计算机只能与某些计算机而不是全部计算机进行通信。

◇计算机无法访问任何其他设备。

（2）排错步骤

①检查发生故障计算机的相关配置。如果发现错误，修改后，再测试相应的网络服务能否实现；如果没有发现错误，或相应的网络服务不能实现，执行下述步骤。

②测试系统内的其他计算机是否有类似的故障，如果有同样的故障，说明问题出在网络设备上，如Hub；反之，检查被访问计算机对该访问计算机所提供的服务。

**【做一做】**

仔细阅读上面的知识窗，结合你处理故障的情况，完成下面的任务。

| 请模拟上述的故障现象，说明故障发生的原因及发生的情况。<br><br>故障原因：<br><br>发生的情况： |
|---|

NO.3 [ 任务三 ]

# 处理网络常见故障

局域网在使用过程中，有时会出现一些故障，而解决这些故障都有一套方法。为了使大家能更有针对性地解决一些故障，本任务将从3个方面进行讲解，即：

（1）确认网络故障的相关命令；

（2）处理对等网络故障；

（3）处理服务器网络的故障。

## 一、使用网络命令确认网络故障

在解决网络故障时，使用一些常用的命令可以让处理过程事半功倍。因此，处理网络故障最好的技巧就是活用这些命令。

1.Ping命令的使用

（1）Ping命令的命令格式

Ping　目的地址　[参数1]　[参数2]...

其中，目的地址是指被测试计算机的IP地址或域名。主要参数有：

a：解析主机地址。

n：数据。发出的测试包的个数，缺省值为4。

l：数值。所发送缓冲区的大小。

t：继续执行Ping命令，直到用户按“Ctrl+C”键终止。

有关Ping的其他参数，可通过在MS-DOS提示符下运行Ping或Ping　/? 命令来查看。

（2）Ping命令的应用技巧

当使用Ping命令检查网络服务器和任意一台客户端上TCP/IP协议的工作情况时，只要在网络中任何一台计算机上Ping该计算机的IP地址即可。例如，要检查网络文件服务器192.168.21.1 LMHZZ上的TCP/IP协议工作是否正常，只要在开始菜单下的“运行”子项中键入“Ping 192.168.21.1”即可。

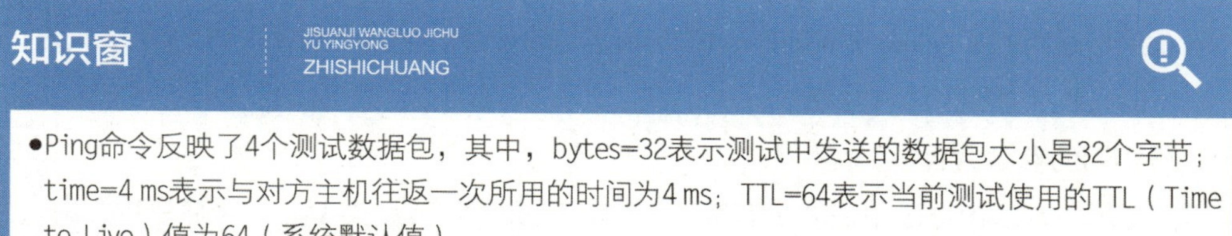


•Ping命令反映了4个测试数据包，其中，bytes=32表示测试中发送的数据包大小是32个字节；time=4 ms表示与对方主机往返一次所用的时间为4 ms；TTL=64表示当前测试使用的TTL（Time to Live）值为64（系统默认值）。

如果网络有问题，则返回如右图所示的响应失败信息。

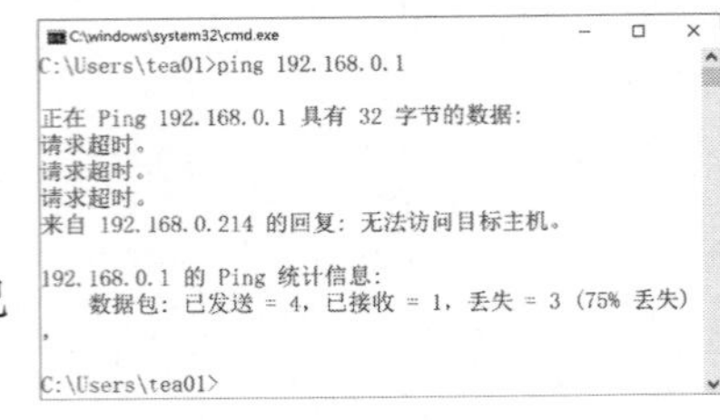


出现这种情况时，建议从以下几个方面进行排查：

◇检查被测试计算机是否已安装了TCP/IP协议；

◇检查被测试计算机的网卡安装是否正确且是否已经连通；

◇检查被测试计算机的TCP/IP协议是否与网卡有效地绑定（具体方法是：通过选择“开始→设置→控制面板→网络”来查看）；

◇检查Windows 2003服务器的网络服务功能是否已启动（可通过选择“开始→设置→控制面板→服务”，在出现的对话框中找到“Server”一项，检查“状态”下所显示的内容是否为“已启动”）。

如果通过以上 4 个步骤的检查还没有发现问题，建议重新安装并设置TCP/IP协议。如果是TCP/IP协议的问题，这时就可以彻底解决。

按照上述方法，还可以用Ping命令来检查任意一台客户端计算机上TCP/IP的工作情况。例如，我们要检查网络任一客户端“机房01”上的TCP/IP协议的配置和工作情况，可直接在该台机器上Ping本机的IP地址。若返回成功的信息，说明IP地址配置无误；若失败，则应检查IP地址的配置。可通过以下步骤进行：

①检查整个网络，重点看该IP地址是否正在被其他用户使用；

②再看该工作站是否已正确连入网络；

③检查网卡是否正确安装，而且工作正常。

**【做一做】**

以两人为一个小组，在网络实验室配置TCP/IP协议，并相互验证两台计算机是否连通；在模拟不同的情况下，Ping命令所显示的不同结果。

（1）网络不通时，Ping相邻的计算机，显示为：

（2）当没有配置IP地址时，使用命令Ping 127.0.0.1，显示为：

2.Ipconfig命令的使用

利用Ipconfig命令可以查看和修改网络中TCP/IP协议的有关配置，如IP地址、网关、子网掩码等。

Ipconfig可运行在Windows 8/Windows 10/Windows Server的DOS提示符下，其命令格式为：

Ipconfig [/参数1] [/参数2]…

其中，最实用的参数为：

all：显示与TCP/IP协议相关的所有细节，包括主机名、节点类型、是否启用IP路由、网卡的物理地址、默认网关等。

其他参数可在DOS提示符下键入“Ipconfig /?”命令来查看。

Ipconfig是一款网络侦察的利器，尤其当用户在网络中使用的是DHCP（动态IP地址配置协议）时，利用Ipconfig可以让用户很方便地了解到IP地址的实际配置情况。例如，在客户端上运行“Ipconfig /all”后，将显示如右图所示的内容，非常详细地显示了TCP/IP协议的有关配置情况。

```
选择C:\windows\system32\cmd.exe
C:\>ipconfig/all

Windows IP 配置

   主机名 . . . . . . . . . . . . . : zcc
   主 DNS 后缀 . . . . . . . . . . . :
   节点类型 . . . . . . . . . . . . : 混合
   IP 路由已启用 . . . . . . . . . . : 否
   WINS 代理已启用 . . . . . . . . . : 否
   DNS 后缀搜索列表 . . . . . . . . : DHCP HOST

无线局域网适配器 本地连接* 2:

   媒体状态 . . . . . . . . . . . . : 媒体已断开连接
   连接特定的 DNS 后缀 . . . . . . . :
   描述. . . . . . . . . . . . . . . : Microsoft Wi-Fi Direct Virtual Adapter
   物理地址. . . . . . . . . . . . . : 9A-5F-D3-D5-0B-E6
   DHCP 已启用 . . . . . . . . . . . : 是
   自动配置已启用. . . . . . . . . . : 是

无线局域网适配器 本地连接:

   连接特定的 DNS 后缀 . . . . . . . : DHCP HOST
   描述. . . . . . . . . . . . . . . : Marvell AVASTAR Wireless-AC Network Controller

   物理地址. . . . . . . . . . . . . : 98-5F-D3-D5-0A-E7
   DHCP 已启用 . . . . . . . . . . . : 是
   自动配置已启用. . . . . . . . . . : 是
   本地链接 IPv6 地址. . . . . . . . : fe80::59fb:c323:120d:91b8%17(首选)
   IPv4 地址 . . . . . . . . . . . . : 192.168.1.102(首选)
   子网掩码 . . . . . . . . . . . . : 255.255.255.0
   获得租约的时间 . . . . . . . . . : 2017年1月17日 16:19:29
   租约过期的时间 . . . . . . . . . : 2017年1月17日 18:21:30
   默认网关. . . . . . . . . . . . . : 192.168.1.1
   DHCP 服务器 . . . . . . . . . . . : 192.168.1.1
   DHCPv6 IAID . . . . . . . . . . . : 127426515
   DHCPv6 客户端 DUID . . . . . . . : 00-01-00-01-1F-1E-4C-31-3C-18-A0-E0-04-EE
   DNS 服务器 . . . . . . . . . . . : 218.201.4.3
```

**【做一做】**

以两人为一个小组，在网络实验室配置TCP/IP协议，并验证是否成功。

各自配置IP地址，使用Ipconfig命令进行验证，显示结果为：

其中一人配置DHCP，另一人使用自动获取IP地址，显示结果为：

将网线拔掉后，使用Ipconfig /all，显示结果为：

3.Netstat的技法

与上述几个网络检测软件类似，Netstat命令也是可以运行于Windows 8/Windows 10/Windows Server的DOS提示符下的工具，利用该工具可以显示有关统计信息和当前TCP/IP网络连接的情况，用户或网络管理人员可以得到非常详尽的统计结果。当网络中没有安装特殊的网管软件，要对网络的整个使用状况做详细的了解时，可以使用Netstat命令。

Netstat命令的格式：

Netstat [参数1] [参数2]…

其中，主要参数有：

a：显示所有与该主机建立连接的端口信息。

e：显示以太网的统计数据，该参数一般与s参数共同使用。

n：以数字格式显示地址和端口信息。

s：显示每个协议的统计情况，这些协议主要有TCP（Transfer Control Protocol，传输控制协议）、UDP（User Datagram Protocol，用户数据报协议）、ICMP（Internet Control Messages Protocol，网间控制报文协议）和IP（Internet Protocol，网际协议），其中前三种协议平时很少用到，但在进行网络性能评析时却非常有用。

使用时，如果用户想要统计当前局域网中的详细信息，可通过键入“netstat /e”来查看。其他参数，可在DOS提示符下键入“netstat /?”命令来查看。

在Windows 8/Windows 10/Windows Server下还集成了一个名为Nbtstat的工具，此工具的功能与Netstat基本相同，用户可通过键入“nbtstat /?”来查看它的主要参数和使用方法。

**【做一做】**

请验证上述两个命令，然后完成下面的任务。

在本机使用Nbtstat后，显示的结果是：

在本机使用Netstat/e/s后，显示的结果是：

## 二、处理对等网常见故障

在使用对等网络时，除前面读到的故障外，还会遇到一些特别的故障，主要表现如下：

◇中断和资源没有冲突，但网卡工作仍然不正常。

解决办法：这类故障大多是Windows下的中断和资源设置与网卡默认的不同引起的，在DOS下运行网卡的设置程序，将网卡默认中断和资源设置与Windows设置相同即可。

◇网卡设置正确，仍不能访问。

解决办法：有可能是未安装通信协议，在“控制面板”的“网络”中添加局域网通信协议“IPX/SPX兼容协议”。有些联网软件要求TCP/IP协议，可按前面所述进行添加和设置。

◇用“查找计算机”可以找到，但不能访问。

解决办法：此情况一般是因为没有添加“Microsoft文件及打印机共享”的服务，添加服务并设置共享之后即可访问。

◇网络上的其他计算机无法与本地计算机连接。

解决办法：先确认是否安装了该网络使用的网络协议，如NetBEUI协议；其次是否安装并启用了文件和打印机共享服务。

◇能够看到别人的机器，但不能读取其数据。

解决办法：首先必须设置好共享资源，方法可参考对等网的组建内容；其次检查所安装的所有协议，看是否绑定了“Microsoft网络上的文件与打印机共享”。方法：选择“配置”中的对应协议，单击“属性”按钮，确保绑定中“Microsoft网络上的文件与打印机共享”“Microsoft网络用户”复选框已经勾选。

◇安装网卡后通过设备管理器查看时，报告“可能没有该设备，也可能此设备未正常运行，或是没有安装此设备的所有驱动程序”的错误信息。

故障原因：一是没有安装正确的驱动程序，或者驱动程序版本不对；二是中断号与I/O地址没有设置正确。

解决方法：

①正确设置网卡的中断号和 I / O 地址，使之不与其他设备的中断号和 I /O地址发生冲突。有些网卡需通过网卡上的跳线开关进行设置。

②正确安装网卡的驱动程序。

◇已经安装了网卡和各种网络通讯协议，但“文件及打印共享”是虚的，无法选择。

故障原因：没有安装“Microsoft网络上的文件与打印共享”组件。

解决方法：在“网络”属性对话框中，单击“添加”按钮，在“请选择网络组件类型”对话框列表中选择“服务”；单击“添加”按钮；在“选择网络服务”的左边窗口选择“Microsoft”，在右边窗口选择“Microsoft网络上的文件与打印机共享”；单击“确定”按钮，系统可能会要求插入Windows安装光盘，安装完成后重新启动系统即可。

◇无法在网络上共享文件和打印机。

解决方法：

①确认是否安装了文件和打印机共享服务组件。要共享本机上的文件或打印机，必须安装“Microsoft网络上的文件与打印机共享”服务。

②确认是否已经启用了文件或打印机共享服务。具体方法：在“网络”属性框中选择“配置”选项卡，单击“文件与打印机共享”按钮；然后选择“允许其他用户访问我的文件”和“允许其他计算机使用我的打印机”选项。

③确认访问服务是共享级访问服务。在“网络”属性的“访问控制”里选择“共享级访问”。

◇计算机桌面上有“网上邻居”图标，但是打开“网上邻居”后什么也没有。

故障原因：若“网上邻居”中连本机图标都没有，则问题多发生在本机上。

解决方法：检查“设备管理器”中的“网络适配器”属性中的驱动程序是否正常，若不正常，重装驱动程序即可。

◇对等网速度太慢。

解决方法：这种情况可以采取一定的优化过程来解决，具体处理如下：

①如果计算机中有两块网卡，最好将没有使用的网卡关闭并删除其驱动程序，否则会影响系统的效率。网络资源共享在设置成“只读”时，效率高于“完全”模式，因此根据需要可将其设置成“只读”。

②尽量使用保护模式的32位网卡的驱动程序，实模式一般比较慢。具体方法：打开“网络”图标，选择“配置”选项卡中的网卡驱动程序，选择“属性”，在“驱动程序类型”中选择“增强模式（32位及16位）NDIS驱动程序”，单击“确定”按钮。

③因为对等网是基于文件共享的网络系统，而文件保存在硬盘上，因此快速的硬盘将有助于提高整个网络性能。如果条件允许，尽可能使用7 200 r/min的硬盘，而不使用5 400 r/min的硬盘。

◇安装网络打印机后，打印出现异常。

解决方法：一般采用重新安装该打印机的驱动程序，然后再连接网络打印机。对于某种打印机来说，其驱动程序若在安装网络打印机时，从其他计算机上复制到自己的计算机上，可能不能使用。

除此之外，还可能碰到各种意想不到的问题，需要平时不断地积累经验，仔细地检查。

**【做一做】**

仔细阅读上述故障及解决方法，上网查询相关的资料，再为本任务补充一些对等网故障及解决办法的资料，并粘贴在下面。

| 对等网常见故障及解决方法： |
|---|
| |

## 三、处理服务器网络故障

Windows 服务器操作系统应用很广泛，在使用过程中会遇到很多问题，下面是常见的故障现象。

◇服务器提示安全日志满。

故障原因：安全日志记录太多，未能将多余的安全日志清除。

解决方法：

①以管理员或管理组成员登录。

②打开事件查看器。具体方法：单击“开始”→“设置”→“控制面板”，在“控制面版”窗口中双击“管理工具”，然后双击“事件查看器”。

③在控制台树中，右击“安全日志”，在弹出的快捷菜单中选择“属性”选项。

④在“常规”选项卡中，单击“改写久于n天的事件”或“不改写事件（手动清除日志）”。

⑤单击“开始”→“运行”，键入“regedit”，进入“HKEY_LOCAL_MACHINE\SYSTEM \CurrentControlSet\Control\Lsa”，右击“CrashOnAuditFail”，创建“REG_DWORD”类型，值为“1”。

⑥重新启动计算机。

**友情提示** JISUANJI WANGLUO JICHU YU YINGYONG YOUQINGTISHI

- 错误地编辑注册表可能会严重损坏操作系统。更改注册表之前，应该备份计算机上有用的数据。
- 操作完成后，当安全日志装满时，Windows 将停止响应并显示“审核失败”的消息。当Windows 停止时，若要恢复，必须清除安全日志。
- 如果Windows 由于安全日志已满而暂停，则必须重新启动系统；如果系统将来需要在装满日志的状态关机，则必须重复该过程。

◇在查看“网上邻居”时出现无法浏览网络，网络不可访问，想得到更多信息，请查看“帮助”索引中的“网络疑难解答”专题的错误提示。

解决方法：对于这种故障，可能有两种原因，下面就不同的原因做分析处理：

①在Windows启动后，要求输入Microsoft网络用户登录口令时，单击了“取消”按钮所造成的。如果要登录Windows 服务器，必须以合法的用户登录，并且输入正确的密码。

②与其他的硬件发生冲突。解决方法：在“控制面板”窗口中打开“系统”图标，在出现的对话框中选择“设备管理”，查看硬件的前面是否有黄色的问号、感叹号或者红色的问号。如果有，手工更改这些设备的中断和I/O地址设置。

◇在“网上邻居”或“资源管理器”窗口中只能找到本机的机器名。

解决方法：这种故障一般由网络通信错误造成的，可能是网线断路或者与网卡的接触不良，还有可能是交换机的问题，因此重点是处理网络硬件故障。

◇可以访问Windows 服务器，也可以访问Internet，但无法访问其他工作站。

解决方法：

①如果使用了WINS解析，可能是WINS服务器地址设置不当，修改WINS地址即可。

②检查网关设置，若双方分属于不同的子网，网关设置有误，则不能看到其他工作站。处理方法：正确设置网关。

③检查子网掩码设置是否正确。

◇Windows 服务器网卡安装不上。

解决方法：

①计算机上安装了过多其他类型的接口卡，造成中断和I/O地址冲突。可以先将其他不重要的卡取下，再安装网卡，最后安装其他接口卡。

②计算机中有安装不正确的设备，或有“未知设备”一项，使系统不能检测网卡。这时应该删除“未知设备”中的所有项目，然后重新启动计算机。

③Windows 无法识别此类网卡，一般只能更换。

◇工作站可以Ping通IP地址，但Ping不通域名。

解决方法：造成这种故障的原因可能是TCP/IP协议中的“DNS设置”不正确，必须检查其中的配置。在DNS配置时注意：“主机”应该填写服务器的名字，“域”填写局域网服务器设置的域，DNS服务器应该填写服务器的IP地址。

◇工作站安装网卡后，计算机启动的速度变慢。

解决方法：这可能是在TCP/IP中设置了“自动获取IP地址”，每次启动计算机时都会自动搜索当前网络中的DHCP服务器，所以计算机的启动速度降低。解决的方法是指定IP地址。

◇无法登录到Windows 网络。

解决方法：

①检查计算机上是否安装了网络适配器，是否正常工作。

②确保网络通信正常，即网线等连接设备完好。

③确认网络适配器的中断和I/O地址没有与其他硬件冲突。

④网络设置确保正确。

**【做一做】**

仔细阅读上述故障及解决方法，上网查询一些关于这方面的资料，为本任务补充一些Windows网络故障及解决办法的资料，并粘贴在下面。

| 对等网常见故障及解决方法： |
| --- |
| |

## ▶ 自我测试

### 一、填空题

1.按照网络故障不同性质，故障可分为＿＿＿＿＿＿和＿＿＿＿＿＿。

2.根据故障的不同对象，局域网故障可分为＿＿＿＿＿＿、＿＿＿＿＿＿和＿＿＿＿＿＿。

3.从定位上讲，局域网故障一般分3个方面，即＿＿＿＿＿、＿＿＿＿＿和＿＿＿＿＿。

### 二、选择题

1.在进行故障处理之前，都要做一定的设备准备，下列哪些是没必要准备的？(　　)

A.网络备用材料　B.工具软件　C.备份设备　D.主要的网络设备

2.在局域网维护中，不会用到下列哪种方法？(　　)

A.故障隔离法　B.设备维修法　C.替换法　D.观察法

3.下列不属于硬件故障的是(　　)。

A.设备或线路损坏　B.插头松动

C.网络速度变慢　D.线路受到严重电磁干扰

4.下列不属于软件故障的是(　　)。

A.某台工作站不能入网　B.服务器不能验证工作站登录

C.工作站不能访问某些网络资源　D.服务器不能启动某些服务

5.下列不一定属于服务器故障的是(　　)。

A.工作站不能使用某些服务

B.所有工作站不能入网

C.服务器启动过程中有的驱动程序不能装载

D.服务器有些服务不能启动

6.下列不属于工作站故障的是（　　）。

A.某台工作站不能入网　　B.某台工作站不能启动

C.某台工作站速度慢　　D.某台不能运行大的软件

**三、判断题**

1.在网络故障中，硬件故障和软件故障有明显的区别，很快就可判断。（　　）

2.一般来说，网络故障都比较复杂，用一种方法绝对解决不了任何故障。（　　）

3.在网络故障中，设备故障已包括了线路故障。（　　）

4.机器故障是网络中常见的故障，一般都是指服务器故障。（　　）

5.在线路故障中，星型结构比总线型结构好定位。（　　）

**四、简答题**

1.有一个用户想了解一些处理网络故障的常见方法，该怎么做?

2.在安装使用对等网时，用“查找计算机”可以找到，但不能访问，该怎么解决?

3.Windows 服务器提示安全日志满，该怎么办?

4.Windows 服务器网卡安装不上，该怎么办?

5.无法登录到Windows 网络时，该怎么办?

## ▶ 能力评价表

班级：＿＿＿＿＿＿　　姓名：＿＿＿＿＿＿　　年　月　日

| 评价内容 | | 自评 | 小组评价 | 教师评价 |
|---|---|---|---|---|
| | | 优☆　良△　中○　差× | | |
| 思政与素养 | 1.在网络故障的排查过程中，不怕脏、不怕累，主动积极参与实训 | | | |
| | 2.网络故障排查细心、勤动脑、不急躁 | | | |
| | 3.按规范流程和技术标准排查、检修网络故障 | | | |
| | 4.在故障检修过程中，注重用电、防静电等安全措施 | | | |

续表

<table>
<tr><td colspan="2" rowspan="2">评价内容</td><td>自评</td><td>小组评价</td><td>教师评价</td></tr>
<tr><td colspan="3">优☆ 良△ 中○ 差×</td></tr>
<tr><td rowspan="5">知识与技能</td><td>1.能清晰描述网络维护的准备工作和常用方法</td><td></td><td></td><td></td></tr>
<tr><td>2.能准确把握诊断与处理网络故障的流程</td><td></td><td></td><td></td></tr>
<tr><td>3.能熟练分辨和识别常见的网络故障</td><td></td><td></td><td></td></tr>
<tr><td>4.能排除常见的网络故障</td><td></td><td></td><td></td></tr>
<tr><td>5.能熟练使用解决网络故障的命令、工具</td><td></td><td></td><td></td></tr>
</table>